U0311338

国防科技图书出版基金

弹道目标微多普勒效应分析与特征提取技术

Micro-Doppler Effect Analysis and Micro-motion Feature Extraction Technology of Ballistic Targets

冯存前　贺思三　童宁宁　李靖卿　著

国防工业出版社

·北京·

图书在版编目(CIP)数据

弹道目标微多普勒效应分析与特征提取技术／冯存
前等著 . —北京:国防工业出版社,2018. 12
ISBN 978 – 7 – 118 – 11668 – 7

Ⅰ . ①弹…　Ⅱ . ①冯…　Ⅲ . ①弹道参数—多普勒效应
—研究　Ⅳ . ①TJ012. 3

中国版本图书馆 CIP 数据核字(2018)第 238678 号

※

*国防工业出版社*出版发行

(北京市海淀区紫竹院南路 23 号　邮政编码 100048)
北京虎彩文化传播有限公司印刷
新华书店经售

*

开本 710×1000　1/16　印张 15¼　字数 268 千字
2018 年 12 月第 1 版第 1 次印刷　印数 1—1000 册　定价 98.00 元

(本书如有印装错误,我社负责调换)

国防书店:(010)88540777　　发行邮购:(010)88540776
发行传真:(010)88540755　　发行业务:(010)88540717

致 读 者

本书由中央军委装备发展部**国防科技图书出版基金**资助出版。

为了促进国防科技和武器装备发展,加强社会主义物质文明和精神文明建设,培养优秀科技人才,确保国防科技优秀图书的出版,原国防科工委于 1988 年初决定每年拨出专款,设立国防科技图书出版基金,成立评审委员会,扶持、审定出版国防科技优秀图书。这是一项具有深远意义的创举。

国防科技图书出版基金资助的对象是:

1. 在国防科学技术领域中,学术水平高,内容有创见,在学科上居领先地位的基础科学理论图书;在工程技术理论方面有突破的应用科学专著。

2. 学术思想新颖,内容具体、实用,对国防科技和武器装备发展具有较大推动作用的专著;密切结合国防现代化和武器装备现代化需要的高新技术内容的专著。

3. 有重要发展前景和有重大开拓使用价值,密切结合国防现代化和武器装备现代化需要的新工艺、新材料内容的专著。

4. 填补目前我国科技领域空白并具有军事应用前景的薄弱学科和边缘学科的科技图书。

国防科技图书出版基金评审委员会在中央军委装备发展部的领导下开展工作,负责掌握出版基金的使用方向,评审受理的图书选题,决定资助的图书选题和资助金额,以及决定中断或取消资助等。经评审给予资助的图书,由中央军委装备发展部国防工业出版社出版发行。

国防科技和武器装备发展已经取得了举世瞩目的成就,国防科技图书承担着记载和弘扬这些成就,积累和传播科技知识的使命。开展好评审工作,使有限的基金发挥出巨大的效能,需要不断摸索、认真总结和及时改进,更需要国防科技和武器装备建设战线广大科技工作者、专家、教授,以及社会各界朋友的热情支持。

让我们携起手来,为祖国昌盛、科技腾飞、出版繁荣而共同奋斗!

国防科技图书出版基金
评审委员会

国防科技图书出版基金
第七届评审委员会组成人员

前　言

弹道导弹具有射程远、精度高、杀伤威力大、机动突防能力强等优点,成为各个国家重点发展的武器装备,高密度、高强度的非接触式导弹战已经成为当今战争的主要方式。为了应对弹道导弹扩散造成的威胁,世界各军事强国,特别是美国和苏联早在 20 世纪 60 年代就开始进行弹道导弹防御技术和武器装备的研究。弹道导弹防御系统是包括助推段防御、中段防御和再入段防御在内的一体化系统,而中段防御由于导弹飞行持续时间长、飞行弹道可被精确确定和预测、作战效能高而被认为是弹道导弹防御的关键阶段。但是,母舱和助推器残骸伴随弹头惯性飞行形成目标群,加之分导式多弹头技术、诱饵技术的广泛运用,给中段防御系统的目标识别带来很大困难,正如美国导弹防御局的 Cooper 指出:"导弹防御的关键问题是能否成功地从诱饵和其他突防装置中识别出真弹头。这是一个非常棘手的问题,它已困扰了防御者 30 年。"因此,中段目标识别问题是反导系统研制的技术瓶颈,是公认的技术难题之一,它在很大程度上决定了反导系统发展的前途和方向。

在弹道目标飞行中段,主要利用目标的雷达特性进行识别。但是,弹道目标的形状、结构、表面材料电磁参数和常规运动特性等特征通常很难获取,而且随着诱饵技术包括材料技术、微控制技术和电磁特征控制技术的发展,利用传统特征已经很难从目标群中识别出真弹头,必须利用不依赖于目标结构、电磁等参数的细节特征进行识别。微动特征是目标的独特特征,包含更多的目标细节信息,中段弹道目标存在自旋、进动和章动现象,这些运动都是典型的微动形式,由于有效载荷的限制,诱饵质量分布特征和运动特征的可控性受限,弹头和诱饵的微动特征存在明显差异。因此,在弹道导弹攻防对抗技术日趋激烈的形势下,基于微动特征的识别技术为中段弹道目标识别提供了新的突破口。

本书作者近年来在国家自然科学基金项目"组网雷达中弹道目标微动特征提取与三维成像技术研究"(No. 61372166)、国家自然科学基金青年项目"高分辨雷达欠采样条件下中段目标微动特征提取方法研究"(No. 61501495)、陕西省自然科学基金青年项目"弹道目标微动特征提取与成像技术研究"(No. 2010JQ8007)以及陕西省自然科学基金面上项目"组网雷达中弹道目标微动特征提取与三维成像技术研究"(No. 2014JM8308)的支持下,针对弹道目标微多普勒效应理论及相关技术开展了较为深入的研究。本书结合作者近年来的研究成果,深入阐述了弹道目标微多普勒效应的机理,论述了多种微多普勒信息获取方法,给出了不同情况下的微动特征提取方法。

本书共分 8 章:第 1 章介绍弹道导弹及弹道导弹防御系统的发展现状、弹道导弹目标识别技术、弹道目标的微多普勒效应的概念及应用;第 2 章分析弹道目标的平动、微动特性及其在不同体制雷达下的微多普勒效应;第 3 章主要论述多普勒率法、多普勒极值法、共轭相乘法和微多普勒缩放分析法等弹道目标复合运动平动补偿方法;第 4 章主要论述最短路径法、匹配空间变换法、全变差融合法、自适应聚类法以及最近邻域"选择"法等弹道目标多分量微多普勒分离方法;第 5 章主要论述单部雷达条件下的弹道目标微多普勒特征提取方法;第 6 章主要论述多部雷达条件下的弹道目标微多普勒特征提取方法,并实现了目标空间位置三维重构;第 7 章主要论述在宽窄带雷达混合组网的条件下利用 Hough 变换法、微动信息矩阵法、循环迭代法、散射中心关联法和微动周期一致性聚类法对弹道目标微动特征进行提取,实现了空间位置的重构;第 8 章总结全书的内容,并展望微多普勒效应理论在弹道目标识别领域的应用前景。

本书由冯存前、贺思三、童宁宁、李靖卿编著。冯存前编写第 1、2、5、7 和第 4 章部分内容并进行统稿,童宁宁编写第 3 章,贺思三编写第 6 章,李靖卿编写第 4 章部分内容。本书在编著过程中得到研究生张栋、王义哲、赵双、许丹、陈蓉、许旭光等的帮助,在此一并表示感谢。

由于作者水平有限,加之弹道目标微多普勒效应研究仍属当前研究热点,有待于进一步深入研究和工程实践,因此本书难免有疏漏与不当之处,敬请读者批评指正。

作者

2018 年 6 月

目　录

Contents

第1章 绪 论

空袭与反空袭作战已成为现代战争的主要形式之一,弹道导弹作为空袭的尖兵利器,以其速度快、威力大、射程远、打击精度高、突防能力强等特点,成为空袭作战中的"杀手锏",是空袭作战中弱国对抗强国、大国慑服小国的最具杀伤性的攻击武器之一。目前,世界上至少有 40 个国家装备或部署弹道导弹。美国、俄罗斯等军事强国已经装备了全球射程覆盖完备、型号众多的弹道导弹,具备对全球任何国家或地区、任意固定军事目标的攻击能力[1-3]。除美国、俄罗斯等军事强国之外,印度和一些北约国家也竞相开展核技术及各种射程的弹道导弹的研究工作[4,5]。随着弹道导弹扩散造成的威胁问题日益凸显,在大力发展弹道导弹突防能力的同时,弹道导弹防御系统的研究也越来越受到各国的重视。

弹道目标识别是弹道导弹防御系统有效发挥作用的核心难题之一。近年来,利用目标的微动特性识别弹道目标已经受到了越来越多的关注。弹道目标的微动特性是弹道中段目标识别的重要依据之一。组网雷达的出现为弹道目标中段特征提取和目标识别提供了更多可测参数,有效地克服了单部雷达视角的局限性以及提取信息精度较低的缺点。微动特征不仅包括弹道目标为实现自身稳定、空间定向而产生的自旋运动,还包括受气流扰动和弹体分离、多弹头或诱饵释放时来自其他载荷横向力矩的干扰而引起的锥旋和摆动等微小运动。微动特征与目标的质量大小、分布特性有关,因此微动特征与目标的结构特征、电磁散射特性等目标固有属性一样,可以作为弹道目标识别的重要特征。本章首先介绍弹道导弹的特点,并简要描述各国弹道导弹防御系统的组成,接下来深入分析弹道目标识别的一般方法及可能采用的策略。在对弹道目标的微多普勒效应进行阐述后,介绍当前弹道目标微多普勒效应的研究现状及应用前景,并给出本书的结构安排。

1.1 弹道导弹及弹道导弹防御系统

不同弹道导弹的形状、飞行轨迹及运动姿态差异较大,但其飞行过程的变化规律基本一致。典型的弹道导弹飞行过程分为主动段、中段和再入段三个阶段。主动段是指导弹脱离发射架到助推器最后一级火箭熄火的阶段;中段是指导弹助推火箭关闭发动机后,导弹在大气层外飞行的阶段;再入段是指弹头及其伴飞物进入大气层向打击目标飞行的阶段。弹道导弹防御系统的防御范围涵盖了弹道导弹这三个飞行阶段的全过程,是包括主动段反导、中段反导和再入段反导在内的一体化系统。

为了应对日益严峻的反导形势,以美国和俄罗斯为首的各军事强国早在20世纪60年代就开始进行弹道导弹防御技术和装备的研究。目前,美国的弹道导弹中段和末段防御系统已经初具战斗力,主动段防御系统也即将形成。然而,美国作为目前弹道导弹防御技术研究最为成熟的国家,一直奉行防御技术输出战略,其在新一阶段的弹道导弹防御系统建设规划中强调要不断加强一体化与全球化,确保"绝对安全"。

俄罗斯的弹道导弹防御系统研究至今已经发展了半个多世纪,并长期担负战备任务,其在弹道导弹防御领域具有雄厚的技术实力和很高的技术水平。俄罗斯金刚石 – 安泰设计局将安泰 – 2500、C – 300 和 C – 400 战术反弹道导弹系统与改进后的 A – 135 系统进行整合,并纳入统一的防御系统。目前,俄罗斯的反弹道导弹系统已处于持久战略状态。

欧洲的弹道导弹防御系统是北约战略构想的重要组成部分。北约拟在 2020 年前实现欧洲弹道导弹防御系统的"四步走"计划,计划构建由"爱国者" – 3 导弹防御系统、"萨德"战区末段高空区域防御(THAAD)系统、陆/海基"宙斯盾"系统以及配套的改进型预警雷达组成的反导系统,同时利用综合指挥控制系统实现整个导弹防御体系的联合指挥[4]。

印度发展的是双层弹道导弹拦截系统,由"大地"防空(PAD)导弹系统在大气层外(高度 50 ~80km)拦截目标,"先进"防空(AAD)导弹系统在大气层内(高度 30km 以下)拦截目标[5]。PAD 是在印度"大地"2 近程弹道导弹基础上改进而成的拦截弹,AAD 是印度在以色列帮助下研制的集防空和反导于一体的全新型拦截弹。

为了应对弹道导弹扩散造成的威胁,增强反导能力和防御效能,各国都竞相开展弹道导弹防御系统的研究。此外,随着弹道导弹攻防对抗技术的发展,分导式多弹头技术和诱饵技术广泛运用,导弹防御的难度越来越大[6]。

1.2　弹道导弹目标识别

弹道目标识别是导弹防御的核心技术之一,实际中多采用雷达目标识别技术。雷达目标识别主要根据目标的回波来鉴别目标,相关技术涉及雷达目标特性、目标特征提取方法和分类识别技术。识别的基本过程就是从目标的幅度、频率、相位、极化等回波参数中,分析回波的幅度特性、频谱特性、时间特性、极化特性等,以获取目标的运动参数、形状、尺寸等信息,从而达到辨别真伪、识别目标的目的。根据弹道导弹的不同飞行阶段,弹道导弹目标识别一般分为主动段识别、中段识别和再入段识别三个阶段。

1.2.1 主动段识别

主动段以弹道导弹从地(海)面等发射平台脱离发射装置开始,在助推火箭的动力推动下,沿一定的弹道向空间爬升,直至一级火箭(助推装置)与主控装置分离。主动段是弹道导弹的脆弱阶段,此时弹道导弹的速度相对较慢、伴飞物较少,其雷达和红外特性显著,主要表现为火箭发动机强烈的尾焰,其观测手段主要包括预警雷达设备和红外预警卫星设备。此阶段弹道导弹雷达目标特性的可见度主要受其雷达散射截面积(RCS)的影响,事实上,尽管其尾焰不会反射微波段的电磁能量,但它几乎会反射所有照射到它上面的高频段(HF)的电磁能。

但此阶段目标环境(包括人为干扰和杂波背景)较为复杂,且待识别主动段弹道导弹目标通常是动态的。由于观测设备性能有限,获取的目标参数不够全面,难以及时发现、识别弹道导弹。目前,主动段弹道导弹识别由于受到高置信度实时识别的限制,难以达到实用化以应付复杂战场环境的目的,多停留在理论或实验验证阶段。

1.2.2 中段识别

由于弹道导弹中段飞行时间较长,约占整个弹道导弹飞行阶段的80%,防御方有足够的时间做出决策,是公认的弹道导弹防御的关键阶段[7,8]。目前,美国、俄罗斯等国的防御系统研究和实验主要集中于中段。在中段,母舱和导弹遗留下来的助推器残骸在地球引力的作用下在近似真空的环境中伴随弹头惯性飞行,形成扩散的目标群,给目标识别带来很大的困难[9]。

弹道目标中段的目标特性主要包括雷达特性和红外特性。中段目标近似在真空中飞行,气动加热不明显,红外特性主要表现为自身辐射和背景辐射,现代诱饵技术已经能够通过加热装置模拟弹头的红外特性[11]。在中段,主要利用目标的雷达特性进行识别。中段雷达目标特性识别大致有两个途径[7,9]:一是特征识别,通过辨认信号特征来推演目标的特征信息,如利用回波信号的幅度、相位、极化频率特征及其变化来估计目标的飞行姿态、结构特征、材料特征等;二是成像识别,通过高分辨雷达成像,确定目标的尺寸、形状等。弹道目标识别是一种典型的非合作式目标识别,目标的形状、结构、表面材料电磁参数和常规运动特性等特征对先验信息要求较高[12],而攻击方弹道导弹参数通常很难获取,这些特征在弹道导弹目标识别中的实用性受到限制。此外,随着诱饵技术包括材料技术、微控制技术和电磁

3

特征控制技术的发展,利用 RCS、尺寸、形状等传统特征已经很难从目标群中识别出真弹头,必须利用不依赖于目标结构、电磁等参数的细节特征。

近年来,利用目标微动信息进行目标识别的方法受到国内外研究机构和学者们的广泛关注[13-18]。微动特征是目标的独特特征,包含更多的目标细节信息,利用微动特征的目标识别技术已经在空中直升机、螺旋桨飞机、喷气式飞机识别[15,16]和地面坦克、装甲车、人员和动物识别[19,20]等领域得到了深入研究和初步应用。美国早在 20 世纪 70 年代就开始研究弹道目标微动特征[21],其开发的识别算法和技术已经使装备的 S 波段相控阵雷达 AN/SPY-1[22] 和 THAAD GBR X 波段雷达[23]具备利用微动特征识别威胁目标的能力。

1.2.3 再入段识别

当弹道导弹进入再入段时,弹道导弹的大部分伴飞物,如轻诱饵、碎片残骸及箔条等干扰物,会因大气摩擦而烧毁或降速,只有少量重诱饵会依然保持与弹道导弹相一致的运动状态。此阶段弹道导弹的运动特性可以为目标的识别提供依据,质阻比是其中非常关键的参数之一。

质阻比又称弹道系数,是弹头质量和外形的组合参数,集中体现了弹头总体飞行性能,是再入目标的主要识别特征之一。美国麻省理工学院在 20 世纪 60 年代就开始研究质阻比,并建立了质阻比与雷达测量之间的严格关系式,在再入目标质阻比估计及再入体设计上取得了一系列成果。70 年代以后,关于质阻比估计的公开文献较多,可是由于当时雷达精度、试验条件的限制,发现利用质阻比特性进行目标识别存在一定的局限性。目前,随着计算机、雷达探测等技术的发展,利用质阻比的识别又上升到一个新的高度,相比其他的识别方法,其识别速度快,简单直观,具有一定的研究价值。

弹道导弹防御系统是一个集成了多平台、多传感器的复杂系统,在整个反导作战的过程中,任何时候都不会只用一种特征进行识别,单一识别手段无法给出令人信服的结果。因此,必须综合应用各种识别手段。飞行过程中不同阶段的识别结果,同一阶段的多种手段的识别结果都必须加以综合利用,形成合理的识别决策流程,最终给出逼近真实情况的识别结果。

1.3 弹道目标微多普勒效应及应用

自从奥地利物理学家克里斯琴·多普勒(Christian Doppler)发现并提出了多普勒效应后,多普勒理论得到了广泛的关注和应用。多普勒理论指出,当观察者和物体之间存在相对运动时,物体辐射的电磁波波长会随着这种相对运动而变化,从而导致电磁波频率变化,通过对电磁波频率的测量和计算,就可以得到目标运动的信息[24]。

　　然而实际生活中,只进行单一运动的目标很少,通常是目标整体存在平动的同时,目标的整体或组成部分还存在另一种微动,如汽车轮胎的转动、直升机旋翼的转动、导弹飞行过程中的自旋运动等,这些微动会造成目标多普勒频谱产生调制,即微多普勒效应[20]。相比于目标的整体平动,微动包含了目标更多的细节信息,因此在目标识别领域也得到了广泛关注。

1.3.1　弹道目标微多普勒效应的概念

　　自电磁波发现以来,人们逐步掌握和开拓了长波、短波、超短波甚至是微波等领域,并且发现在一般情况下电磁波能够承载的信息量会随着频率的增高而增大。激光波长较短,频率较高,能较为敏锐地捕捉到待观测目标的微小运动,所以相干激光雷达系统最早发现和引入了"微动和微多普勒效应"这一概念。之后,美国海军研究实验室的 V. C. Chen 将它扩展到微波雷达并发表了一系列关于目标微多普勒效应的科研成果,他提出了微动的概念,并把它定义为除待测目标本身或其组成部件的质心平动之外的其他微小运动,如振动、转动、翻滚、摆动等。而目标产生的这些微小运动会引起多普勒频移,这就是微多普勒频率,或称为微多普勒[13]。

　　弹道目标的微动特征不仅包括弹道目标为实现自身稳定、空间定向而产生的自旋运动,还包括受气流扰动和弹体分离、多弹头或诱饵释放时来自其他载荷横向力矩的干扰而引起的锥旋和摆动等微小运动[25,26]。通过空间目标的力学分析可知[27],微动特征与空间目标的质量大小、分布有关。由于弹道目标的有效载荷有限,诱饵与真弹头的质量大小及其质量分布不可能完全相同,这必然会导致诱饵与真弹头的自旋频率、锥旋矢量存在较大差异。因此,微动特征与目标的结构特征、电磁散射特性及常规运动特性等目标固有属性一样,可以作为弹道目标识别的重要特征。

　　激光雷达具有很高的测速精度,微多普勒现象很容易被激光雷达观测到,微动和微多普勒的概念最早从激光雷达中引入。1990 年 3 月 29 日和 10 月 20 日,美国进行了两次 Firefly 实验,该实验将一枚装有可膨胀锥形气球诱饵的"北极犬"探测火箭发射到太空,通过指令将装在霰弹筒内的诱饵自旋弹出,然后充气膨胀成长 2m 的锥体,在目标做一系列进动运动时,位于麻省理工学院的激光雷达对诱饵释放过程进行了观测,这次实验成功地演示了激光雷达可观测到超过 700km 远的诱饵的展开、膨胀和微动过程,验证了目标运动信息作为中段识别特征的可行性[28]。

　　随着雷达技术的发展,高分辨雷达广泛运用,常规微波雷达已经具备探测目标微动的能力。2000 年,V. C. Chen 最早发表了微波雷达中的微多普勒效应分析实验结果,证实了尽管微多普勒效应对雷达系统工作波长敏感,但借助于高分辨的时频分析技术,在微波雷达中仍可被观测到[13]。美国海军导弹防御委员会于2001年对海基雷达用于弹道导弹防御做了论证,其中指出,对于导弹防御雷达系统来说,微动特征与威胁目标自旋频率和其他非常规运动一样,蕴含了独一无二的特征,这些特征使雷达能够将弹头从诱饵和碎片中识别出来。2002年美国又资助了一项题为"基于相位导数测距的目标分辨"的研究,此项目对弹道导弹目标的自旋、进动和章动等现象的动力学原理进行了深入分析。目前,研究人员已经在微动原理与微多普勒机理分析、微动信号分析和微多普勒提取等方面取得了丰富的研究成果。

1.3.2 弹道目标微多普勒效应分析与特征提取

微动的动力学与运动学模型是建立微多普勒与目标参数定量关系和微动回波模型的前提,是利用微动进行目标识别的重要依据。根据电磁散射相关理论,目标的散射可以用目标上的几个局部散射源表示,在小的相对测量带宽和观测累积角度条件下,这些局部散射源可以用理想散射中心来近似[29]。微多普勒产生的实质就是目标等效散射中心与雷达天线相位中心相对速度的时变性。

弹道目标的微动本质是一种非匀速运动或非刚体运动。在频域或时频域中,弹道目标回波的微动特征通常表征为时变非平稳的多分量信号,它与主体平动分量或其自身包含的微动分量相互叠加在一起。瞬时频率常用于解析给定时刻目标微动分量的变化趋势,但它对应于时变信号相位信息的导函数,不适用于同一时刻具有多个微动频率分量的信号。因此,为了有效利用弹道目标的微动特征,分离和提取单分量微多普勒信号显得尤为重要。

微多普勒分离的目的就是为了实现目标主体回波与微动分量之间的分离以及多分量微动信号(包括多个目标或多个散射中心)的分离。为了有效地实现目标主体回波与微动分量之间的分离,国内外专家做了大量的研究,主要集中在两点,即多普勒谱或距离像序列中微多普勒的提取以及ISAR像中微多普勒分量的消除。所采用主要方法有小波分解、Chirplet分解、经验模态分解(EMD)、投影变换算法等。Thayaparan于2007年和2010年利用小波分解中的四阶二叉树分解分别实现了多普勒谱中微多普勒特征的提取以及ISAR像中微多普勒信息的消除[30,31]。徐艺萌等人利用小波分解与压缩感知相结合的方法,消除了颤振目标ISAR像中的微多普勒信息[32]。V. C. Chen将微多普勒信号转化成一簇Garbor基函数,并自适应地匹配于多分量微多普勒信号在时频域的局部特征[33]。蔡权伟利用可逆跳跃马尔可夫链蒙特卡罗(MCMC)方法近似生成多分量信号待测参数的概率分布,在AM-FM分解的基础上,通过贝叶斯计算估计出多分量信号的个数及相关参数,从而实现了多分量信号的重构分离[34]。李松通过对干扰机接收的回波进行 AM – FM 处理，进而产生虚假微多普勒信号，以达到干扰 IASR 像聚焦的效果[35]。Huang 首先介绍了 EMD 的基本概念，但该方法容易引发模态混叠问题[36]。罗迎利用 EMD 得到的趋势项分量完成了距离像序列中微动分量的提取[37]。徐艺萌利用复数 EMD 消除了毫米波雷达中颤振目标逆合成孔径雷达(ISAR)像内包含的微多普勒分量[38]。Stankovic 利用 Randon 变换从目标的 ISAR 像中分离出直升机的微动旋翼信号[39]。张群利用 Hough 变换提取出运动目标的微多普勒分量[40]。胡晓伟将回波时频信号进行逆 Randon 变换，结合最小熵准则和高斯拟合估计方法，实现了多旋转目标的平动补偿[41]。此外，谢苏道利用最小熵值法消除了弹道类目标加速度分量等平动参量对微多普勒提取的影响[42]。李星星利用航迹关联和滑窗检测相结合的方法在距离像序列消隐的情况下实现了平动补偿[43]。Stankovic 利用 L – statistics 方法消除了微动目标 ISAR 像中的微多普勒分量[44]。

瞬时频率常用于描述目标的微动特征，但瞬时频率不适用于同一时刻具有多个微动频率分量的信号，因此从多普勒谱、距离像序列或 IASR 像中分离和提取出单分量微多普勒信号具有十分重要的意义。多分量微动信号的分离采用的主要方法有 Viterbi 算法、EMD 分解、投影变换、盲信号分离等算法。Stankovic 和 Dijurovic 率先利用最小代价函数路径寻优，提取了一种多分量信号瞬时频率估计的 Viterbi 算法[45,46]。关永胜和李坡利用 Viterbi 算法分别提取出微动多目标的微动频率[47,48]。Bao 利用复数 EMD 分解方法分离出 ISAR 像中的多分量微多普勒信号[49]。王宝帅和杜兰利用 EMD 分解方法在多普勒谱中分离出多类典型飞机的微多普勒特征，实现了飞机目标的有效分类[50]。王兆云利用 Hough 变换分别提取出锥体目标各滑动散射中心的微多普勒特征[51]。李坡利用 Hough 变换和三次相位函数(CPF)相结合的方法分离出 LFM 微多普勒分量和正弦调频(SFM)微多普勒分量[52]。向道朴用独立成分分析(ICA)算法对低分辨雷达网获取的群目标回波信号进行分离处理，结合时频分析方法实现群目标分辨[53]。郭琨毅根据微多普勒信号的稀疏性，利用欠定盲分离(UBSS)方法，实现了微多普勒信号的分离[54]。Wang 利用盲信号分离方法分离出多分量微多普勒信号[55]。此外，邵长宇和李飞利用最近邻域数据关联算法选取椭圆内统计距离最小的测量值为更新状态，提出了一种基于多目标跟踪的多分量微多普勒分离方法[56-58]。罗迎利用曲线的光滑性来实现多散射点微多普勒曲线的分离[37]。高昭昭利用微动特征的周期性，分离出多旋转散射中心的微多普勒特征[59]。

V. C. Chen 指出，目标的微多普勒特征不受限于雷达的距离分辨[60]，升级改造的高性能窄带低分辨雷达也足以在多普勒域中产生目标的微多普勒特征[25,26]，而宽带高分辨雷达甚至可以得到目标的距离像信息及高维像。因此，基于微多普勒信息的特征提取方法主要分为两类:一类是利用高性能低分辨雷达获取目标的微多普勒特征或散射中心分布规律等目标固有特性,从而实现目标的粗分类及特征提取;另一类是通过高分辨成像雷达获取目标的成像特征,如一维高分辨距离像(HRRP)、二维逆合成孔径雷达像以及多维(包含俯仰角等)像等。由于可以直接通过距离像、方位像进行匹配识别,这类方法可以获取目标的尺寸、结构等更为精细的特征,从而实现目标的精确识别及特征提取。归纳可知,基于微多普勒信息的特征提取方面的研究可分为微动模式识别、微动特征提取及基于微多普勒信息的结构特征提取三个方向。

在微动模式识别方面,关永胜通过对回波信号谱的分析,对进动、摆动、自旋微动模式的分类进行了研究[61]。韩勋通过对回波信号时频图的分析,对弹头的进动、章动、自旋微动模式进行了研究[62]。

在中段弹道目标微多普勒特征获取方面,刘永祥根据刚体动力学的知识建立了锥体目标的空间进动数学模型,推导出了进动参数和目标惯量比之间的关系,提出可利用目标的纵横惯量比作为特征进行真假弹头识别[63]。为了计算惯量比,必须估计目标的进动周期与进动角两个进动参数。基于这一基本结论,国内各单位对不同雷达观测条件下的进动周期及进动角估计进行了广泛研究。针对高性能低分辨雷达,Liu 和 Ghogho 利用 RCS 序列的周期性来估计弹头进动周期[64]。刘永祥和黎湘利用尖锥弹头 RCS 关于姿态角的近似解析关系式,对 RCS 随姿态角变化的单调区域进行分类讨论,估计尖锥目标的进动角[65]。而雷鹏和刘进分别利用 Hough 变换对进动弹头暗室测量数据的参数估计展开了研究[66,67]。针对宽带回波数据,姚汉英和罗迎提出了基于距离像序列散射中心投影位置变化的进动参数估计方法[68,69]。金光虎基于宽带回波数据,系统分析了弹道目标的进动对距离像和 ISAR 像的影响,研究了进动目标距离像和 ISAR 像的变化规律,提出了基于距离像序列及 ISAR 像序列的进动参数估计算法[70]。L. H. Liu 通过对回波信号的稀疏分解提取进动参数[71]。总的来说,由于进动周期对应了观测量的变化周期,其估计基本原理相对简单、对应物理意义明确,发表的文献主要注重于如何在短观测时间内提高进动周期的估计精度[72]。进动角的估计则相对复杂,其基本原理是认为从回波信号所提取某个参数的变化幅度与进动角存在对应关系,从而估计进动角,而所提取参数的变化幅度通常不仅与进动角有关,还与目标的结构参数有关,因此在进动角提取时通常需要已知某些参数,如目标结构参数、雷达视线方向等。艾小锋提出利用多视角一维距离像序列目标投影长度的变化对进动角及目标长度进行联合估计,在没有任何先验信息的条件下实现了进动角的高精度估计,体现了组网雷达在微动参数估计上的优越性能[73]。雷腾利用多站一维距离像重构了锥体弹头上各等效散射中心的三维空间位置,对锥体弹头的各个参数进行了估计[74]。

刚体目标微动导致目标相对于雷达视线的姿态随时间周期变化,可基于微动信息实现刚体目标的二维高分辨成像,从而进一步获得目标的结构参数。F. Zou分析了弹头进动对 ISAR 成像的影响,指出利用传统成像算法难以获得聚焦的ISAR 像[75]。根据所利用微多普勒信息的时间长度,现有的基于微动信息的 ISAR成像算法主要分为两类:一类是利用多个周期的回波信号,通过对信号的匹配分解获得目标的二维高分辨[76-78];另一类利用一个周期内的回波信号,将观测时间内的微动等效为高阶复杂运动,利用复杂运动目标成像算法获得微动目标聚焦的ISAR 像,如雷腾利用瞬时成像方法获得弹道目标聚焦的 ISAR 像[79]。

1.4　本书内容结构

弹道目标识别技术是战略预警能力和反导作战能力的集中体现,本书围绕弹道目标的微多普勒效应,主要介绍弹道目标微动信号分离与特征提取方法,系统深入地研究了中段目标回波信号建模仿真、微多普勒信息获取、微动特征提取、目标空间位置重构等相关问题。全书的具体内容如下:

第 2 章论述弹道目标在中段的运动特性及微多普勒效应。首先依据椭圆弹道理论分析中段平动的动力学原理,得到中段目标的平动模型;然后依据惯量守恒原理,推导中段目标进动的动力学模型,从而获得中段目标运动模型。在此基础上,结合脉冲多普勒(PD)体制及线性调频(LFM)高分辨体制,分析微动对高/低分辨雷达回波的影响及表现形式,给出基于准静态法的弹道中段目标回波仿真方法,得到了中段目标回波信号。PD 雷达以其卓越的杂波抑制性能受到世人瞩目,广泛应用于目标预警、探测及制导雷达。线性调频体制雷达多用于地基高分辨空间目标探测雷达,研究它的微多普勒效应有利于反导作战的现实需求。

第 3 章论述弹道目标主体平动回波分量的补偿方法。中段目标的微动叠加在平动之上,平动的存在将会使时频面中的多普勒结构发生平移、倾斜和折叠,使多普勒模型参数增加甚至破坏微多普勒在时频面中的结构,使参数化提取方法的失效,在微动参数提取前,必须进行平动补偿处理。根据微动分量信号与平动分量信号表达形式上的差异,本章重点介绍多普勒率法、多普勒极值法、共轭相乘法和微多普勒缩放分析法在弹道目标平动补偿方面的应用。本章内容是第 4 章的基础。

第 4 章论述平动补偿后弹道目标多分量微动信号的分离方法。中段目标的微动特征在频域或时频域中通常表征为时变非平稳的多分量信号,它与其自身包含的微动分量相互叠加在一起,它在同一时刻具有多个微动频率分量。因此,为了有效利用弹道目标的微动特征,分离和提取单分量微多普勒信号显得尤为重要。本章重点介绍最短路径法、匹配空间变换法、全变差融合法、自适应聚类法以及最近邻域"选择"法在弹道目标多分量瞬时多普勒提取方面的应用。本章和第3章是第5章的前提条件。

第5章论述基于单基地雷达的弹道目标微多普勒特征提取方法。对于单基地雷达而言,由于雷达视角单一,获取的目标信息有限,通常需要目标部分先验信息或对部分参数进行近似处理才能对弹道目标微动参数进行特征提取。本章单基地雷达选取高分辨宽带雷达,对不同视角下目标的宽带散射特性进行分析,得到了目标不同范围内的二维成像图,提出基于成像质量的进动参数提取算法,并对参数性能进行分析。

第6章论述基于同构组网雷达的弹道目标微多普勒特征提取方法。同构组网雷达(同类型雷达进行组网)拥有多个观测视角,能够获得不同视角下的目标信息,通过联立参数求解方程组可以求出微动参数和目标结构参数,进而实现目标空间位置的重构。本章重点研究窄带和宽带两种组网雷达体制下的特征提取,并进一步实现目标的空间位置三维重构。在窄带雷达网求解上,采用基于散射点匹配的循环迭代的方法,在宽带雷达网求解上,通过联立方程组进行参数求解,并对参数进行性能分析,如投影长度的变化信息、进动初始相位角等。在此基础上可以求解出目标的结构参数、三维微动矢量和锥旋轴矢量,从而实现锥体目标空间位置的三维重构。

第7章论述基于异构组网雷达的弹道目标微多普勒特征提取方法。根据雷达带宽的不同,本章所提异构组网雷达(不同类型雷达进行组网)包括窄带和宽带两种体制雷达。本章重点研究基于宽窄带雷达混合组网的旋转目标、进动目标、多弹头目标的微动特征提取方法。旋转目标散射中心微多普勒具有标准的正弦规律且正弦参数仅与雷达视角有关,基于此构建匹配度矩阵,实现散射中心匹配,再利用Hough变换提取出曲线参数,通过联立方程实现参数求解和目标位置重构。针对强噪声环境下弹道目标特征提取问题,提出一种基于宽/窄带混合体制雷达的弹道目标特征提取算法。该算法根据宽/窄带微动特征的相关性,结合改进自相关法和最小二乘估计方法,构建并解算出目标最强散射中心对应的微动信息矩阵,并利用散射中心关联和一致性匹配融合方法,得到目标的微动特征和结构参数。然后提出一种基于多站散射中心关联的弹道目标特征提取算法。该算法利用加权平均和散射中心关联相结合的方法,提取出锥体弹头的三维进动特征及结构参数。最后提出一种针对多弹头目标微动特征提取技术方法,利用一致性聚类实现多站微动特征的分类,再通过遗传算法求解出频率,根据散射中心幅相参数求解出微动参数,实现目标三维重构。

第8章总结了全书的主要工作,并列举弹道目标识别技术在微多普勒研究方面的应用前景。

第 2 章　弹道目标运动特性及微多普勒效应

弹道目标中段运动的动力学原理分析与运动学建模是弹道目标中段多普勒特征分析和提取的前提和基础。为保证一定的再攻角,弹道导弹一般通过自旋保持自身角度的稳定,而轻微的扰动将导致自旋目标产生进动。根据 V. C. Chen 的定义[13],除质心平动以外的振动、转动和加速运动等微小运动称为微动。对于单散射目标,微动表现为运动的非匀速性;对于多散射目标,微动表现为运动的非刚体性。弹道目标径向加速或高阶加速运动分量由质心运动产生,属于质心运动的高阶分量,与转动引起的径向振动有着本质的不同,不应属于微动范畴。因此,弹道目标在中段的运动可分解为目标沿着弹道的平动飞行以及绕目标对称轴的微动两部分。

目前,弹道目标中段的微动模型研究主要是建立在理想散射中心的基础上开展的,基于滑动型散射中心的微动模型研究并不多见。本章在分析微动动力学原理的基础上,重点研究滑动型散射中心的微动模型及其微多普勒特性分析,为弹道目标中段进动参数提取和识别奠定基础。首先详细分析平动的动力学原理,给出平动弹道解算方法的相关介绍;并推导旋转对称弹道目标的动力学原理,在此基础上建立弹道目标进动模型和滑动型散射中心模型;针对微动信号模型和性能分析,分别建立 PD 信号回波模型和 LFM 体制下的回波信号模型;最后就弹道目标的平动、进动和滑动型散射中心进行仿真分析,并阐述相应的微多普勒特性。

2.1　弹道目标中段平动特性

弹道目标距离地面的最大高度在 1000km 以内,即飞行空域只限于近地空间,故除地球外其他星球对弹道目标的影响是可以忽略的。弹道目标中段运行过程中,由于所处高空大气很稀薄,因而依赖于大气的空气动力的作用可以不予考虑,即可以不考虑目标运动的姿态,视其为质点动力学问题。由于地球扁率较小,假设其为质量分布均匀的圆球体,且忽略地球的自转和公转的影响,以上假设称为椭圆弹道基本假设[80]。

2.1.1　相关参数间关系

在上述假设基础上,由理论力学知,弹道目标的中段平动可以描述为位于速度矢量与地球引力矢量所决定的平面内的运动,且该运动完全满足椭圆弹道的基本假设。如图 2.1 所示,中段弹道是椭圆弹道的一部分。其中 O_e 为地心,r_0 为地球半径,p 为椭圆弹道近地点,k 为关机点,n 为再入点,r 为弹道上一点的地心矢径,真近点角 f 为 r 与 r_p 的夹角且顺着飞行方向的角度为正,V 为瞬时速度矢量(V_r、V_f 分别为径向速度和周向速度),Θ 为速度倾角。也可将其视为以地心 O_e 为坐标原点、r_p 为初始极轴、r 为极轴,f 为极角的极坐标系。在椭圆弹道假设下目标的椭圆弹道方程为

$$r = \frac{h^2/\mu}{1 + c\cos f/\mu} = \frac{P}{1 + e\cos f} \tag{2.1}$$

式中:h 为目标对地心的动量矩,$h = r^2\dot{f}$;μ 为地球引力常数;P 为半通径;e 为偏心率。

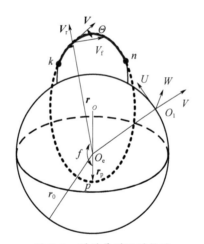

图 2.1　弹道导弹运动轨迹

由动量矩守恒定律和机械能守恒定律可知,半通径为

$$P = r_k V_k^2 \cos^2 \Theta_k \tag{2.2}$$

式中:V_k 为关机点 k 的瞬时速度;r_k 为矢径;Θ_k 为速度倾角。

椭圆弹道偏心率 e 与关机点参数间的关系为

$$e = \sqrt{1 + \nu_k(\nu_k - 2)\cos^2 \Theta_k} \tag{2.3}$$

式中:ν_k 为能量参数 $\nu_k = V_k^2/(\mu/r_k)$。不难看出,弹道目标的运动轨迹完全可以由关机点的相关参数决定。

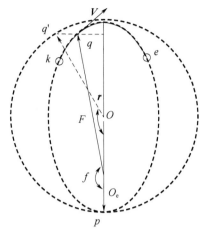

图 2.2 椭圆弹道的解算

2.1.2 平动参数解算

在弹道平动过程中,目标轨迹随时间变化的研究至关重要,必须解算出弹道目标的径向距离和径向速度。建立以椭圆中心 O 为圆心、长半轴 a 为半径的辅助圆,如图 2.2 所示。q 为椭圆运动的质点,根据弹道导弹运动学知识可知,质点 q 到地心的连线 O_eq 在单位时间内扫过的椭圆的面积为一常数,且其数值等于质点动量矩的一半。辅助圆上的点 q' 与椭圆上的点 q 是对应关系,导弹在椭圆轨道中的位置可以根据计算间隔时间 Δt 内辅助圆上对应点 q' 扫过的面积来求得。定义 Oq' 与 Op 的夹角为偏近点角 F,通过推导可得[2]

$$r = a(1 - e\cos F) \tag{2.4}$$

$$V = \sqrt{\frac{\mu}{a}} \frac{\sqrt{1 - e^2 \cos^2 F}}{1 - e\cos F} \tag{2.5}$$

$$\Theta = \arctan \frac{e\sin F}{\sqrt{1 - e\cos F}} \tag{2.6}$$

由下开普勒方程通过迭代的方法可以求得导弹的瞬时偏近点角 F:

$$M = n(t - t_p) = F - e\sin F \tag{2.7}$$

式中:M 为平近点角;n 为平均角速度,$n = 2\pi/T = \sqrt{\mu/a^3}$;$t_p$ 为导弹飞至近地点的时刻。

图 2.1 中,O_1UVW 为雷达坐标系 E_1,原点为雷达位于的地表位置 O_1,由 O_eO_1 与 O_ep 的夹角 f_r 确定。目标的雷达径向距离和速度分别为

$$r_R = r^2 + r_0^2 - 2rr_0\cos(f_r - f) \tag{2.8}$$

13

$$v_R = \frac{V[r - r_0 \cos(f_r - f)\cos\Theta - r_0 \sin(f_r - f)\sin\Theta]}{r_R} \quad (2.9)$$

式中

$$\cos(f_r - f) = \frac{(\cos E - e)\cos f_r + \sqrt{1 - e^2}\sin F \sin f_r}{1 - e\cos F} \quad (2.10)$$

$$\sin(f_r - f) = \frac{(\cos E - e)\sin f_r - \sqrt{1 - e^2}\sin F \cos f_r}{1 - e\cos F} \quad (2.11)$$

假设弹头垂直高度为 3m，底面半径为 1m，导弹关机点高度为 236km，关机点速度为 4.5 km/s，以最佳速度倾角飞行，根据前面的可知，雷达在弹道平面内的位置由参数 $f_r = 194.6°$ 确定。

弹道目标中段平动仿真如图 2.3 所示。图 2.3(a) 是椭圆弹道，图 2.3(b) 是解算得到的时间—雷达径向距离。导弹在中段飞行时间近 900s，为目标的探测、跟踪、识别与拦截提供了重要的时间窗口。图 2.3(c)、(d) 是目标的雷达径向速度和加速度曲线，可见弹道目标的飞行速度很大，达到每秒几千米，但由于只存在地球引力作用，加速度相对很小，中段弹道是非常平稳的。

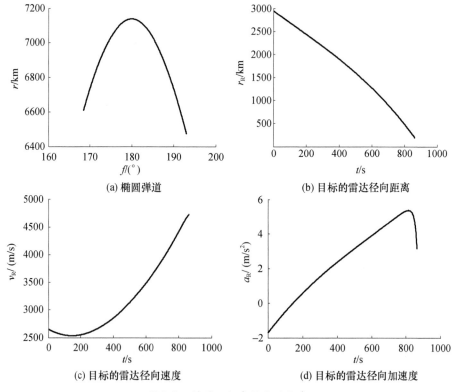

(a) 椭圆弹道   (b) 目标的雷达径向距离

(c) 目标的雷达径向速度   (d) 目标的雷达径向加速度

图 2.3　弹道目标中段平动仿真

2.2　弹道目标中段微动特性

中段目标主要包括弹头、诱饵及一些碎片。进动是弹道目标在中段常见的微动形式,翻滚是碎片常见的微动形式。翻滚是在平动的基础上叠加旋转,其微动模型与旋转目标的微动模型一致。下面对弹道目标的旋转及进动微动模型进行分析。

2.2.1　旋转的微动特性

如图 2.4 所示,雷达位于 O 点处,$O'N$ 为旋转轴,散射中心 P 绕 $O'N$ 以角速率 ω_r 做旋转运动。OO' 在雷达坐标系中的方位角和仰角分别为 α、β,旋转轴 $O'Q$ 在参考坐标系 (X, Y, Z) 中的方位角和俯仰角分别为 α_r、β_r,则雷达视线在 (U, V, W) 中单位矢量 $\boldsymbol{n}$ 和旋转轴 $O'N$ 参考坐标系下的单位矢量 $\boldsymbol{e}$ 分别为

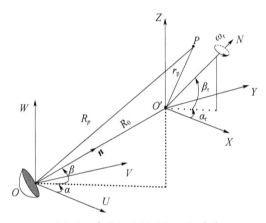

图 2.4　雷达与旋转目标几何关系

$$\boldsymbol{n} = \left[\cos\alpha\cos\beta, \sin\alpha\cos\beta, \sin\beta\right]^{\mathrm{T}} \qquad (2.12)$$

$$\boldsymbol{e} = \left[\cos\alpha_r\cos\beta_r, \sin\alpha_r\cos\beta_r, \sin\beta_r\right]^{\mathrm{T}} \qquad (2.13)$$

P 在参考坐标系得初始位置为

$$\boldsymbol{r}_{\mathrm{p}} = \left(x_p, y_p, z_p\right)^{\mathrm{T}} \qquad (2.14)$$

则在 t 时刻,散射点 P 在参考坐标系下的位置变为

$$\boldsymbol{r}_p(t) = \boldsymbol{T}_r \boldsymbol{r}_p \qquad (2.15)$$

式中:$\boldsymbol{T}_r$ 为由 Rodrigues 方程得到的 t 时刻目标的旋转矩阵,且有

$$\boldsymbol{T}_r = \boldsymbol{I} + \hat{\boldsymbol{e}}\sin\omega_r t + \hat{\boldsymbol{e}}^2\left(1 - \cos\omega_r t\right) \qquad (2.16)$$

下面给出式(2.16)的具体推导过程。

散射中心 P 的旋转示意图如图 2.5(a) 所示，Q 为旋转中心，P' 为 t 时刻散射中心的位置。

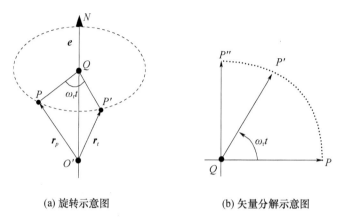

(a) 旋转示意图　　　　　　　　(b) 矢量分解示意图

图 2.5　散射中心 P 的旋转原理

$\boldsymbol{r}_p(t)$ 可表示为

$$\boldsymbol{r}_p(t) = \overrightarrow{O'P'} = \overrightarrow{O'Q} + \overrightarrow{QP'} \tag{2.17}$$

式中：$\overrightarrow{O'Q}$ 为 $\boldsymbol{r}_p$ 沿 $O'N$ 轴的轴向分量，根据矢量投影变换定理，可得

$$\overrightarrow{O'Q} = \boldsymbol{e}\boldsymbol{e}^{\mathrm{T}}\boldsymbol{r}_p \tag{2.18}$$

如图 2.5(b) 所示，利用矢量的正交分解，$\overrightarrow{QP'}$ 可表示为

$$\overrightarrow{QP'} = \overrightarrow{QP} \cdot \cos\omega_r t + \overrightarrow{QP''} \cdot \sin\omega_r t \tag{2.19}$$

式中：$\overrightarrow{QP}$ 为 $\boldsymbol{r}_p$ 在旋转平面上的投影矢量，也就是与旋转轴 $O'N$ 垂直的分量，$\overrightarrow{QP}$ 可表示为

$$\overrightarrow{QP} = \boldsymbol{r}_p - \overrightarrow{O'Q} = (\boldsymbol{I} - \boldsymbol{e}\boldsymbol{e}^{\mathrm{T}})\boldsymbol{r}_p \tag{2.20}$$

其中：$\boldsymbol{I}$ 为单位对角矩阵。

根据矢量的叉乘，$\overrightarrow{QP''}$ 可表示为

$$\overrightarrow{QP''} = \boldsymbol{e} \times \boldsymbol{r}_p = \hat{\boldsymbol{e}} \cdot \boldsymbol{r}_p \tag{2.21}$$

式中：$\hat{\boldsymbol{e}}$ 为参考坐标系中旋转轴单位矢量 $\boldsymbol{e}$ 的叉乘矩阵。

将式 (2.20) 和式 (2.21) 代入式 (2.19)，则 $\overrightarrow{QP'}$ 可表示为

$$\overrightarrow{QP'} = (\boldsymbol{I} - \boldsymbol{e}\boldsymbol{e}^{\mathrm{T}})\boldsymbol{r}_p \cdot \cos\omega_r t + \hat{\boldsymbol{e}} \cdot \boldsymbol{r}_p \cdot \sin\omega_r t \tag{2.22}$$

将式 (2.18) 和式 (2.21) 代入式 (2.17)，则 t 时刻散射点 P 在本地坐标系中的位置矢量可表示为

$$\boldsymbol{r}_p(t) = [\boldsymbol{e}\boldsymbol{e}^{\mathrm{T}} + (\boldsymbol{I} - \boldsymbol{e}\boldsymbol{e}^{\mathrm{T}}) \cdot \cos\omega_r t + \hat{\boldsymbol{e}} \cdot \sin\omega_r t]\boldsymbol{r}_p \tag{2.23}$$

从式 (2.23) 可见，$\boldsymbol{r}_p(t)$ 是 $\boldsymbol{r}_p$ 的线性变换，变换矩阵 $\boldsymbol{T}_r$ 可表示为

$$\boldsymbol{T}_r = \boldsymbol{e}\boldsymbol{e}^{\mathrm{T}} + (\boldsymbol{I} - \boldsymbol{e}\boldsymbol{e}^{\mathrm{T}}) \cdot \cos\omega_r t + \hat{\boldsymbol{e}} \cdot \sin\omega_r t \tag{2.24}$$

如果旋转轴固定，则变换矩阵 $\boldsymbol{T}_r$ 只是旋转角度 $\omega_r t$ 的函数。将 $\boldsymbol{T}_r$ 在 $\omega_r t = 0$ 处展开成幂级数

$$\boldsymbol{T}_r(\omega_r t) = \boldsymbol{T}(0) + \boldsymbol{T}_r'(0)\omega_r t + \frac{1}{2!}\boldsymbol{T}_r''(0)(\omega_r t)^2$$

$$+ \cdots + \frac{1}{k!}\boldsymbol{T}_r^{(k)}(0)(\omega_r t)^k + \cdots \qquad (2.25)$$

根据叉乘矩阵的性质[81]，将式（2.24）代入式（2.25）可得

$$\boldsymbol{T}_r(\omega_r t) = \boldsymbol{I} + \left[\sum_{k=1}^{\infty}\frac{1}{(2k)!}(-1)^k(\omega_r t)^{2k}\right](\boldsymbol{I} - \boldsymbol{e}\boldsymbol{e}^{\mathrm{T}})$$

$$+ \left[\sum_{k=1}^{\infty}\frac{1}{(2k-1)!}(-1)^{k+1}(\omega_r t)^{2k+1}\right]\hat{\boldsymbol{e}}$$

$$= \boldsymbol{I} + \hat{\boldsymbol{e}}\sin\omega_r t + \hat{\boldsymbol{e}}^2(1-\cos\omega_r t) \qquad (2.26)$$

式（2.26）就是散射中心 P 在本地坐标下的旋转矩阵，式中叉乘矩阵 $\hat{\boldsymbol{e}}$ 为

$$\hat{\boldsymbol{e}} = \begin{bmatrix} 0 & -\sin\beta_r & \sin\alpha_r\cos\beta_r \\ \sin\beta_r & 0 & -\cos\alpha_r\cos\beta_r \\ -\sin\alpha_r\cos\beta_r & \cos\alpha_r\cos\beta_r & 0 \end{bmatrix} \qquad (2.27)$$

则 $\boldsymbol{T}_r$ 可表示为

$$\boldsymbol{T}_r = \boldsymbol{I} + \hat{\boldsymbol{e}}\sin\omega_r t + \hat{\boldsymbol{e}}^2(1-\cos\omega_r t) \qquad (2.28)$$

t 时刻 P 点相对雷达的径向距离为

$$R_p(t) = \|\boldsymbol{R}_0 + \boldsymbol{r}_p(t)\| = \boldsymbol{n}_1^{\mathrm{T}} \cdot (\boldsymbol{R}_0 + \boldsymbol{T}_r\boldsymbol{r}_p)$$

$$\approx \boldsymbol{n}^{\mathrm{T}}[\boldsymbol{R}_0 + [\boldsymbol{I} + \hat{\boldsymbol{e}}\sin\omega_r t + \hat{\boldsymbol{e}}^2(1-\cos\omega_r t)]\boldsymbol{r}_p] \qquad (2.29)$$

式中：$\boldsymbol{n}_1 = (\boldsymbol{R}_0 + \boldsymbol{T}_r\boldsymbol{r}_p)/\|\boldsymbol{R}_0 + \boldsymbol{T}_r\boldsymbol{r}_p\|$，当 $\|\boldsymbol{R}_0\| \gg \|\boldsymbol{T}_r\boldsymbol{r}_p\|$ 时，$\boldsymbol{n}_1 \approx \boldsymbol{n} = \boldsymbol{R}_0/\|\boldsymbol{R}_0\|$。由于在旋转轴确定的情况下，$\hat{\boldsymbol{e}}$ 为常数矩阵，$\boldsymbol{r}_p$ 和 $\boldsymbol{n}$ 都为常数矢量，因此旋转引起的微距离变化由 $\sin\omega_r t$ 和 $\cos\omega_r t$ 决定。式（2.29）可简记为

$$R_p(t) = r_s + A_s\sin(\omega_r t + \varphi_s) \qquad (2.30)$$

式中：r_s、A_s、φ_s 均为常数，且有

$$\begin{cases} r_s = R_0 + \boldsymbol{n}^{\mathrm{T}}\boldsymbol{r}_p \\ A_s = \sqrt{(\boldsymbol{n}^{\mathrm{T}}\hat{\boldsymbol{e}}\boldsymbol{r}_p)^2 + (\boldsymbol{n}^{\mathrm{T}}\hat{\boldsymbol{e}}^2\boldsymbol{r}_p)^2} \\ \varphi_s = -\arctan\left(\dfrac{\boldsymbol{n}^{\mathrm{T}}\hat{\boldsymbol{e}}^2\boldsymbol{r}_p}{\boldsymbol{n}^{\mathrm{T}}\hat{\boldsymbol{e}}\boldsymbol{r}_p}\right) \end{cases} \qquad (2.31)$$

t 时刻 P 点的微速度为

$$v_p(t) = \frac{\mathrm{d}R_p(t)}{\mathrm{d}t} = \omega_r A_r\cos(\omega_r t + \varphi_s) \qquad (2.32)$$

由式(2.30)和式(2.32)可见,理想散射中心做旋转微动时,其微距离和微动速度呈正弦规律变化。

2.2.2 弹道目标进动的微动特性

2.2.2.1 弹道目标进动的动力学原理

大部分雷达目标的运动状态可以用目标质心的运动特性和目标上各点相对质心的运动特性来描述,相对于目标质心运动而言,目标上各点围绕某点的转动或某些结构部件相对于物体质心的机械振动、旋转等运动都属于微动[82]。微动的动力学与运动学模型是建立微多普勒与目标参数定量关系和微动回波模型的前提,是利用微动进行目标识别的重要依据[83,84]。图2.6给出了基于旋转对称自旋平底锥弹头分析微动的动力学模型。

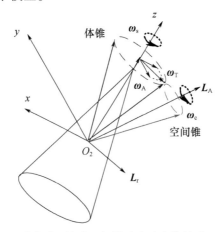

图 2.6 弹道目标微动的动力学模型

为了便于分析,假设:①弹头具有对称性,且转动惯量 $I_x = I_y = I$,$I_{xy} = I_{xz} = I_{yz} = 0$;②不考虑地球自转、扁率以及地球曲率的影响;③中段大气稀薄,目标近似在真空中飞行,忽略空气动力的作用。在上述假设下,弹头绕质心运动方程为[85]

$$\begin{cases} I_x \dot{\omega}_x = -(I_z - I_y)\omega_z\omega_y \\ I_y \dot{\omega}_y = -(I_x - I_z)\omega_z\omega_x \\ I_z \dot{\omega}_z = 0 \end{cases} \tag{2.33}$$

由上式可解得

$$\begin{cases} \omega_x = \omega_T \cos(\omega t + \theta) \\ \omega_y = -\omega_T \sin(\omega t + \theta) \\ \omega_x = \omega_s \end{cases} \tag{2.34}$$

式中:ω_{s} 为自旋角速度,$\omega = (I - I_z)\omega_{\mathrm{s}}/I$;$\omega_{\mathrm{T}}$ 和 θ 由初始条件确定,即

$$\omega_{\mathrm{T}} = \sqrt{\omega_y^2 + \omega_z^2} = \frac{\sqrt{L_{ry}^2 + L_{rz}^2}}{I} = \frac{L_r}{I} \tag{2.35}$$

$$\theta = \arccos\left(\frac{\omega_{x0}}{\omega_{\mathrm{T}}}\right) \tag{2.36}$$

其中:L_r 为干扰引起的横向动量矩。可以看出,ω_x、ω_y 以角速度 ω 作振幅为 ω_{T} 的无阻尼旋转。

横向角速度矢量 $\boldsymbol{\omega}_{\mathrm{T}} = \boldsymbol{\omega}_x + \boldsymbol{\omega}_y$,总角速度矢量 $\boldsymbol{\omega}_{\mathrm{A}} = \boldsymbol{\omega}_x + \boldsymbol{\omega}_y + \boldsymbol{\omega}_z$,总动量矩矢量 $\boldsymbol{L}_{\mathrm{A}} = \boldsymbol{L}_x + \boldsymbol{L}_y + \boldsymbol{L}_z = I_x\boldsymbol{\omega}_x + I_y\boldsymbol{\omega}_y + I_z\boldsymbol{\omega}_z$,$\boldsymbol{\omega}_z$ 与 $\boldsymbol{\omega}_{\mathrm{T}}$ 形成的一个锥称为体锥,其中心线是弹体对称轴,半锥角为 $\varepsilon = \arctan(\omega_{\mathrm{T}}/\omega_z)$,$\boldsymbol{L}_{\mathrm{A}}$ 与 $\boldsymbol{\omega}_{\mathrm{A}}$ 形成的一个锥称为空间锥,其中心线为总动量矩的方向,半锥角为 $\theta_P - \varepsilon$,其中 $\theta_P = \arctan(I\omega_{\mathrm{T}}/I_z\omega_{\mathrm{s}})$ 是弹体轴和总动量矩方向之间的夹角,称为进动角,弹头的运动可以看作体锥沿着空间锥滚动。弹体绕总动量矩方向的角速度是进动角速度,可表示为

$$\omega_P = \frac{L_A}{I} = \frac{\sqrt{(I\omega_{\mathrm{T}})^2 + (I_z\omega_z)^2}}{I} \tag{2.37}$$

$$\theta_P = \arctan(I\omega_{\mathrm{T}}/I_z\omega_{\mathrm{s}}) \tag{2.38}$$

由前面的分析可知,对称自旋弹头或诱饵飞行中段存在绕弹体对称轴的自旋微动以及绕进动轴的锥旋微动,二者复合形成进动,即进动的实质是自旋与锥旋的复合。进动角与进动周期反映了弹头或诱饵的质量分布和自旋运动等特征,为利用微动参数进行弹头和诱饵识别提供了依据。扰动力矩还可能促使进动角产生变化,即产生章动现象,但是由于阻尼作用,通常章动现象很短暂,这里不做深入分析。

2.2.2.2　弹道目标进动模型

进动是弹道目标在中段运行过程中常见的微动形式。根据弹道导弹弹头和诱饵的释放方式可知,弹头和诱饵可以通过自旋运动,进而保持姿态稳定和零攻角再入,为了降低控制成本和目标的可识别性,通常弹头和诱饵在母舱中依靠自旋机构产生自旋运动[86]。当弹道目标的外作用力作用点与弹头的质心不重合时,目标所受力矩不为零,进而产生进动。

弹道目标进动时,其与雷达的几何关系如图 2.7 所示。(U, V, W) 为雷达坐标系,坐标原点为 O,雷达位于 O 点。$O'N$ 为进动轴,以目标对称轴与进动轴交点 O' 为坐标原点建立参考坐标系 (X, Y, Z),(x, y, z) 为目标本体坐标系,(X, Y, Z) 与 (x, y, z) 坐标系共用坐标原点 O'。本体坐标系 (x, y, z) 随目标的微动而运动,参考坐标系 (X, Y, Z) 只随目标平动。设目标满足远场条件,绕 $O'z$ 以角速度

ω_s 做自旋运动,同时绕 $O'N$ 以角速率 ω_p 做锥旋运动。进动轴 $O'N$ 在参考坐标系 (X,Y,Z) 的方位角、俯仰角分别为 α_c、β_c,则在参考坐标系下,进动轴 $O'N$ 的单位矢量为:

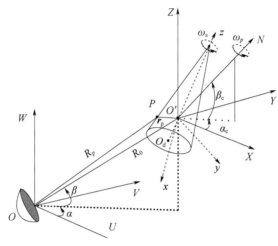

图 2.7　雷达与进动目标几何关系

$$\boldsymbol{e}_c = \left[\cos\alpha_c\cos\beta_c, \sin\alpha_c\cos\beta_c, \sin\beta_c\right]^{\mathrm{T}} \qquad (2.39)$$

设目标上任意一点 P 点在本地坐标系中的初始位置矢量 $\boldsymbol{r}_p = (x_p, y_p, z_p)$,则其在参考坐标系中的初始位置矢量为

$$\boldsymbol{r}_{p1} = \boldsymbol{R}_{\mathrm{init}} \cdot \boldsymbol{r}_p \qquad (2.40)$$

式中:$\boldsymbol{R}_{\mathrm{init}}$ 为用初始欧拉角 (ϕ, θ, ψ) 表示的初始欧拉旋转矩阵。欧拉旋转矩阵为本地坐标系到参考坐标系的变换矩阵,由初始欧拉角 (ϕ, θ, ψ) 决定,本地坐标系 (x, y, z) 分别围绕 z 轴旋转角度 ϕ,围绕 x 轴旋转角度 θ,再围绕 z 轴旋转角度 φ,最终所得坐标系 (X, Y, Z) 即为参考坐标系。

初始欧拉旋转矩阵可表示为

$$
\boldsymbol{R}_{\mathrm{init}} =
\begin{bmatrix} \cos\phi & -\sin\phi & 0 \\ \sin\phi & \cos\phi & 0 \\ 0 & 0 & 1 \end{bmatrix}
\begin{bmatrix} 1 & 0 & 0 \\ 0 & \cos\theta & -\sin\theta \\ 0 & \sin\theta & \cos\theta \end{bmatrix}
\begin{bmatrix} \cos\varphi & -\sin\varphi & 0 \\ \sin\varphi & \cos\varphi & 0 \\ 0 & 0 & 1 \end{bmatrix}
$$
$$
= \begin{bmatrix} a_{11} & a_{12} & a_{13} \\ a_{21} & a_{22} & a_{23} \\ a_{31} & a_{32} & a_{33} \end{bmatrix} \qquad (2.41)
$$

式中

$$\begin{cases} a_{11} = \cos\phi\cos\varphi - \sin\phi\cos\theta\sin\varphi \\ a_{12} = -\cos\phi\sin\varphi - \sin\phi\cos\theta\cos\varphi \\ a_{13} = \sin\phi\sin\theta \\ a_{21} = \sin\phi\cos\varphi + \cos\phi\cos\theta\sin\varphi \\ a_{22} = -\sin\phi\sin\varphi + \cos\varphi\cos\theta\cos\varphi \\ a_{23} = -\cos\phi\sin\theta \\ a_{31} = \sin\theta\sin\varphi \\ a_{32} = \sin\theta\cos\varphi \\ a_{33} = \cos\theta \end{cases} \tag{2.42}$$

P 点从零时刻到 t 时刻的进动过程可以分为两步理解,弹头首先绕弹体对称轴以自旋速率 ω_s 进行旋转,然后绕进动轴以旋转速率 ω_p 旋转,则 t 时刻 P 点在参考坐标系中的位置矢量为

$$\boldsymbol{r}_p(t) = \boldsymbol{T}_c \boldsymbol{T}_s \boldsymbol{R}_{\text{init}} \cdot \boldsymbol{r}_p \tag{2.43}$$

式中: $\boldsymbol{T}_s$、$\boldsymbol{T}_c$ 分别为弹头的自旋和锥旋矩阵。

目标在本地坐标系中自旋角速度矢量 $\boldsymbol{\omega}_s = (0,0,\omega_s)^{\text{T}}$,则初始时刻在参考坐标系中自旋轴的单位矢量为

$$\boldsymbol{\omega}'_s = (\omega_{sX}, \omega_{sY}, \omega_{sZ})^{\text{T}} = \frac{\boldsymbol{R}_{\text{init}} \cdot (0,0,\omega_s)^{\text{T}}}{\| \boldsymbol{R}_{\text{init}} \cdot (0,0,\omega_s)^{\text{T}} \|} \tag{2.44}$$

则 $\boldsymbol{\omega}'_s$ 对应的叉乘矩阵为

$$\hat{\boldsymbol{e}}'_s = \begin{bmatrix} 0 & -\omega_{sZ} & -\omega_{sY} \\ \omega_{sZ} & 0 & -\omega_{sX} \\ -\omega_{sY} & -\omega_{sX} & 0 \end{bmatrix} \tag{2.45}$$

锥旋轴 $O'N$ 的单位矢量 $\boldsymbol{e}_c$ 对应的叉乘矩阵为

$$\hat{\boldsymbol{e}}_c = \begin{bmatrix} 0 & -\sin\beta_c & \sin\alpha_c\cos\beta_c \\ \sin\beta_c & 0 & -\cos\alpha_c\cos\beta_c \\ -\sin\alpha_c\cos\beta_c & \cos\alpha_c\cos\beta_c & 0 \end{bmatrix} \tag{2.46}$$

根据 2.2.1 节的推导可知

$$\boldsymbol{T}_s = \boldsymbol{I} + \hat{\boldsymbol{e}}_s \sin\omega_s t + \hat{\boldsymbol{e}}_s^2 (1 - \cos\omega_s t) \tag{2.47}$$

$$\boldsymbol{T}_c = \boldsymbol{I} + \hat{\boldsymbol{e}}_c \sin\omega_c t + \hat{\boldsymbol{e}}_c^2 (1 - \cos\omega_p t) \tag{2.48}$$

则 t 时刻 P 点的微距离为

$$R_p(t) = \| \boldsymbol{R}_0 + \boldsymbol{r}_p(t) \| = \boldsymbol{n}_1^{\mathrm{T}} \cdot (\boldsymbol{R}_0 + \boldsymbol{T}_c \boldsymbol{T}_s \boldsymbol{R}_{\text{init}} \boldsymbol{r}_p)$$

$$\approx \boldsymbol{n}^{\mathrm{T}} \{ \boldsymbol{R}_0 + [\boldsymbol{I} + \hat{\boldsymbol{e}}_c \sin\omega_c t + \hat{\boldsymbol{e}}_c^2 (1 - \cos\omega_c t)] [\boldsymbol{I} + \hat{\boldsymbol{e}}_s \sin\omega_s t + \hat{\boldsymbol{e}}_s^2 (1 - \cos\omega_s t)] \boldsymbol{r}_p \}$$

$$\tag{2.49}$$

式中：$\boldsymbol{n}_1 = (\boldsymbol{R}_0 + \boldsymbol{T}_c \boldsymbol{T}_s \boldsymbol{r}_p) / \| \boldsymbol{R}_0 + \boldsymbol{T}_c \boldsymbol{T}_s \boldsymbol{r}_p \|$，当 $\| \boldsymbol{R}_0 \| \gg \| \boldsymbol{T}_c \boldsymbol{T}_s \boldsymbol{r}_p \|$ 时，$\boldsymbol{n}_1 \approx \boldsymbol{n} = \boldsymbol{R}_0 / \| \boldsymbol{R}_0 \|$。

则 t 时刻 P 点的微速度为

$$v_p(t) = \frac{\mathrm{d}R_p(t)}{\mathrm{d}t} \tag{2.50}$$

因此，由进动引起的径向距离和速度的变化不再符合简单的正弦调制规律。

2.2.2.3　滑动型散射中心的进动模型

微动目标的建模与特征参数提取是当前学术界研究的热点问题。现有关于微多普勒分析以及微动特征提取的研究多数是基于假设散射中心为理想散射点展开的，理想散射点就是认为散射中心所引起的微多普勒表达式为正弦函数。现实中，这种假设忽视了散射中心的微动规律和目标自身的微动规律并不完全一致这一事实，实际意义不足。刘进[87]等人在以上理论基础上，提出了目标结构边缘滑动型散射中心理论，这类散射中心不同于以往的理想散射中心，它们位于入射平面与目标结构边缘的交点处。下面对弹道目标滑动型散射中心的微动进行建模分析。

以锥体旋转对称弹头为例，目标上滑动型散射中心的位置与雷达视线方向的关系如图2.8所示，以弹体对称轴与进动轴的交点 O' 为坐标原点建立参考坐标系 (X', Y', Z')，Z' 轴为进动轴，锥顶方向为 Z' 轴正向，O'' 为弹体底面圆圆心。定义初始时刻对称轴与 Z' 轴所在平面为 $Y'O'Z'$ 平面，X' 轴方向符合右手螺旋准则。雷达视线（LOS）在 (X', Y', Z') 中的方位角为 φ，与 Z' 轴夹角为 γ（平均视线角），圆环结构随目标绕锥旋轴以角速度 ω_p 做锥旋运动，则雷达视线在参考坐标系 (X', Y', Z') 中单位方向矢量 $\boldsymbol{n} = [\cos\varphi\sin\beta', \sin\varphi\sin\beta', \cos\beta']^{\mathrm{T}}$，目标对称轴初始时刻在参考坐标系中的单位方向矢量 $\boldsymbol{e}_{\mathrm{d}} = [0, -\sin\theta, \cos\theta]^{\mathrm{T}}$。设目标满足远场条件，则进动轴在坐标系 (X', Y', Z') 下的单位矢量 $\boldsymbol{e} = [0, 0, 1]^{\mathrm{T}}$。

t 时刻目标对称轴的单位方向矢量为

$$\boldsymbol{e}_{\mathrm{d}}(t) = \boldsymbol{T}_c \cdot \boldsymbol{e}_{\mathrm{d}} = [\sin\theta\sin\omega_p t, -\sin\theta\cos\omega_p t, \cos\theta]^{\mathrm{T}} \tag{2.51}$$

若 t 时刻雷达视线与对称轴的夹角为 ϕ，则有

$$\begin{aligned}
\cos\phi &= \boldsymbol{n} \cdot \boldsymbol{e}_{\mathrm{d}}(t) \\
&= \cos\gamma\cos\theta + \sin\gamma\sin\theta[\cos\alpha\sin\omega_p t - \sin\alpha\cos\omega_p t] \\
&= \cos\gamma\cos\theta + \sin\gamma\sin\theta\sin(\omega_p t - \varphi)
\end{aligned} \tag{2.52}$$

式中，φ 为初相。

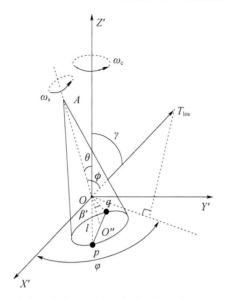

图 2.8 雷达视线与目标锥体滑动型散射中心的几何关系

雷达视线方向与对称轴构成的平面为底面圆环结构的电波入射平面,该平面与圆环相交于 p、q 两点。坐标原点 O' 与 p、q 两点的距离均为 l,$O'p$、$O'q$ 与对称轴的夹角均为 β'。t 时刻连线 $O'p$ 和 $O'q$ 与雷达视线的夹角分别为 $\pi - \phi + \beta'$ 和 $\pi - \phi - \beta'$,则 p、q 两点在 t 时刻的微距离分别为

$$
\begin{aligned}
R_p(t) &= R_0 + l\cos(\pi - \phi + \beta') \\
&= R_0 - l\cos(\phi - \beta') \\
&= R_0 - l\cos\beta'\cos\phi - l\sin\beta'\sqrt{1 - \cos^2\phi}
\end{aligned}
\tag{2.53}
$$

$$
\begin{aligned}
R_q(t) &= R_0 + l\cos(\pi - \phi - \beta') \\
&= R_0 - l\cos(\phi + \beta') \\
&= R_0 - l\cos\beta'\cos\phi + l\sin\beta'\sqrt{1 - \cos^2\phi}
\end{aligned}
\tag{2.54}
$$

p、q 两点在 t 时刻的微速度为

$$
\begin{aligned}
v_p(t) &= \omega_p l\cos\beta'\sin\gamma\sin\theta\cos(\omega_p t - \varphi) \\
&+ \frac{\omega_p l\sin\beta'\sin\gamma\sin\theta\cos\phi\cos(\omega_p t - \varphi)}{\sqrt{1 - \cos^2\phi}}
\end{aligned}
\tag{2.55}
$$

$$
\begin{aligned}
v_q(t) &= \omega_p l\cos\beta'\sin\gamma\sin\theta\cos(\omega_p t - \varphi) \\
&- \frac{\omega_p l\sin\beta'\sin\gamma\sin\theta\cos\phi\cos(\omega_p t - \varphi)}{\sqrt{1 - \cos^2\phi}}
\end{aligned}
\tag{2.56}
$$

由于雷达电磁波入射面随目标对称轴的转动而变化,锥体底面圆结构边缘散射中心的位置在圆环上滑动,其运动规律除了正弦调制项外,还多了一个与 $\sqrt{1-\cos^2\phi}$ 相关的非正弦调制项。故滑动型散射中心的运动规律与弹体本身的进动规律并不完全一致,除受目标锥体进动影响外,还和雷达视线方向与锥旋轴的夹角有关。

如图 2.8 所示,目标滑动型散射中心模型中,锥体顶点散射中心 A 中心位于弹体对称轴上,故其运动规律与弹头一致。锥顶 A 到质心 O' 距离为 l_0,根据式 (2.51) 可得,锥顶散射点 A 到雷达的径向距离为

$$r(t) = \| l_0 \boldsymbol{e}_\mathrm{d} - R_0 \boldsymbol{n} \| \tag{2.57}$$
$$\approx R_0 + l_0 \big[\sin\gamma\sin\theta\sin(\omega_p t + \varphi) - \cos\gamma\cos\theta \big]$$

因此,A 点的雷达基频回波信号为

$$S_\mathrm{r}(t) = \sigma\exp\left(-\mathrm{j}\frac{4\pi f_0}{c}l_0\sin\theta\sin\gamma\sin\omega_p t \right) \tag{2.58}$$

散射点 A 的微多普勒为

$$f_{Ad} = \frac{2}{\lambda}\frac{\mathrm{d}r(t)}{\mathrm{d}t} = \frac{2l_0\omega_p\sin\theta\sin\gamma}{\lambda}\cos\omega_p t \tag{2.59}$$

由式 (2.59) 可以看出,旋转对称弹头锥顶散射中心的微多普勒表达式是正弦形式,满足理想散射中心条件。

散射中心 p、q 位于底面圆环上,随着观测视角的改变,其将在目标体上滑动,故散射点 p、q 的微动规律和弹头自身的运动规律并不完全一致。根据式 (2.53) 和式 (2.54),可得 p、q 两点到雷达的距离分别为

$$R_p(t) = R_0 - l\cos\beta'\cos\phi - l\sin\beta'\sqrt{1-\cos^2\phi} \tag{2.60a}$$
$$R_q(t) = R_0 - l\cos\beta'\cos\phi + l\sin\beta'\sqrt{1-\cos^2\phi} \tag{2.60b}$$

式中

$$\cos\phi = \cos\gamma\cos\theta + \sin\gamma\sin\theta\sin(\omega_p t - \varphi)$$

因此,散射点 p、q 在雷达视线方向引起的微多普勒为

$$f_q(t) = \frac{2}{\lambda}\frac{\mathrm{d}R_q}{\mathrm{d}t} = \frac{2l\omega_p\sin\gamma\sin\theta}{\lambda}\left[\cos\beta' + \sin\beta'\frac{F(t)}{\sqrt{1-[F(t)]^2}} \right]\sin(\omega_p t + \varphi)$$
$$\tag{2.61a}$$

$$f_p(t) = \frac{2}{\lambda}\frac{\mathrm{d}R_p}{\mathrm{d}t} = \frac{2l\omega_p\sin\gamma\sin\theta}{\lambda}\left[\cos\beta' + \sin\beta'\frac{F(t)}{\sqrt{1-[F(t)]^2}} \right]\sin(\omega_p t + \varphi)$$
$$\tag{2.61b}$$

式中

$$F(t) = \cos\gamma\cos\theta + \sin\gamma\sin\theta\cos(\omega_p t + \varphi)$$

由式(2.61)可以看出,旋转对称弹头滑动型散射中心的微多普勒表达式呈现非正弦形式,具有非单频特性,其取值大小与进动角、平均视线角及目标尺寸等多种因素有关。

2.3　弹道目标微多普勒效应

弹道导弹飞行过程中,雷达接收回波信号发生多普勒频移,且调制产生的微多普勒频率由目标尺寸、进动角等多种因素决定。可见,雷达回波信号的微多普勒特征能较为准确地描述目标运动规律。本节将针对微动目标的回波信号模型及其特性进行深入研究。

2.3.1　脉冲多普勒雷达中目标回波模型

理论分析和暗室实验证明[87]:非旋转对称的刚体弹道目标中段回波的微动部分为自旋与锥旋合成的调制信号;旋转对称的刚体目标回波的微动部分只是锥旋运动的调制信号,自旋运动不对信号产生调制。诱饵通常设计为旋转对称的锥体,为了提高弹头再入攻击时的机动性和突防能力,弹头可能会具有尾翼或不对称的设计。但是在中段,为了降低弹头的可识别性,弹头通常被与诱饵外形相似的自旋包络球包裹[11],此部分主要分析旋转对称目标的微多普勒特征。

雷达发射单频脉冲信号为

$$s_t(t) = \sum_i \mathrm{rect}\left(\frac{t - iT_r}{\tau}\right)\cos(2\pi f t) \tag{2.62}$$

式中:T_r 为脉冲重复周期;τ 为脉冲宽度;f 为载波频率;

$$\mathrm{rect}\left(\frac{t - iT_r}{\tau}\right) = \begin{cases} 1, & |t - iT_r| \leqslant \tau \\ 0, & |t - iT_r| > \tau \end{cases} \tag{2.63}$$

若弹体共有 L 个散射中心,则雷达回波信号为

$$s_r(t) = \sum_{i=1}^{L} \sum_j \sigma_i \mathrm{rect}\left(\frac{t - 2r_i/c - jT_r}{\tau}\right)\cos[2\pi f(t - 2r_i/c)] \tag{2.64}$$

式中:c 为光速;σ_i 为 t 时刻所对应散射中心的散射系数。

经正交双通道处理后,得到雷达回波信号为

$$\begin{aligned} s_r(t) &= \sum_{i=1}^{L} \sigma_i \exp\left[\mathrm{j}2\pi \frac{2fR(t)}{c}\right] \\ &= \exp\left(\mathrm{j}2\pi \frac{2fR_t(t)}{c}\right)\sum_{i=1}^{L} \sigma_i \exp\left[\mathrm{j}2\pi \frac{2fR_m(t)}{c}\right] \\ &= S_T(t)S_M(t) \end{aligned} \tag{2.65}$$

式中:$R_t(t)$为目标平动径向距离,$R_m(t)$为散射中心微动径向距离。

在观测时间内,$R_t(t)$可近似为P阶多项式

$$R_t(t) \approx \sum_{i=0}^{P} a_i \frac{t^i}{i!} \qquad (2.66)$$

式中:a_i为多项式参数。

由于目标与雷达距离非常远,在驻留时间内可以认为雷达视线方向(或径向矢量)$\boldsymbol{n}$不变,即研究的对象为理想散射点时,微动距离函数为常数分量与角速度为ω_c的正弦变换分量之和

$$R_m(t) = l_i \sin(\omega_c t + \varphi_i) + r_i \qquad (2.67)$$

式中:r_i为常数分量;l_i、φ_i分别为微距离变化幅度和相位。

如果忽略常数部分或将常数部分归于平动相位(常数分量的存在是由平动坐标系的原点定于质心引起),微动相位部分$S_M(t)$可以近似为多分量正弦相位信号。当散射中心为理想散射点时,弹道目标中段回波信号可近似为多分量多项式—正弦相位信号模型。综合前述分析,弹道目标中段回波信号可近似为多分量多项式—正弦相位信号模型。

2.3.2　LFM 体制下目标回波模型

由雷达成像理论可知,方位向分辨率的提高可以通过延长方位向相干积累时间和提高雷达发射信号载频获得,距离向分辨率的提高只能依靠增加发射信号带宽来实现。目前,宽带高分辨雷达波形主要有线性调频脉冲信号、超宽带极窄脉冲信号、频率编码脉冲串的频率步进信号等,其中对 LFM 的研究较为成熟,并在实际雷达中已广泛应用。

对 LFM 进行匹配滤波处理是常见的脉冲压缩处理方式,然而对于带宽高达 1GHz 以上的系统而言,这种处理方式大大提高了对硬件的要求。为降低硬件负荷,对回波实行全去斜率(Strech)脉压处理方法是一种较好的选择,它可以大大减少数据量。Strech 处理只要通过全去斜率混频和一次快速傅里叶变换(FFT)就可实现对线性调频信号的脉冲压缩,而如果采用匹配滤波器进行接收处理,则需要三次 FFT 处理。在传统的宽带信号处理系统中,雷达发射机一般具备宽带和窄带两种工作模式,采用窄带信号粗略测量出目标的距离,进而给出 Strech 处理参考信号的延时量,两种工作模式一般交替进行。

设雷达发射的线性调频信号为

$$s_t(t_k, t_m) = \text{rect}\left(\frac{t_k}{T_p}\right) \cdot \exp\left(j2\pi\left(f_c t_k + \frac{1}{2}\gamma t_k^2\right)\right) \qquad (2.68)$$

式中:rect(·)为发射信号的矩形包络(当$-1/2 \leqslant t \leqslant 1/2$时,rect($t$) = 1;否则为

零);T_p 为脉冲宽度;f_c 为载频;γ 为调频率,$t_k = t - mT_r$ 为快时间,$m = 0, 1, \cdots,$
$M - 1$ 为发射脉冲的序号;$t_m = mT_r$ 为慢时间。

目标回波信号为

$$s_r(t_k, t_m) = \sum_{i=1}^{L} \sigma_i \mathrm{rect}\left(\frac{t_k - 2R_i(t_m)/c}{T_p}\right) \tag{2.69}$$
$$\cdot \exp\left\{ j2\pi\left(f_c\left(t - \frac{2R_i(t_m)}{c} \right) + \frac{1}{2}\gamma\left(t_k - \frac{2R_i(t_m)}{c} \right)^2 \right) \right\}$$

式中:L 为目标上散射点数目;σ_i 为第 i 个散射点散射系数;$R_i(t_m)$ 为该散射点在慢时间 t_m 与雷达的距离。

假设窄带信号测得的参考距离为 R_{ref},则参考信号为

$$s_{ref}(t_k, t_m) = \mathrm{rect}\left(\frac{t_k - 2R_{ref}/c}{T_{ref}}\right) \exp\left\{ j2\pi\left(f_c\left(t_k - \frac{2R_{ref}}{c} \right) + \frac{1}{2}\gamma\left(t_k - \frac{2R_{ref}}{c} \right)^2 \right) \right\} \tag{2.70}$$

令 $R_{\Delta i}(t_m) = R_i(t_m) - R_{ref}$,对回波信号进行 Strech 处理后,可得

$$s_{if}(t_k, t_m) = \sum_{i=1}^{L} \sigma_i \mathrm{rect}\left(\frac{t_k - 2R_i(t_m)/c}{T_{ref}}\right) \exp\left\{ -j\frac{4\pi\gamma}{c}\left(t_k - \frac{2R_{ref}}{c} \right) R_{\Delta i}(t_m) \right\}$$
$$\cdot \exp\left\{ -j\frac{4\pi f_c}{c}R_{\Delta i}(t_m) \right\} \exp\left\{ j\frac{4\pi\gamma}{c^2}R_{\Delta i}^2(t_m) \right\} \tag{2.71}$$

由上式可见,经 Strech 处理后的混频输出为一单频信号,其频率和散射点与参考点的相对距离 R_Δ 成正比。当参考时延选定后,对式(2.71)进行 FFT,即可获得目标的一维距离像。一般情况下,在对回波进行采集时,是以 $2R_{ref}/c$ 为中心进行量化的,所以对快时间进行变量代换。令 $t'_k = t_k - 2R_{ref}/c$,将式(2.71)重写为

$$s_{if}(t'_k, t_m) = \sum_{i=1}^{L} \sigma_i \mathrm{rect}\left(\frac{t'_k - 2R_{\Delta i}(t_m)/c}{T_{ref}}\right) \exp\left\{ -j\frac{4\pi\gamma}{c}t'_k R_{\Delta i}(t_m) \right\}$$
$$\cdot \exp\left\{ -j\frac{4\pi f_c}{c}R_{\Delta i}(t_m) \right\} \exp\left\{ j\frac{4\pi\gamma}{c^2}R_{\Delta i}^2(t_m) \right\} \tag{2.72}$$

式(2.72)的相位项共包含三项:第一项为距离项,它表征目标和参考点的相对距离;第二项为多普勒项,该项包含目标的多普勒信息;第三项为(残余视频相位)(RVP),该项对成像无益,需要补偿掉。

文献[88]提出了一种补偿方法,以参考点时间为基准,对式(2.72)进行快速傅里叶变换,得到

$$s_{if}(f,t_{\mathrm{m}}) = \sum_{i=1}^{L} \sigma_i T_{\mathrm{ref}} \mathrm{sinc}\Big[T_{\mathrm{ref}}\Big(f + \frac{2\gamma}{c}R_{\Delta i}(t_{\mathrm{m}})\Big)\Big] \exp\Big\{ -\mathrm{j}\frac{4\pi f_{\mathrm{c}}}{c}R_{\Delta i}(t_{\mathrm{m}})\Big\}$$

$$\cdot \exp\Big\{\mathrm{j}\frac{4\pi\gamma}{c^2}R_{\Delta i}^2(t_{\mathrm{m}})\Big\}\exp\Big\{ -\mathrm{j}\frac{4\pi}{c}fR_{\Delta i}(t_{\mathrm{m}})\Big\}$$

$$(2.73)$$

式(2.73)的最后一项称为包络斜置相位,它是由于各散射点回波在时间的错位而带来的,也应补偿掉。考虑到式(2.73)是 sinc 函数,其峰值位于 $f_{il} = -2\gamma R_{\Delta i}(t_{\mathrm{m}})/c$ 处,因此后两个相位项可以单独写成

$$\frac{4\pi\gamma}{c^2}\cdot R_{\Delta i}^2(t_{\mathrm{m}}) - \frac{4\pi f}{c}\cdot R_{\Delta i}(t_{\mathrm{m}}) = \frac{3\pi f_{il}^2}{\gamma} \qquad (2.74)$$

上式运用了 $f_{il} = -2\gamma R_{\Delta i}(t_{\mathrm{m}})/c$ 的条件。于是,只要将式(2.73)乘以下式

$$S_{\mathrm{RVP}}(f_{il}) = \exp\Big(-\mathrm{j}\frac{3\pi f_{il}^2}{\gamma}\Big) \qquad (2.75)$$

就可以将 RVP 项和包络斜置项去除。这样,式(2.73)变为

$$s_{if}(f,t_{\mathrm{m}}) = \sum_{i=1}^{L}\sigma_i T_{\mathrm{p}}\mathrm{sinc}\Big(T_{\mathrm{ref}}\Big(f + \frac{2\gamma}{c}\cdot R_{\Delta i}(t_{\mathrm{m}})\Big)\Big)\exp\Big\{ -\mathrm{j}\frac{4\pi f_{\mathrm{c}}}{c}R_{\Delta i}(t_{\mathrm{m}})\Big\}$$

$$(2.76)$$

由此可以看出,距离像的峰值出现在

$$f_i = -\frac{2\gamma}{c}\cdot R_{\Delta i}(t_{\mathrm{m}}) \qquad (2.77)$$

式(2.77)乘以 $-c/(2\gamma)$,f_i 可以转化为散射点 i 距参考点的相对距离,即为该散射点在距离像中的位置。可见,微动目标散射中心在时间—距离像中的峰值位置变化规律与微距离一致。从式(2.72)可以看出,微动对宽带信号的调制主要体现在回波的距离项和多普勒项上;距离项表征微距离变换规律,而多普勒项的调制规律则与微速度一致。

2.3.3 不同体制下弹道目标微多普勒效应

假设窄带低分辨雷达发射单频信号,工作频率为 6GHz;宽带高分辨雷达发射 LFM 信号,工作频率为 10GHz,带宽为 1GHz。它们的采样率均为 1kHz,在雷达坐标系中的视角均为(45°,15°),观测时间均为 1s,信噪比(SNR)均为 10dB。仿真均采用短时傅里叶变换进行时频分析。

旋转目标的参数设置:旋转目标内含有两个旋转点,其坐标分别为(1.2,0.6,0)m、(0,0.5,2.0)m,对应旋转轴的视角分别为(70°,40°)、(60°,60°),旋转频率为 2Hz,它们之间的散射系数之比为 1:0.8。

　　进动目标的参数设置:弹头为锥体,且含有两个尾翼。弹头的锥旋频率为
0.9Hz,在相对坐标系中的指向为(20°,65°)。弹头绕着 X、Y 和 Z 轴以初始欧
拉角(75°,30°,20°)和自旋频率(0Hz,0Hz,1.1Hz)做自旋运动,它的散射中
心在相对坐标系中的坐标分别为锥顶(0m,0m,1.6m)以及两个尾翼
(-0.4m,-0.3m,-0.4m)、(0.4m,0.3m,-0.4m),它们之间的散射系数之
比为1:0.8:0.8。

　　滑动结构的参数设置:锥体高为3.5m,底面半径为1m,质心到底面的距离为
1m,进动角为12°,进动频率 f_c 为2.4Hz,进动轴在全局坐标系中的视角为(45°,
60°)。假设顶点、底面圆环的散射系数之比为1:0.8:0.6。

1. 旋转目标微多普勒效应

　　图2.9为旋转目标对应的微动特征分析。图2.9(a)为窄带低分辨雷达获取
的微多普勒谱,此时旋转目标内各旋转点对应的微多普勒交叠在一起;图2.9(b)
为宽带高分辨雷达获取的距离像序列,此时旋转目标内各旋转点对应的距离像序
列在时间-距离像内清晰地显示出来。图2.9中纵坐标微多普勒表示目标对应的
微多普勒频率。

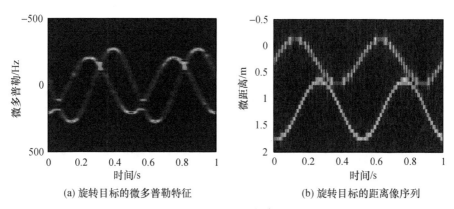

(a) 旋转目标的微多普勒特征　　　　　　　(b) 旋转目标的距离像序列

图2.9　旋转目标微多普勒效应

2. 进动目标微多普勒效应

　　图2.10为进动目标对应的微动特征分析。图2.10(a)为窄带低分辨雷达获
取的微多普勒谱,此时进动目标内各散射中心对应的微多普勒交叠在一起,且尾翼
散射中心对应的微多普勒不满足正弦规律;图2.10(b)为宽带高分辨雷达获取的
距离像序列,此时进动目标内尾翼散射中心对应的距离像序列在时间—距离像内
也不满足正弦规律,这主要是由于尾翼散射中心受到目标进动及自旋运动的双重
调制。

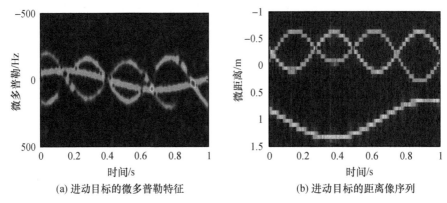

(a) 进动目标的微多普勒特征　　　　　(b) 进动目标的距离像序列

图 2.10　进动目标微多普勒效应

3. 滑动结构微多普勒效应

图 2.11 为滑动结构对应的微动特征分析。图 2.11(a) 为窄带低分辨雷达获取的微多普勒谱,此时滑动结构内各散射中心对应的微多普勒交叠在一起,且底面圆环结构散射中心对应的微多普勒不满足正弦规律;图 2.11(b) 为宽带高分辨雷达获取的距离像序列,此时进动目标底面圆环结构散射中心对应的距离像序列在时间—距离像内不满足正弦规律,这主要是由于底面圆环结构散射中心受到目标滑动的调制。

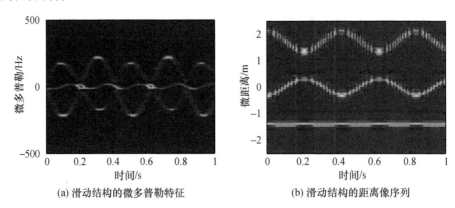

(a) 滑动结构的微多普勒特征　　　　　(b) 滑动结构的距离像序列

图 2.11　滑动结构微多普勒效应

第3章　弹道目标复合运动平动补偿

弹道目标中段运动是平动和微动的复合,平动会使微多普勒产生平移和倾斜,使得精度较高、信噪比性能较好的参数化瞬时多普勒提取方法模型参数增加,计算量增大,不利于微多普勒的快速高精度提取。此外,高速平动也可能使多普勒产生折叠,使基于模型的参数化瞬时多普勒提取方法和基于连续性的非参数化瞬时多普勒提取方法均失效。因此,在提取微多普勒前必须对复合运动回波进行平动补偿处理。

微多普勒的大小除了取决于微动参数外,还与雷达载频和视线方向有关。在有些情况下,微多普勒可能很大,甚至超过雷达可探测多普勒的范围。此时,即使平动已经补偿,时频面中多普勒曲线仍存在折叠,瞬时多普勒提取算法仍不适用。在有些情况下,微多普勒可能很小,甚至低于一个频率分辨率单元,使得瞬时多普勒提取算法的精度降低。如果能够将微多普勒进行缩小或放大处理到一个合适的范围,瞬时多普勒提取的稳健性和精度都将提高。

本章从时域和时频域角度出发,深入研究平动参数辨识、平动补偿和微多普勒缩放问题,力图解决平动的高精度补偿和微多普勒的定量缩放问题。重点介绍多普勒率法、多普勒极值法、共轭相乘法和微多普勒缩放分析法在弹道目标平动补偿方面的应用。其中,多普勒率方法和多普勒极值法分别利用多普勒率、多普勒极值点与平动参数和微动参数之间存在的内在关系,实现对弹道目标平动分量的估计与补偿。共轭相乘法则是利用微动的周期特性,实现平动分量的有效估计与提取。

考虑微多普勒带宽过大或过小都会造成微多普勒出现混叠现象,本章提出微多普勒缩放的概念。在分析推导缩放增益和相移与延迟时间的关系基础上,通过调整延迟时间实现微多普勒的定量缩放,并利用信号分量能量差异实现各分量信号的逐次分离与微多普勒逐次提取。

3.1　平动对微多普勒的影响

弹道目标回波信号的瞬时多普勒为一系列具有相同平动多普勒和不同参数微多普勒曲线的组合。中段目标回波信号可表示为

$$s_r(t) = \sum_{m=1}^{M} \sigma_m \exp\left\{-j\frac{4\pi f_c}{c}(r_0(t) + r_{pm}(t))\right\} \quad (3.1)$$

式中:f_c 为雷达中心频率;c 为光速;σ_m 为第 m 个散射中心的散射系数随时间的变化;$r_{pm}(t)$ 为微动导致散射中心的微多普勒频率变化,对于翻滚的碎片而言,其具有正弦形式,对于弹头底面的滑动散射中心而言,其不是严格正弦变化的,但可近似为正弦变化;$r_0(t)$ 为弹头目标的高速平动导致的多普勒变化,它将使得微多普勒频率产生平移、折叠,如图 3.1 所示。

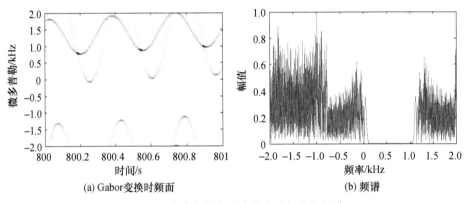

(a) Gabor变换时频面   (b) 频谱

图 3.1　多普勒发生混叠时的时频面和频谱

总体来说,造成微多普勒折叠的原因有两种:一种是微多普勒本身已经超出了雷达可探测多普勒带宽范围,此时即使平动已补偿,多普勒曲线仍存在折叠,必须对微多普勒进行缩小处理;另一种是微多普勒本身不超出雷达可探测多普勒带宽范围,折叠完全是由平动引起,可以通过下面的粗补偿方法解决折叠问题。

由于进动周期较短(为秒级),在一个或几个进动周期内,目标的平动可用二阶多项式函数表示

$$R_t(t) = R_0 + a_1 t + \frac{1}{2}a_2 t^2 \quad (3.2)$$

其对应的多普勒频率为

$$f_{tD}(t) = \frac{2f_0}{c}(a_1 + a_2 t) \quad (3.3)$$

式中:f_0 为雷达的工作频率。

由式(3.3)可知,平动带宽主要决定于速度参数 a_1 和加速度参数 a_2。若能够粗略地提取出这些参数,并重构信号对平动进行粗补偿处理,微多普勒的折叠问题将得到解决。平动速度很大,少数几个脉冲的回波信号已经包含多普勒的全部信息,雷达只需很少的脉冲数即可实现速度测量[89]。令积累脉冲数为 m,测得的速

度序列为 $\boldsymbol{v}_0$，补偿参数 $\boldsymbol{a}_1$、$\boldsymbol{a}_2$ 的估计值 $\hat{a}_1$、$\hat{a}_2$ 可以由下式给出：

$$\begin{cases} \hat{a}_1 = \dfrac{\max(\boldsymbol{a}_1) + \min(\boldsymbol{a}_1)}{2} \\ \hat{a}_2 = \dfrac{\max(\boldsymbol{a}_2) + \min(\boldsymbol{a}_2)}{2} \end{cases} \tag{3.4}$$

式中：$\boldsymbol{a}_1$ 和 $\boldsymbol{a}_2$ 为估计的平动多项式系数序列，可以分别通过对实测速度序列 $\boldsymbol{v}_0$ 求一次差分，再进行修正得到

$$\begin{cases} \boldsymbol{a}_2 = \dfrac{\Delta v_0 F_r}{m} \\ \boldsymbol{a}_1 = \Delta v_0 - \hat{a}_2 \boldsymbol{t} \end{cases} \tag{3.5}$$

式中：$\boldsymbol{t}$ 为测速时刻序列。

用上述参数重构的信号对原信号进行粗补偿处理

$$s_{c1}(t) = s_b(t) \exp\left[-j\frac{4\pi f}{c}\left(\hat{a}_1 t + \hat{a}_2 \frac{t^2}{2} \right) \right] \tag{3.6}$$

粗补偿将瞬时多普勒平移到零频附近，类似于下变频处理。

假设速度测量误差为 3m/s，脉冲积累数 $m = 20$，利用 1s 时间内的速度测量序列估计得 $\hat{a}_1 = 4375.5$ m/s，$\hat{a}_2 = 2.01$ m/s^2，利用式(3.6)得粗补偿后的信号 $s_{c1}(t)$，其 Gabor 变换时频面和频谱如图 3.2 所示。虽然估计的参数与真实值 $\hat{a}_1 = 4373.85$ m/s，$\hat{a}_2 = 5.27$ m/s^2 仍有误差，但经粗补偿后，信号频率中心降至零频附近，且倾斜程度减弱，消除了折叠问题，为进一步补偿和处理提供了基础。

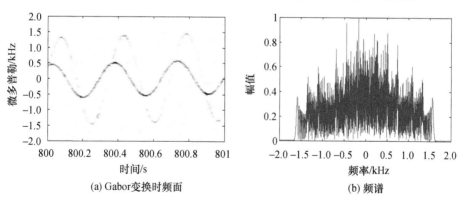

（a）Gabor 变换时频面　　　　（b）频谱

图 3.2　粗补偿后时频面与频谱

粗补偿可以解决折叠问题，但是，此时提取的瞬时多普勒仍然具有平动剩余分量，需要进一步对平动分量进行精确补偿。设估计得到的参数为 $\hat{a}_i (1 \leqslant i \leqslant P)$，重构信号对粗补偿后的信号进行进一步的精补偿得

$$s_{c2}(t) = s_{c1}(t)\exp\left(-j\frac{4\pi f_0}{c}\sum_{i=1}^{P}\hat{a}_i\frac{t^i}{i!}\right) \tag{3.7}$$

平动补偿后,时频面中微多普勒具有近似正弦形式,此时即可使用 Viterbi 算法[45]实现微多普勒的高精度提取。

3.2 多普勒率法

基于时频分析的瞬时多普勒提取技术分为非参数化方法和参数化方法。作为一种参数化瞬时多普勒提取方法,Hough 变换方法在运动的准确建模基础上实现信号参数的提取,具有很高的精度,且适用于多分量信号的处理。但是考虑平动情况下,多维参数搜索计算量巨大,如果能够估计出平动的具体形式和参数,就会大大减少计算复杂度。

多普勒率法是利用 Viterbi 算法等提取弹道目标最强散射点的瞬时多普勒,根据多普勒率与微多普勒关系提取最强散射点的平动多普勒;通过对平动多普勒的多项式回归得到平动参数,进而重构平动信号,并对回波信号进行平动补偿;通过对补偿后信号时频面进行 Hough 变换正弦检测来提取各散射点的微多普勒参数。

3.2.1 最强散射点的多普勒提取

Stankovic 分析魏格纳分布(WD)得出[45]:①时频分布中瞬时频率点位于最大几个峰值点之一;②两个相邻离散时间点间的瞬时频率变化不大。进而将 Viterbi 算法引入瞬时频率估计问题中。该算法将瞬时频率估计表述为最小化表达式(3.8)得到的路径,即

$$\hat{f}(n) = \arg\min_{k(n)\in K}\left[\sum_{n=1}^{N-1}g(k(n),k(n+1)) + \sum_{n=1}^{N}h(\mathrm{GD}(n,k(n)))\right] \tag{3.8}$$

式中:N 为采样点个数;$g(x,y) = g(|x-y|)$ 为相对 $|x-y|$ 的惩罚函数,表征相邻离散时刻瞬时频率变化程度;$h(x)$ 为定义在 $\mathrm{GD}(n,k(n))$ 的惩罚函数,表征频点的重要程度[90]。文献[45]详细分析了惩罚函数的设计问题。

Viterbi 算法是一种按能量大小逐次提取瞬时多普勒的方法,可以在高噪声和多散射点条件下提取瞬时频率,但是当存在频率交叠时,只能有效提取最强分量。因此,本节使用 Viterbi 算法提取最强散射点的瞬时多普勒。

3.2.2 微多普勒与多普勒率的关系

由式(2.66)和式(2.67)可知,单个散射点的瞬时多普勒为

$$f_D(t) = \frac{2f}{c}\Big[\sum_{i=1}^{P} a_i \frac{t^{i-1}}{(i-1)!} + \omega_c l\cos(\omega_c t + \varphi)\Big] \qquad (3.9)$$

式中：a_i 为粗补偿后的剩余平动参数。

瞬时多普勒的 $q < P$ 阶导数可表示为

$$f_D^{(q)} = f_{tD}^{(q)}(t) + f_{mD}^{(q)}(t)$$

$$= \frac{2f}{c}\Big[\sum_{i=q+1}^{P} a_i \frac{t^{i-q-1}}{(i-q-1)!} + \omega_c^{q+1} l\cos\Big(\omega_c t + \varphi + \frac{q\bmod 4}{4}\pi\Big)\Big] \qquad (3.10)$$

根据文献[12]可将其定义为多普勒率。随着求导阶数的增大，平动多普勒分量逐步消除，而微多普勒仍然具有正弦结构，只是幅度放大 ω_c^q 倍，初相也发生变化。

由式(3.10)可得，P 阶多普勒率为

$$f_D^{(P)}(t) = \frac{2f}{c}A\omega_c^P\cos\Big\{\omega_c t + \varphi + \frac{\pi}{2}\big[(P+1)\bmod 4\big]\Big\} \qquad (3.11)$$

式中：A 为微速度的幅度，$A = \omega_c l$。

从而有

$$f_{mD}(t) = \mathrm{real}\Big\{\frac{|f_D^{(P)}(t)|}{\omega_c^P}\exp(\mathrm{j}\Phi)\exp\Big[-\frac{\pi}{2}(P\bmod 4)\Big]\Big\} \qquad (3.12)$$

式中：$|f_D^{(P)}(t)|$、Φ 分别为 $f_D^{(P)}(t)$ 的幅度和相位。

式(3.12)可表示为时间的移位形式，即

$$f_{mD}(t) = \Big(\frac{T_c}{2\pi}\Big)^P f_D^{(P)}\Big(t - \frac{P\bmod 4}{4}T_c\Big) \qquad (3.13)$$

式中：T_c 为进动周期。

上述分析表明，若平动可以近似为 P 阶多项式运动，则微多普勒可以通过对 P 阶多普勒率和微动周期的估计得到。P 阶多普勒率可以使用 Viterbi 算法提取的瞬时多普勒进行估计：

$$\hat{f}_D^{(i+1)}(i') = \frac{\hat{f}_D^{(i)}(i') - \hat{f}_D^{(i)}(i'-1)}{T/N}, 1 \leqslant i' \leqslant N-i+1 \qquad (3.14)$$

式中：$\hat{f}_D^{(0)}(i') = \hat{f}_D(i')$。

P 阶多普勒率具有正弦形式，通过正弦函数回归可以估计其幅度、频率和初相等参数，进而可以根据式(3.13)粗略估计微多普勒。

近似阶数 P 越大，多普勒率阶数越高，平动的抑制效果越好。但是，此时多普勒率将发生较大失真，在满足一定精度要求下应使 P 尽可能小。为了实现阶数的自适应选择，引入平齐对称度指标

$$\xi = \sqrt{\frac{2\sum_{i=1}^{N}\sum_{i'=i+1}^{N}\big\||\hat{m}_{Dr}(i)| - |\hat{m}_{Dr}(i')|\big\|^2}{N(N-1)}} \qquad (3.15)$$

式中:$\hat{m}_{Dr}(i)$ 为多普勒率归一化值的第 i 个极值点大小;N 为极值点个数。

平动完全补偿时,多普勒率的极值点大小应是相等的,ξ 越小,提取的多普勒率平齐对称性越好,平动补偿越充分。满足设定指标 ξ_0 的最小阶数即为近似阶数 P。

3.2.3 平动参数估计与补偿

通过多普勒率粗略估计出最强散射点微多普勒后,可以得到平动多普勒,即

$$\hat{f}_{tD}(t) = \hat{f}_D(t) - \hat{f}_{mD}(t) \tag{3.16}$$

根据 3.2.2 节最强散射点的微多普勒提取过程中确定的阶数 P,平动参数估计问题可以表示为平动多普勒的 P 阶多项式回归问题,即

$$\hat{f}_{tD} = \frac{2f}{c}\begin{bmatrix} 1 & t_1 & \cdots & t_1^{P-1}/(P-1)! \\ 1 & t_2 & \cdots & t_2^{P-1}/(P-1)! \\ \vdots & \vdots & & \vdots \\ 1 & t_N & \cdots & t_N^{P-1}/(P-1)! \end{bmatrix}\begin{bmatrix} a_1 \\ a_2 \\ \vdots \\ a_p \end{bmatrix} = \boldsymbol{Ha} \tag{3.17}$$

式中:$t_i(i=1,2,\cdots,N)$ 为采样时刻。

式(3.17)的最小二乘解为

$$\hat{\boldsymbol{a}} = (\boldsymbol{H}^{\mathrm{T}}\boldsymbol{H})^{-1}\boldsymbol{H}^{\mathrm{T}}\hat{f}_{tD} \tag{3.18}$$

基于多普勒率的平动参数估计算法的具体步骤如下:

(1)对信号进行时频分析得 $\mathrm{TF}(m,n)$,设定指标 $\xi = \xi_0$,设置参数 $q=0$。

(2)采用 Viterbi 算法提取 $\mathrm{TF}(m,n)$ 中最强散射点的瞬时多普勒 $\hat{f}_D(n)$。

(3)计算 q 阶多普勒率,经平滑或低通滤波处理得 $\hat{f}_D^{(q)}(t)$。

(4)根据式(3.15)计算指标 ξ,若 $\xi > \xi_0$,则 $q = q+1$,转入步骤(3);若 $\xi \leqslant \xi_0$,则 $P=q$,转入步骤(5)。

(5)采用最小二乘正弦函数回归得 P 阶多普勒率回归值和锥旋频率的估计值,粗略估计最强散射点微多普勒。

(6)根据式(3.16)计算平动多普勒,并使用 P 阶多项式回归得到平动参数 a_i ($i=(1,2,\cdots,P)$。

设回波信噪比为 $-3\mathrm{dB}$、$\xi_0 = 0.05$,在 $800 \sim 801\mathrm{s}$ 时段提取的最强散射点瞬时多普勒计算到二阶多普勒率满足指标要求,如图 3.3 所示。根据多普勒率估计出最强散射点微多普勒,进而得到平动多普勒,如图 3.4 所示。微多普勒峰值点对应时刻估计误差较大是因为这些点处一阶多普勒率很大,误差相对真实多普勒具有对称性,对回归结果影响不大。

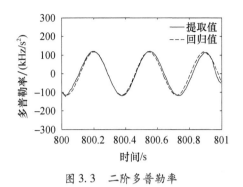

图 3.3　二阶多普勒率

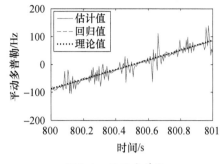

图 3.4　平动多普勒

根据确定的阶数对平动多普勒进行最小二乘回归得平动参数 $\hat{a}_1 = -1.70\mathrm{m/s}$，$\hat{a}_2 = 3.28\ \mathrm{m/s^2}$ 与真实值 $a_1 = -1.65\mathrm{m/s}$，$a_2 = 3.27\mathrm{m/s^2}$ 接近。根据估计的平动参数重构平动信号，并对粗补偿后的信号进行精补偿。图 3.5 是精补偿后信号的时频面，已经看不出瞬时多普勒的平移和倾斜特征。

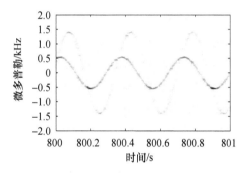

图 3.5　补偿后 Gabor 变换

图 3.6、图 3.7 给出了不同信噪比条件下平动参数的估计误差，当信噪比大于 $-3\mathrm{dB}$ 时，基于多普勒率的方法可以实现平动参数的高精度估计。随着信噪比的降低，瞬时多普勒提取误差增大，多普勒率估计起伏增强，使得参数估计误差不断增大。

表 3.1 给出了信噪比为 $-3\mathrm{dB}$ 时，四个不同时段的平动和微多普勒参数提取结果。在四个时间段，提出的方法均实现了平动参数的有效估计：在 $600 \sim 601\mathrm{s}$、$607 \sim 608\mathrm{s}$ 和 $800 \sim 801\mathrm{s}$ 时多项式近似阶数 $P = 2$，与文献[12]的分析一致；$144 \sim 145\mathrm{s}$ 时阶数 $P = 1$，是因为此时加速度近似为零。利用角度精度为 $0.005\mathrm{rad}$、半径精度为 $0.005\mathrm{m}$ 的 Hough 变换提取的微多普勒幅度近似误差在几个分辨率单元以内，表明精补偿后瞬时多普勒在参数空间具有很强的积累特性。

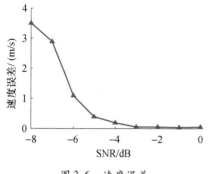

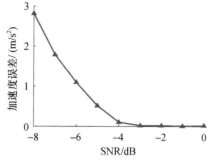

图 3.6　速度误差　　　　　　　　　　图 3.7　加速度误差

表 3.1　不同观测时段平动参数和微多普勒提取结果

时段/s	P	$E_{a_1}/(\mathrm{m/s})$	$E_{a_2}/(\mathrm{m/s})^2$	E_{S_1}/Hz	E_{S_2}/Hz
144 ~ 145	1	− 0. 005	—	19	25
600 ~ 601	2	0. 047	0. 017	18	24
607 ~ 608	2	0. 044	0. 021	23	21
800 ~ 801	2	0. 055	0. 015	17	22

3.3　多普勒极值法

多普勒极值法是通过将平动近似为多项式描述,将微动等效为锥旋运动,推导出瞬时多普勒极值点与多项式参数和微动参数的关系;在此基础上,利用最小二乘参数辨识方法估计了平动参数,实现了平动补偿和微多普勒的高精度实时提取。

3.3.1　多普勒极值点与平动参数的关系

由式(3.9)、式(3.11)可知,单个散射点的多普勒极大值和极小值为

$$f_{\max}(k) = \frac{2f}{c}\Big[\sum_{i=1}^{P} a_i \frac{t_{\max}^{i-1}(k)}{(i-1)!} + A\Big] \tag{3.19}$$

$$f_{\min}(k) = \frac{2f}{c}\Big[\sum_{i=1}^{P} a_i \frac{t_{\min}^{i-1}(k)}{(i-1)!} - A\Big] \tag{3.20}$$

式中:$t_{\max}^{i-1}(k)$、$t_{\min}^{i-1}(k)$分别为以观测起始时刻为参考的第 k 个极大值、极小值出现的时刻。

若能够提取出多普勒频率的极大值和极小值及其对应时刻数据,类似地,可根据式(3.16)和式(3.17)的参数辨识方法得到平动参数。但是,由于观测时间选择得较小,且导弹的锥旋频率通常只有几赫,此时较少的极值点数据会造成最小二乘

法方程的严重病态,不能满足参数辨识的精度要求。

容易看出式(3.19)、式(3.20)中需要辨识的参数相同,因此可以将其转化如下式的参数估计问题:

$$\boldsymbol{m} = \frac{2f}{c}\begin{bmatrix} 1 & 1 & \cdots & t_{\mathrm{m}}^{P-1}(1)/(P-1)! \\ -1 & 1 & \cdots & t_{\mathrm{m}}^{P-1}(2)/(P-1)! \\ \vdots & \vdots & & \vdots \\ (-1)^N & 1 & \cdots & t_{\mathrm{m}}^{P-1}(N)/(P-1)! \end{bmatrix}\begin{bmatrix} A \\ a_1 \\ \vdots \\ a_P \end{bmatrix} = \boldsymbol{Ha} \qquad (3.21)$$

式中:N 为观测时间内多普勒极值点的个数;$t_{\mathrm{m}}(k)$ 为极值点时刻。

式(3.21)虽然增加了一个参数,但是用于参数辨识的点数为极大值与极小值点数之和,将从很大程度上解决病态问题。

3.3.2　基本实现流程

根据式(3.21)估计的平动参数可得到剩余平动多普勒和微多普勒为

$$\hat{f}_{\mathrm{tD}} = \frac{2f}{c}\sum_{i=1}^{P}\hat{a}_i t^{i-1} \qquad (3.22)$$

$$\hat{f}_{\mathrm{mD}} = \hat{f}_{\mathrm{D}} - \hat{f}_{\mathrm{tD}} \qquad (3.23)$$

为了根据微多普勒的估计精度确定近似阶数 P,使用式(3.15)的平齐对称度指标对微多普勒进行评估。平齐对称度指标越小,提取的微多普勒平齐对称性越好,表明近似阶数越准确。根据设定的指标 ξ_0 确定满足条件的最小阶数,同时得到平动参数的估计值。

基于多普勒极值的平动参数估计步骤如下:

(1)利用信号时频图峰值点粗略估计锥旋周期 T_{c},用 kT_{c} 对信号进行窗选,也可以根据目标锥旋周期的大致范围预先确定一个窗长进行窗选。

(2)对窗选的信号进行 Gabor 变换,经最短路径法提取瞬时多普勒 $\hat{f}_{\mathrm{D}}$,令 $\xi = \xi_0$,$p = 1$。

(3)提取瞬时多普勒极值点,利用极值点信息进行 p 阶最小二乘估计,得平动参数 $\hat{\boldsymbol{a}}$ 和剩余的平动多普勒 $\hat{f}_{\mathrm{tD}}$。

(4)根据平动多普勒得到微多普勒,计算平齐对称度指标。若 $\xi > \xi_0$,令 $p = p+1$,转入步骤(3);若 $\xi \leq \xi_0$,得 $\hat{\boldsymbol{a}}_{\mathrm{opt}} = \hat{\boldsymbol{a}}$,$P_{\mathrm{opt}} = p$。

仿真参数设置与 3.2 节仿真相同。观测窗起始时间为 800s,窗宽 1s 时提取的极值点如图 3.8 所示。设定平齐对称度指标为 0.05,通过最小二乘参数辨识得到的阶数 $P = 2$,速度 $\hat{a}_1 = -1.72\mathrm{m/s}$,加速度 $\hat{a}_2 = 3.30\ \mathrm{m/s^2}$ 与真实值 $a_1 = -1.65\mathrm{m/s}$,$a_2 = 3.27\ \mathrm{m/s^2}$ 接近,估计结果具有很高精度,如图 3.9 所示。

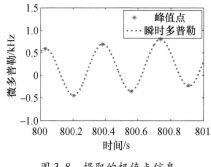

图 3.8　提取的极值点信息

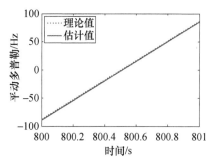

图 3.9　提取的平动多普勒

图 3.10 是观测起始时刻为 800s、信噪比为 $-6\mathrm{dB}$ 时,不同窗长条件下的速度误差。窗长选择为 3 倍的锥旋周期即具有较高精度,且具有好的实时性。窗长太短会造成最小二乘法方程的病态,提取误差很大,窗长较长可以实现更高阶的近似;但是精度的改善并不明显,而且会使运算的复杂度急剧增长。不同窗长条件下得到的近似阶数均为 2,阶数对窗长的增加不敏感,这也证明弹道目标的运动是慢变的。图 3.11 是窗长为 3 倍的锥旋周期时,不同信噪比条件下的提取结果。基于极值点的辨识精度不如 3.2 节中的方法,这是因为极值点数据分散,估计精度较低。但是基于极值点的方法不需要差分运算,当信噪比为 $-6\mathrm{dB}$ 时仍然能够实现平动参数的高精度估计,具有更好的信噪比性能。

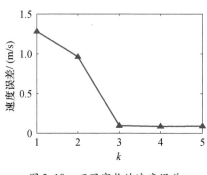

图 3.10　不同窗长的速度误差

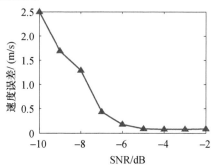

图 3.11　不同信噪比的速度误差

3.4　共轭相乘法

3.4.1　延迟共轭相乘法[91]

弹道目标微动所导致的位置变化具有周期变化的特性,即有 $r_{\mathrm{p}i}(t+T_{\mathrm{p}}) = r_{\mathrm{p}i}(t)$,其中 $T_{\mathrm{p}} = 2\pi/\omega_{\mathrm{P}}$ 为进动周期。这意味着对间隔 T_{p} 时刻的两个回波信号,微动所导

致的相位项是一致的,可通过对回波信号的延迟共轭相乘消除微多普勒信息的影响。

3.4.1.1　基本原理

为了分析简单,首先假设目标只包含一个散射中心,此时目标回波可表示为

$$s_r(t) = \sigma_1 \exp\left\{ -j \frac{4\pi f_c}{c}(r_t(t) + r_{p1}(t)) \right\} \tag{3.24}$$

将 $s_r(t)$ 延迟 Δt 后与原信号共轭相乘,有

$$
\begin{aligned}
S_c(t, \Delta t) &= s_r(t + \Delta t) \cdot s_r(t)^* \\
&= \sigma_1 \sigma_1^* \exp\left\{ -j \frac{4\pi f_c}{c}(r_t(t + \Delta t) + r_{p1}(t + \Delta t)) \right\} \\
&\quad \exp\left\{ j \frac{4\pi f_c}{c}(r_t(t) + r_{p1}(t)) \right\} \\
&= \sigma_1 \sigma_1^* \exp\left\{ -j \frac{4\pi f_c}{c}(r_t(t + \Delta t) - r_t(t)) \right\} \\
&\quad \cdot \exp\left\{ -j \frac{4\pi f_c}{c}(r_{p1}(t + \Delta t) - r_{p1}(t)) \right\}
\end{aligned}
\tag{3.25}
$$

式中: $r_t(t + \Delta t) - r_t(t)$ 为平动分量延迟共轭相乘后的结果; $r_{p1}(t + \Delta t) - r_{p1}(t)$ 为微动分量延迟共轭相乘后的结果。

对于弹道目标而言,有

$$r_t(t + \Delta t) - r_t(t) = R_0 + \sum_{i=1}^{L} a_i(t + \Delta t)^i - R_0 - \sum_{i=1}^{L} a_i t^i \tag{3.26}$$

根据二项式定理 $(t + \Delta t)^n = \sum^n C_n^k \Delta t^{n-k} t^k$,式(3.26)可进一步简化为

$$
\begin{aligned}
r_t(t + \Delta t) - r_t(t) &= a_1 \Delta t + a_2(\Delta t^2 + 2\Delta t t) + \cdots \\
&\quad + a_i \sum_{j=0}^{i-1} C_i^j \Delta t^{i-j} t^j + \cdots a_L \sum_{j=0}^{L-1} C_L^j \Delta t^{L-j} t^j \\
&= \sum_{i=1}^{L} a_i C_i^0 \Delta t^i + \sum_{i=2}^{L} a_i C_i^1 \Delta t^{i-1} t + \cdots \\
&\quad \sum_{i=k}^{L} a_i C_i^{k-1} \Delta t^{i+1-k} t^{k-1} + \cdots + a_L C_L^{L-1} \Delta t t^{L-1} \\
&= a'_0 + a'_1 t + a'_2 t^2 + \cdots + a'_{L-1} t^{L-1}
\end{aligned}
\tag{3.27}
$$

式中

$$a'_k = \sum_{i=k+1}^{L} a_i C_i^k \Delta t^{i-k} \tag{3.28}$$

令 $\boldsymbol{a} = [a_2, a_3, \cdots, a_L]^T$, $\boldsymbol{a}' = [a'_1, a'_2, \cdots, a'_{L-1}]^T$,式(3.28)可用矩阵表示为

$$\boldsymbol{a}' = \begin{bmatrix} C_2^1 \Delta t & C_3^1 \Delta t^2 & C_4^1 \Delta t^3 & \cdots & C_L^1 \Delta t^{L-1} \\ 0 & C_3^2 \Delta t & C_4^2 \Delta t^2 & \cdots & C_L^2 \Delta t^{L-2} \\ \vdots & \vdots & \vdots & & \vdots \\ 0 & 0 & 0 & \cdots & C_L^{L-1} \Delta t^L \end{bmatrix} \boldsymbol{a} \qquad (3.29)$$

$$= \boldsymbol{Ca}$$

考虑到中段目标的微动具有周期性,即有 $r_{\mathrm{pi}}(t + T_{\mathrm{p}}) = r_{\mathrm{pi}}(t)$,当取 $\Delta t = T_{\mathrm{p}}$ 时,有

$$S_{\mathrm{c}}(t, T_{\mathrm{p}}) = \sigma_1 \sigma_1^* \exp\left\{ -\mathrm{j}\frac{4\pi f_{\mathrm{c}}}{c}(r_{\mathrm{t}}(t + T_{\mathrm{p}}) - r_{\mathrm{t}}(t)) \right\} \qquad (3.30)$$

此时,$S_{\mathrm{c}}(t, T_{\mathrm{p}})$ 完全可用一个 $L-1$ 阶相位多项式进行描述,从 $S_{\mathrm{c}}(t, T_{\mathrm{p}})$ 中所提取的 $L-1$ 阶相位多项式信号所对应的信号分量最大,而所提取 $L-1$ 阶相位多项式的相位调制系数则对应了目标的平动系数。根据这一特性,可对中段目标的进动周期和平动多项式参数进行估计。设估计参数 $\boldsymbol{X} = [T_{\mathrm{p}}, \boldsymbol{a}'^{\mathrm{T}}]$,则有

$$\hat{\boldsymbol{X}} = \arg \max_{\boldsymbol{X}} f(\boldsymbol{X}) \qquad (3.31)$$

式中:$f(\boldsymbol{X})$ 为从 $S_{\mathrm{c}}(t, \Delta t)$ 中提取 $L-1$ 阶多项式相位信号对应幅度的模,且有

$$f(\boldsymbol{X}) = \left| \int_t S_{\mathrm{c}}(t, \Delta t) \exp\left(\mathrm{j}\frac{4\pi f_{\mathrm{c}}}{c}(a'_1 t + a'_2 t^2 + \cdots + a'_{L-1} t^{L-1}) \right) \mathrm{d}t \right| \qquad (3.32)$$

根据式(3.31),可得到 $\hat{T}_{\mathrm{p}}$ 和 $\hat{\boldsymbol{a}}'$,根据式(3.29)可进一步得到

$$\hat{\boldsymbol{a}} = \boldsymbol{C}^{-1} \hat{\boldsymbol{a}}' \qquad (3.33)$$

式中,$\boldsymbol{C}$ 中的 Δt 用 $\hat{T}_{\mathrm{p}}$ 代替,从而估计出了目标的平动参数。

上述内容以单散射中心目标为例推导了基于延迟共轭相乘处理的中段目标平动参数及微动参数联合估计方法。在上述推导过程中,有如下三点需要说明:

(1) 根据式(3.32)计算所得峰值将在 $\Delta t = nT_{\mathrm{p}}$ 处均出现峰值,在估计过程中可取延迟最小的峰值点作为估计结果。

(2) 由于式(3.27)中 a'_0 为常数相位项,而目标平动所对应的 a_1 仅包含在 a'_0 中,因此,上述方法不能直接对 a_1 进行估计。

(3) 上述分析是在单散射中心假设条件下进行的,当目标包含多个散射中心时,延迟共轭相乘将存在交叉项,此时算法的适应性有待进一步分析。

当目标包含多个散射中心时,延迟共轭相乘处理将产生交叉项。将式(3.1)代入式(3.25),可得

$$S_{\mathrm{c}}(t, \Delta t) = \sum_{m=1}^{M} \sigma_m \exp\left\{ -\mathrm{j}\frac{4\pi f_{\mathrm{c}}}{c}(r_{\mathrm{t}}(t + T_{\mathrm{p}}) + r_{\mathrm{pm}}(t + T_{\mathrm{p}})) \right\}$$

$$\sum_{m=1}^{M} \sigma_m^* \exp\left\{ \mathrm{j}\frac{4\pi f_{\mathrm{c}}}{c}(r_{\mathrm{t}}(t) + r_{\mathrm{pm}}(t)) \right\}$$

$$= \sum_{m=1}^{M} \sigma_m \sigma_m^* \exp\left\{ -j \frac{4\pi f_c}{c}(r_t(t+T_p) - r_t(t)) \right\}$$

$$+ \sum_{i=1}^{M} \sum_{j=1, j \neq i}^{M} \sigma_i \sigma_j^* \exp\left\{ -j \frac{4\pi f_c}{c}(r_t(t+T_p) - r_t(t) + r_{pi}(t+T_p) - r_{pj}(t)) \right\}$$

$$(3.34)$$

式中：$\sum\limits_{m=1}^{M} \sigma_m \sigma_m^* \exp\left\{ -j \dfrac{4\pi f_c}{c}(r_t(t+T_p) - r_t(t)) \right\}$ 表示各散射中心对应能量的自项；

$\sum\limits_{i=1}^{M} \sum\limits_{j=1, j \neq i}^{M} \sigma_i \sigma_j^* \exp\left\{ -j \dfrac{4\pi f_c}{c}(r_t(t+T_p) - r_t(t) + r_{pi}(t+T_p) - r_{pj}(t)) \right\}$ 表示交叉项。

各散射中心自项对应的多普勒频率变化一致，表现为参数一致的多项式相位信号分量，它们对应信号在时频面上是叠加在一起的；而交叉项不可用多项式相位信号模型描述，且各交叉项所对应多普勒频率不一致，它们的能量在时频面上是分散的，聚焦性能较差。因此，$S_c(t, \Delta t)$ 能量最大信号分量仍对应为自项，利用多项式相位信号参数估计方法仍可从 $Sc(t+T_p)s(t)^*$ 中正确提取出 f_0 及调频率参数 γ_0。

3.4.1.2　基本实现流程

对于中段弹道目标而言，由于进动周期一般为数秒，而平动飞行达数十分钟，在几个微动周期内，弹道的平动可用二阶多项式近似($L=2$)，此时，式(3.27)可简化为

$$r_t(t+\Delta t) - r_t(t) = a_1 \Delta t + a_2(\Delta t^2 + 2\Delta t t) \tag{3.35}$$

式(3.32)可简化为

$$f(\boldsymbol{X}) = \left| \int_t S_c(t, T_p) \cdot \exp\left(j \frac{4\pi f_c}{c}(a'_1 t) \right) dt \right| \tag{3.36}$$

上述变换为傅里叶变换，在实现时可通过快速傅里叶变换实现。在得到 $\hat{\boldsymbol{X}} = [\hat{T}_p, \hat{a}'_1]$ 的估计后，根据式(3.35)可知 $\hat{a}'_1 = 2a_2 \Delta t$，从而有

$$\hat{a}_2 = \hat{a}'_1 / 2\Delta t \tag{3.37}$$

在估计出 $\hat{T}_p$ 和 $\hat{a}_2$ 后可根据估计结果对回波进行补偿

$$s_{b1}(t) = s_r(t) \cdot \exp\left\{ j \frac{4\pi f_c}{c}(\hat{a}_2 t^2) \right\} \tag{3.38}$$

补偿后的信号的平动可等效为匀速直线运动，在时频图上表现为频谱的平移。针对匀速直线运动目标的平动补偿方法，文献[92]提出可根据信号频谱的多普勒中心对速度 a_1 进行估计。估计的基本过程是首先对 $s_{b1}(t)$ 进行频谱分析，设其谱中心估计值为 $\hat{f}_d$，可知

$$\hat{a}_1 = \hat{f}_d \lambda / 2 = -\frac{\hat{f}_d}{f_c} \frac{c}{2} \tag{3.39}$$

式中：λ 为雷达发射信号的波长，$\lambda = c/f_c$。匀速平动补偿的详细信息可参见文

献[92]。

根据上述分析,可得弹道目标中段平动参数与微动周期参数估计步骤如下:

(1)设定 Δt 搜索范围及步长,得到待搜索的延迟时间矢量 $\Delta \boldsymbol{T}=[\Delta t_1,\Delta t_2,\cdots,\Delta t_K]$。

(2)令 $k=1$,根据式(3.25)计算 $S_c(t,\Delta t_k)$,对 $S_c(t,\Delta t_k)$ 进行傅里叶变换,得到 $Sf_c(f,\Delta t_k)$。

(3)重复步骤(2)直到 $k=K$。

(4)针对 $Sf_c(f,\Delta t_k)$ 提取其峰值对应的频率及延迟时间坐标 f_{max}、Δt_{max},从而有 $\hat{T}_p=\Delta t_{max}$,$\hat{a}'_1=f_{max}$。

(5)根据式(3.37)计算 $\hat{a}_2$,根据式(3.38)对回波进行初步补偿,得到 $s_{b1}(t)$。

(6)根据文献[92]所提频谱中心法估计目标速度 a_1。

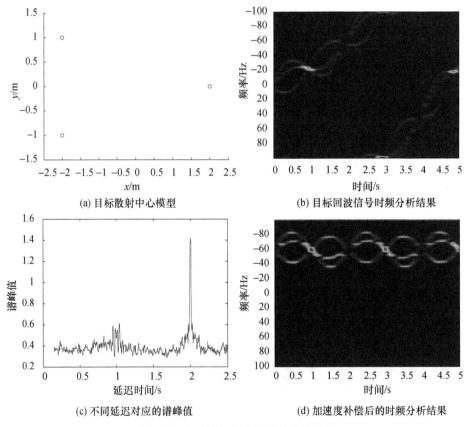

(a) 目标散射中心模型

(b) 目标回波信号时频分析结果

(c) 不同延迟对应的谱峰值

(d) 加速度补偿后的时频分析结果

图 3.12　基于共轭相乘的平动补偿过程

设定目标由三个散射中心组成,位置分别如图 3.12(a)所示,设置目标进动周期为 2s,进动角为 10°,进动轴与雷达视线方向为 55°。目标平动速度为 3m/s,加速度为 1m/s²,雷达中心频率为 3GHz,脉冲重复频率为 200Hz。利用点散射中心产生目标回波后原始回波信号的时频分析结果如图 3.12(b)所示,由于平动的影响,目标微多普勒频率在时频图上出现了漂移与折叠。针对不同延迟按照式(3.25)计算 $S_c(t, \Delta t_k)$,进一步对 $S_c(t, \Delta t_k)$ 进行谱分析,得到不同延迟时间所对应谱峰值的大小如图 3.12(c)所示,从图可见,此时在 $\Delta t_k = 2s$ 时出现峰值,得到周期估计为 2s,$\Delta t_k = 2s$ 时谱峰值所对应频率为 39.92Hz,可得加速度估计 $\hat{a}_2 = 0.998m/s^2$。从图 3.12(c)还可看出,当 $\Delta t_k \neq 2s$ 时谱峰值较小,这说明多散射中心时共轭相乘所导致的交叉项对估计结果影响较小。根据 $\hat{a}_2$ 对加速度进行补偿,补偿后信号所对应的时频分析结果如图 3.12(d)所示,此时瞬时多普勒频率仅存在平移。根据文献[92]所提方法得到多普勒频率中心估计为 −60.8392Hz,对应速度估计为 3.04m/s,实现了目标速度的估计。

目标参数与雷达参数不变,在不同信噪比下进行蒙特卡罗仿真,得到 T_p、a_1、a_2 的估计均方根误差如表 3.2 所列。可见,当 SNR ≥ −4dB 时,所提算法可对目标的进动周期及平动加速度进行高精度估计;而当 SNR ≥ 2dB 时,多普勒中心法可实现目标速度的高精度估计。

表 3.2　不同信噪比下的估计性能

SNR/dB	−6	−4	−2	0	2	4
T_P 估计 RMSE /s	0.2835	0.0033	0.0036	0.0030	0.0026	0.0023
a_2 估计 RMSE/(m/s²)	0.3008	0.0024	0.0023	0.0023	0.0013	0.0014
a_1 估计 RMSE/(m/s)	0.4971	0.3939	0.3552	0.3400	0.0994	0.0683

3.4.2　对称共轭相乘法

根据 3.1 节分析可知,弹道目标进动导致的角度变化可描述为

$$\varphi(t) = a\cos(\cos\gamma\cos\theta_p + \sin\gamma\sin\theta_p\cos(\omega_p t + \varphi_p)) \tag{3.40}$$

由上式可知,弹道目标微动所引起的 $\varphi(t)$ 的变化不但具有周期性,还具有轴对称特性,即 $\varphi(t)$ 关于 $\omega_p t + \varphi_p = k\pi$ 是轴对称的。设 $t_{ck} = \dfrac{k\pi - \varphi_p}{\omega_p}$,可得

$$\varphi(t_{ck} + \tau) = \varphi(t_{ck} - \tau) \tag{3.41}$$

从而有

$$r_{pm}(t_{ck} + \tau) = r_{pm}(t_{ck} - \tau) \tag{3.42}$$

式(3.42)表明,对以 t_{ck} 为中心的左右两边对称的数据而言,由于微动所导致

的相位项是一致的,可通过对回波信号的对称共轭相乘消除微动的影响。

3.4.2.1 基本原理

为了分析简单,首先假设目标只包含一个散射中心,经速度预补偿后的回波信号可表示为

$$s_r(t) = \sigma_1 \exp\left\{-j\frac{4\pi f_c}{c}(r_t(t) + r_{p1}(t))\right\} \tag{3.43}$$

将 $s_r(t)$ 关于中心时刻 t_c 对称共轭相乘后的信号可表示为

$$
\begin{aligned}
S_c(\tau, t_c) &= s_r(t_c + \tau) \cdot s_r(t_c - \tau)^* \\
&= |\sigma_1|^2 \exp\left\{-j\frac{4\pi f_c}{c}(r_t(t_c + \tau) + r_{p1}(t_c + \tau))\right\} \\
&\quad \cdot \exp\left\{j\frac{4\pi f_c}{c}(r_t(t_c - \tau) + r_{p1}(t_c - \tau))\right\} \\
&= |\sigma_1|^2 \exp\left\{-j\frac{4\pi f_c}{c}(r_t(t_c + \tau) - r_t(t_c - \tau))\right\} \\
&\quad \cdot \exp\left\{-j\frac{4\pi f_c}{c}(r_{p1}(t_c + \tau) - r_{p1}(t_c - \tau))\right\}
\end{aligned}
\tag{3.44}
$$

式中:$r_t(t_c + \tau) - r_t(t_c - \tau)$ 表示平动分量对称共轭相乘结果,且有

$$r_t(t_c + \tau) - r_t(t_c - \tau) = 2v_r\tau + 2at_c\tau \tag{3.45}$$

此外,$r_{p1}(t_c + \tau) - r_{p1}(t_c - \tau)$ 为微动分量对称共轭相乘结果,且有

$$r_{p1}(t_c + \tau) - r_{p1}(t_c - \tau) =$$
$$x_1(\cos\varphi(t_c + \tau) - \cos\varphi(t_c - \tau)) + y_1(\sin\varphi(t_c + \tau) - \sin\varphi(t_c - \tau)) \tag{3.46}$$

特别的,当 $t_c = t_{ck}$ 时,有 $r_{p1}(t_{ck} + \tau) = r_{p1}(t_{ck} - \tau)$,即微动导致的相位变化项是一样的。此时共轭相乘处理将抵消微动所导致的相位相,式(3.44)可改写为

$$S_c(\tau, t_{ck}) = |\sigma_1|^2 \exp\left\{-j\frac{4\pi f_c}{c}(2v_r\tau + at_{ck}\tau)\right\} \tag{3.47}$$

式(3.47)表明,$S_c(\tau, t_{ck})$ 可表示为一个单频信号,对其关于 τ 进行傅里叶变换后将在 f_{ck} 处出现峰值

$$f_{ck} = -\frac{2f_c}{c}(2v_r + 2at_{ck}) = -\frac{4(v_r + at_{ck})}{\lambda} \tag{3.48}$$

当 $t_c \neq t_{ck}$ 时,由于 $r_{p1}(t_c + \tau) - r_{p1}(t_c - \tau)$ 是一个变化量,式(3.44)所对应的瞬时多普勒频率是变化的,对 $S_c(\tau, t_c)$ 进行傅里叶变换后在频谱上是展开的。因此,对 $S_c(\tau, t_c)$ 关于 τ 进行傅里叶变换后所对应最大频率分量的幅度将远小于 $S_c(\tau, t_{ck})$ 关于 τ 进行傅里叶变换后所对应的最大频率分量幅度。根据上述性质,可对中段目标进动所对应的对称轴位置 t_{ck} 及峰值频率 f_{ck} 进行估计。

以上分析是在单散射中心假设条件下进行的,当目标包含多个等效散射中心时,共轭相乘处理将产生交叉项。将式(3.6)代入式(3.44),可得

$$S_c(\tau, t_c) = \sum_{m=1}^{M} \sigma_m \exp\left\{-j\frac{4\pi f_c}{c}(r_t(t_c + \tau) + r_{pm}(t_c + \tau))\right\}$$

$$\sum_m \sigma_m^* \exp\left\{j\frac{4\pi f_c}{c}(r_t(t_c - \tau) + r_{pm}(t_c - \tau))\right\}$$

$$= \sum_{m=1}^{M} \sigma_m \sigma_m^* \exp\left\{-j\frac{4\pi f_c}{c}(r_t(t_c + \tau) - r_t(t_c - \tau) + r_{pm}(t_c + \tau) - r_{pm}(t_c - \tau))\right\}$$

$$+ \sum_{i=1}^{M} \sum_{j=1, j\neq i}^{M} \sigma_i \sigma_j^* \exp\left\{-j\frac{4\pi f_c}{c}(r_t(t_c + \tau) - r_t(t_c - \tau) + r_{pi}(t_c + \tau) - r_{tj}(t_c - \tau))\right\}$$

$$(3.49)$$

式中: $\sum_{m=1}^{M} \sigma_m \sigma_m^* \exp\left\{-j\frac{4\pi f_c}{c}\begin{pmatrix} r_t(t_c + \tau) - r_t(t_c - \tau) + \\ r_{pm}(t_c + \tau) - r_{pm}(t_c - \tau) \end{pmatrix}\right\}$ 表示各散射中心自项和,

$\sum_{i=1}^{M} \sum_{j=1, j\neq i}^{M} \sigma_i \sigma_j^* \exp\left\{-j\frac{4\pi f_c}{c}\begin{pmatrix} r_t(t_c + \tau) - r_t(t_c - \tau) + \\ r_{pi}(t_c + \tau) - r_{tj}(t_c - \tau) \end{pmatrix}\right\}$ 表示各散射中心的交叉项。

根据式(3.41)、式(3.42)可知,各散射中心位置变化的对称轴均由 $\phi(t)$ 的对称轴确定,当 $t_c = t_{ck}$ 时,对每个散射中心而言均有 $r_{pm}(t_{ck} + \tau) = r_{pm}(t_{ck} - \tau)$。因此,当 $t_c = t_{ck}$ 时各散射中心的自项均只与平动参数有关,表现为参数一致的线性相位信号分量,它们对应信号在频域上是叠加在一起的。而交叉项不能用线性相位信号模型描述,且各交叉项所对应多普勒频率不一致,它们的能量在频域上是分散的。因此,当目标包含多个散射中心时,$S_c(\tau, t_{ck})$ 能量最大信号分量仍对应为自项分量,对 $S_c(\tau, t_{ck})$ 进行傅里叶变换后仍将在 f_{ck} 处出现峰值。

3.4.2.2 基本实现流程

对于中段目标而言,在一个进动周期内有两个对称轴位置,对包含多个进动周期的回波信号而言,可估计出多个 t_{ck} 及对应 f_{ck}。假设已经估计出了两个轴对称位置 (t_{c1}, f_{c1}) 及 (t_{c2}, f_{c2}),根据式(3.48)可得

$$\begin{cases} \hat{v}_r = \dfrac{f_{c1} t_{c2} - f_{c2} t_{c1}}{4(t_{c2} - t_{c1})}\lambda \\ \hat{a} = \dfrac{f_{c2} - f_{c1}}{4(t_{c2} - t_{c1})}\lambda \end{cases} \tag{3.50}$$

从而实现了平动参数的估计。在估计出平动参数后,可根据估计参数对平动进行补偿

$$s_{b}(t) = s_{r}(t) \cdot \exp\left\{j\frac{4\pi f_{c}}{c}\left(\hat{v}_{r}t + \frac{1}{2}\hat{a}t^{2}\right)\right\} \tag{3.51}$$

根据上述分析,中段目标平动补偿步骤如下:

(1)确定 $s_{r}(t)$ 的中心时刻 t_{0},设置 t_{c} 的搜索步长 Δt 及范围 $[-N\Delta t, N\Delta t]$,形成 t_{c} 的搜索空间 $\boldsymbol{t}_{s} = [t_{s1}, t_{s2}, \cdots, t_{s(2N+1)}]$,其中 $t_{sn} = t_{0} + (n - N - 1)\Delta t$。

(2)针对每一个待搜索的 t_{sn},根据式(3.44)计算 $S_{c}(\tau, t_{sn})$,对 $S_{c}(\tau, t_{sn})$ 做傅里叶变换,记录最大频率分量的幅度 a_{n} 及频率 f_{n};形成幅度矢量 $\boldsymbol{a}_{\max} = [a_{1}, a_{2}, \cdots, a_{2N+1}]$ 及对应的频率矢量 $f_{\max} = [f_{1}, f_{2}, \cdots, f_{2N+1}]$。

(3)根据 $\boldsymbol{a}_{\max}$ 的峰值位置确定两个最大局部峰值所对应的时间 t_{c1}、t_{c2},并在 $f_{\max}$ 矢量中提取出其相应的频率值 f_{c1}、f_{c2}。

(4)根据式(3.50)计算目标的平动速度和加速度;

(5)根据式(3.51)对目标的平动进行补偿,得到平动补偿后的中段目标回波信号。

设目标仅包含一个散射中心,根据3.4.2.1节估计步骤得到不同 t_{c} 情况下 $S_{c}(\tau, t_{c})$ 的最大谱分量幅度所组成的矢量 $\boldsymbol{a}_{\max}$ 如图3.13(a)所示;增加目标等效散射中心至3个,其他不变,得到 $\boldsymbol{a}_{\max}$ 如图3.13(b)所示。可以看出,在多散射中心情况下 $\boldsymbol{a}_{\max}$ 所对应噪声基底增加,但局部峰值明显,且峰值位置与单散射中心所对应情况一致。

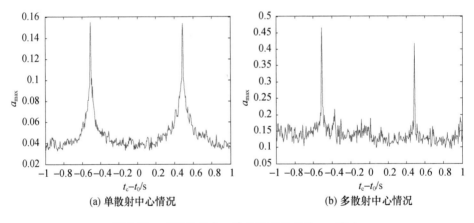

(a) 单散射中心情况　　　　　　　　　　(b) 多散射中心情况

图3.13　不同散射中心情况下交叉项对 $\boldsymbol{a}_{\max}$ 影响

3.4.2.3　算法仿真验证

仿真一:算法性能分析

设目标进动周期为1s,进动角为10°,进动轴与雷达视线方向夹角为25°。目标平动速度为2m/s,加速度为1.1m/s²,雷达中心频率为3GHz,脉冲重复频率为500Hz。弹头目标为平底锥弹头,参数与第2章一致,所用静态数据为电磁软件计算数据。根据准静态法叠加弹道平动信息,可得到中段目标动态回波。加入噪声直到信噪比为 0dB,对信号进行时频分析的结果如图 3.14(a)所示。根据所提算法得到 $\boldsymbol{a}_{\max}$ 矢量如图 3.14(b)所示,得到两个最大峰值所对应时刻分别为 0.830s 和 1.331s,在这两个时刻所对应的最大谱分量的频率分别为 116.466Hz 和 138.554Hz,最后计算得到速度估计结果为 1.9968m/s,加速度估计为 1.1022m/s²,与实际值相差很小。根据估计速度与加速度对信号平动进行补偿,得到补偿后信号时频分析结果如图 3.14(c)所示,可见补偿后信号的瞬时多普勒信息中不包含平动多普勒频率。

在不同信噪比下,得到速度及加速度的均方根误差如表 3.3 所列,从结果可以看出,当信噪比大于等于 -5dB 时,所提算法能够实现对速度与加速度的高精度估计。

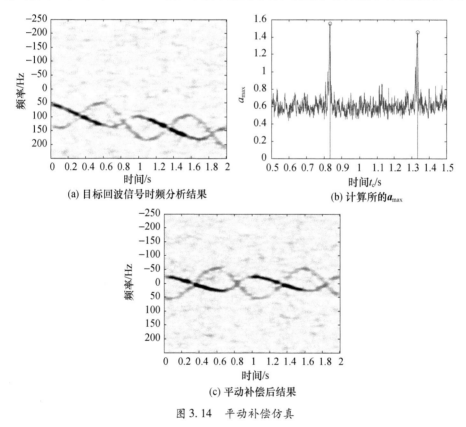

(a) 目标回波信号时频分析结果

(b) 计算所的$\boldsymbol{a}_{\max}$

(c) 平动补偿后结果

图 3.14　平动补偿仿真

表 3.3　不同信噪比下的估计性能

SNR/dB	-6	-5	-4	-3	-2	-1	0	1	2
速度 RMSE/(m/s)	2.3079	0.0278	0.0171	0.0128	0.0091	0.0061	0.0049	0.0026	0.0018
加速度 RMSE/(m/s²)	1.7988	0.0231	0.0154	0.0116	0.0084	0.0056	0.0036	0.0023	0.0018

仿真二、弹道目标平动补偿

设导弹关机点高度为150km,关机点速度为4km/s,以最佳速度倾角飞行,雷达处于弹道落地点附近,得到弹道及导弹相对雷达的距离、速度、加速度变化曲线如图3.15所示。整个导弹的飞行时间为633s,在600s附近导弹离地面高度接近80km,此时可认为再入大气层,在0~600s范围内可认为弹头处于中段。图3.15(b)~(d)显示了在中段弹头相对雷达的距离、速度及加速度变化,从图可以看出,在中段弹头相对雷达的运动相对平稳,在短时间内可用匀加速模型近似,且加速度变化不大于$5m/s^2$。

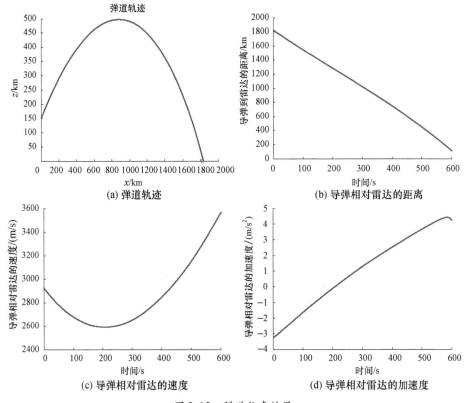

(a) 弹道轨迹   (b) 导弹相对雷达的距离

(c) 导弹相对雷达的速度   (d) 导弹相对雷达的加速度

图 3.15   弹道仿真结果

在仿真弹道基础上叠加中段目标进动。设进动周期为2.8s,进动角为10°,自旋周期为1s,雷达频率为6GHz,重复频率为2kHz,其他参数与仿真一一致。根据准静态法产生回波信号,在此基础上加入噪声到总体信噪比水平为−5dB。300~306s数据平动补偿前后回波时频分析结果如图3.16所示,从图可以看出,通过所提算法可对中段目标的平动进行补偿,补偿后信号仅反映了微多普勒信息。

为了验证算法对整个弹道中段平动补偿的有效性,对中段弹道(0~600s)回波数据进行分段处理,以 6s 为间隔对数据进行等间隔采样,得到 100 组数据。再利用 3.1 节方法对每一组数据进行速度预补偿时假设补偿速度与实际速度的误差为 5m/s。根据所提算法,得到补偿后信号速度及加速度估计如图 3.17 所示。从图可以看出,在中段弹道范围内,所提算法均能对中段目标的速度及加速度进行准确估计,速度估计误差 $\delta_v \leqslant 0.05$m/s、加速度估计误差 $\delta_a \leqslant 0.015$m/s^2。

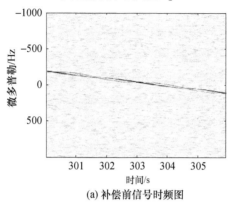

(a) 补偿前信号时频图

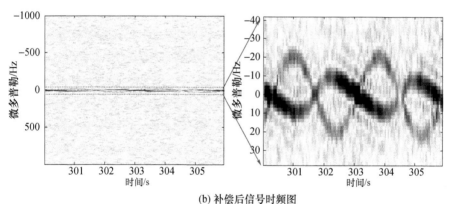

(b) 补偿后信号时频图

图 3.16　300~306s 平动补偿结果

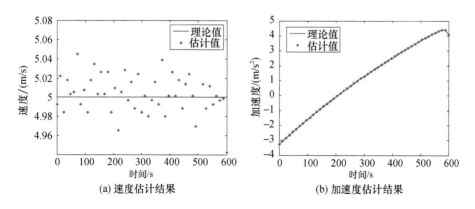

(a) 速度估计结果　　　　　　　　　(b) 加速度估计结果

51

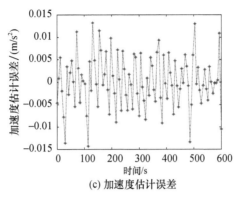

(c) 加速度估计误差

图 3.17　中段平动参数估计性能

3.5　微多普勒缩放思想

当微多普勒带宽大于雷达的最大可探测多普勒带宽时，以上平动参数估计方法将不再适用，且即使平动已经补偿，时频面中的多普勒曲线仍然存在折叠现象，瞬时多普勒仍无法提取。针对这一问题，本节提出一种基于微多普勒缩放思想的时域处理方法。

3.5.1　多级延迟共轭相乘

根据 3.4.1 节的分析，式(3.25)可以改写为

$$
\begin{aligned}
S_c(t, \Delta t) &= s_r(t + \Delta t) \cdot s_r(t)^* \\
&= \left[S_T(t + \Delta t) S_T^*(t) \right] \cdot \left[\sum_{i=1}^{N} S_{Mi}(t + \Delta t) \sum_{j=1}^{N} S_{Mj}^*(t) \right]
\end{aligned}
\tag{3.52}
$$

式中：$S_T(t)$ 为平动部分；$S_M(t)$ 是微动部分。

不妨设 $s_b^1(t) = S_c(t, \Delta t)$，则 t 时刻与 $t + \Delta t$ 时刻回波基带信号共轭相乘可写为

$$
s_b^1(t) = S_T^1(t) S_M^1(t)
\tag{3.53}
$$

式中：$S_T^1(t)$ 为平动部分的一阶延迟共轭相乘处理结果，且有

$$
\begin{aligned}
S_T^1(t) &= \exp\left[\mathrm{j} \frac{4\pi f}{c} \sum_{i=0}^{P} a_i \frac{(t + \Delta t)^i - t^i}{i!} \right] \\
&= \exp\left[\mathrm{j} \frac{4\pi f}{c} \sum_{i=0}^{P-1} \sum_{l=i+1}^{P} \frac{l!(\Delta t)^{l-i}}{i!(l-i)!} a_l \frac{t^i}{i!} \right] \\
&= \exp\left(\mathrm{j} \frac{4\pi f}{c} \sum_{i=0}^{P-1} a_i^1 \frac{t^i}{i!} \right)
\end{aligned}
\tag{3.54}
$$

经一级延迟共轭相乘处理,平动部分信号仍为多项式相位信号,但是多项式零阶分量得到完全抑制,且多项式降低一阶。$S_M^1(t)$ 为微动信号部分的延迟共轭相乘处理结果,且有

$$
\begin{aligned}
S_M^1(t) &= \sum_{i=1}^{N} \sum_{i'=1}^{N} S_{Mi}(t + \Delta t) S_{Mi'}^*(t) \\
&= \sum_{i=1}^{N} \sum_{i'=1}^{N} \sigma_i \sigma_{i'} \exp\left\{ \frac{j4\pi f}{c} \left\{ l_i \sin\left[\omega_c (t + \Delta t) + \varphi_i \right] - l_{i'} \sin(\omega_c t + \varphi_{i'}) \right\} \right\} \\
&= \sum_{n_1=1}^{N^2} \sigma_{n_1} \exp\left[\frac{j4\pi f}{c} l_{n_1} \sin(\omega_c t + \varphi_{n_1}) \right] = \sum_{n_1=1}^{N^2} S_{Mn_1}^1(t)
\end{aligned}
$$

$$(3.55)$$

式中

$$n_1 = i + (i' - 1)N \tag{3.56}$$

$$\sigma_{n_1} = \sigma_i \sigma_{i'} \tag{3.57}$$

$$l_{n_1} = \sqrt{l_i^2 + l_{i'}^2 - 2 l_i l_{i'} \cos(\omega_c \Delta t + \varphi_i - \varphi_{i'})} \tag{3.58}$$

$$\varphi_{n_1} = \arctan \frac{l_i \cos(\omega_c \Delta t + \varphi_i) - l_{i'} \cos\varphi_{i'}}{l_i \sin(\omega_c \Delta t + \varphi_i) - l_{i'} \sin\varphi_{i'}} \tag{3.59}$$

经延迟共轭相乘处理后,微动分量数增多,且各分量仍具有正弦相位。定义 $i = i'$ 和 $i \neq i'$ 时的 $S_{Mn_1}^1(t)$ 分别为延迟共轭相乘处理的自项和交叉项。交叉项是不同散射点间微动参数的耦合,不具有实际意义。自项不存在耦合,式(3.58)、式(3.59)具有更简单的形式

$$l_{n_1} = 2\sin\left(\frac{\omega_c \Delta t}{2}\right) l_i \tag{3.60}$$

$$\varphi_{n_1} = \varphi_i + \frac{\omega_c \Delta t - \pi}{2} \tag{3.61}$$

经一级延迟共轭相乘处理后,自项相位幅度上存在一个增益因子 $G = 2\sin(\omega_c \Delta t/2)$。初始相位产生 $\Delta\varphi = (\omega_c \Delta t - \pi)/2$ 的相移。

类似地,经 k 阶延迟共轭相乘处理后信号为

$$s_b^k(t) = S_T^k(t) S_M^k(t) = S_T^k(t) \sum_{n_k=1}^{N^{2k}} S_{Mn_k}^k(t) \tag{3.62}$$

其中,平动部分为

$$
\begin{aligned}
S_T^k(t) &= \exp\left(j \frac{4\pi f}{c} \sum_{i=0}^{P-k+1} a_i^{k-1} \frac{(t + \Delta t)^i - t^i}{i!} \right) \\
&= \exp\left(j \frac{4\pi f}{c} \sum_{i=0}^{P-k} a_i^k \frac{t^i}{i!} \right)
\end{aligned}
$$

$$(3.63)$$

式中：$a_{0i} = a_i$。

微动部分存在大量的交叉项，只有当 $n_k = (N^{2^k} + 1) n_{k-1} + N^{2^k}$ 时得自项为

$$
\begin{aligned}
S^k_{\mathrm{M}n_k}(t) &= \sigma^2_{n_{k-1}} \exp\left\{ \mathrm{j}\frac{4\pi f}{c} \left[l_{n_{k-1}} \sin(\omega_c t + \omega_c \Delta t + \varphi_{n_{k-1}}) - l_{n_{k-1}} \sin(\omega_c t + \varphi_{n_{k-1}}) \right] \right\} \\
&= \sigma^2_{n_{k-1}} \exp\left[\mathrm{j}\frac{4\pi f}{c} 2 l_{n_{k-1}} \sin\frac{\omega_c \Delta t}{2} \cos\left(\omega t + \varphi_{n_{k-1}} + \frac{\omega_c \Delta t}{2} \right) \right] \\
&= \sigma^2_{n_{k-1}} \exp\left[\mathrm{j}\frac{4\pi f}{c} l_{n_k} \sin(\omega_c t + \varphi_{n_k}) \right]
\end{aligned}
$$

(3.64)

式中：$l_{n_k} = G l_{n_{k-1}}$；$\varphi_{n_k} = \varphi_{n_{k-1}} + \omega_c \Delta t / 2 - \pi / 2$。

式（3.64）中自项分量的个数实际只有 N 项，若平动可以表示为 P 阶多项式运动，则经过 P 级延迟共轭相乘处理后，信号自项分量为

$$
s^p_{\mathrm{bzx}}(t) = \exp\left(\mathrm{j}\frac{4\pi f}{c} a_p \right) \sum_{i=1}^{N} \sigma_i^P \exp\left[\mathrm{j}\frac{4\pi f}{c} G^P l_i \sin\left(\omega_c t + \varphi_i + P\frac{\omega_c \Delta t - \pi}{2} \right) \right]
$$

(3.65)

平动多项式相位信号部分已经只剩下一个常数相位分量，对信号瞬时多普勒没有贡献，可以认为平动相位已完全补偿。微动信号部分仍是正弦调频信号，不同的是正弦相位的幅度和初相发生了可定量计算的变化。多级延迟共轭相乘处理可以在保证微动部分相位结构不变的情况下实现平动的对消补偿，同时可以根据缩放增益与延迟时间的定量关系对微多普勒进行定量缩放。

3.5.2 微多普勒缩放的概念

定义经多级延迟共轭相乘处理后的信号自项的瞬时频率为伪微多普勒（PMD），则由式（3.65）可得第 i 个散射点的伪微多普勒与微多普勒的关系为

$$
\begin{aligned}
f_{\mathrm{PMD}_i}(t) &= \frac{2f}{c} \left[2\sin\left(\frac{\omega_c \Delta t}{2} \right) \right]^P l_i \omega_c \cos\left(\omega_c t + \varphi_i + P\frac{\omega_c \Delta t - \pi}{2} \right) \\
&= G^P |f_{\mathrm{mD}_i}(t)| \mathrm{real}\left\{ \exp\left[\mathrm{j}\left(\phi + P\frac{\omega_c \Delta t - \pi}{2} \right) \right] \right\}
\end{aligned}
$$

(3.66)

式中：$\mathrm{real}(\cdot)$ 表示取实部运算。

伪微多普勒是微多普勒的缩放和时移，延迟共轭相乘处理不仅可以实现平动补偿，而且通过合理地选择延迟时间调整增益的大小还可以实现微多普勒的放大或缩小。缩放的倍数和时移的大小可以由延迟时间 Δt 确定：当 $\Delta t = T_c/2$ 时，单级放大增益取最大值 2；当 $\Delta t = 1/F_r$ 时，增益最小。假设 P 级延迟共轭相乘处理后所需达到的微多普勒缩放增益 $G^P = G_0$，则延迟时间

$$\Delta t = \frac{T_{\mathrm{c}}}{\pi} \arcsin \frac{\sqrt[p]{A_g}}{2} \tag{3.67}$$

当 $G_0 = 1$ 时，$\Delta t = T_{\mathrm{c}}/6$，伪微多普勒与微多普勒只存在一个 $-P\pi/3$ 的时移。

式 (3.66) 表明，若能够提取各信号分量的伪微多普勒，则可根据延迟时间计算得到的缩放增益和相移计算微多普勒的参数。但是，由式 (3.55) 可知，P 延迟共轭相乘处理会使多分量信号产生约 $N^{2^P} - N$ 个交叉项，且这些交叉项均具有正弦相位，使得自项分量的参数很难确定。通常，目标散射点的散射强度大小不同，不失一般性，假设 $\sigma_1 > \sigma_2 > \cdots > \sigma_N$，则由式 (3.65) 可知，经延迟共轭相乘处理后，散射特性最强的散射点对应回波信号的自项分量在所有分量中能量仍然最强（$\sigma_1^2 > \sigma_i \sigma_{i'}, i + i' > 2$）。因此，处理后信号时频面的 Hough 变换正弦检测参数空间中峰值点对应参数即为最强散射点信号对应伪微多普勒的参数，进而可以根据延迟共轭相乘处理产生的幅度和相位变化关系确定最强分量微动参数。假定提取到的最强散射点微动参数 $\hat{l}_1$、$\hat{\varphi}_1$，重构强散射点微动信号。

$$\hat{S}_{\mathrm{M1}} = \exp\left[\, \mathrm{j} \frac{4\pi f}{c} \hat{l}_1 \sin(\omega_{\mathrm{c}} t + \hat{\varphi}_1) \right] \tag{3.68}$$

使用重构信号补偿回波信号中的最强散射点微动信号，可得

$$
\begin{aligned}
s_1(t) &= s_{\mathrm{c1}}(t) \hat{S}_{\mathrm{M1}}^* \\
&= S_{\mathrm{T}}(t) \sum_{i=1}^{N} S_{\mathrm{M}i}(t) \hat{S}_{\mathrm{M1}}^* \\
&= S_{\mathrm{T}}(t) \sum_{i=1}^{N} \sigma_i \exp\left[\, \mathrm{j} \frac{4\pi f}{c} \Delta l_i \sin(\omega_{\mathrm{c}} t + \Delta \varphi_i) \right]
\end{aligned} \tag{3.69}
$$

式中

$$\Delta l_i = \sqrt{l_i^2 + \hat{l}_1^2 - 2 l_i \hat{l}_1 \cos(\varphi_i - \varphi_1)} \tag{3.70}$$

$$\Delta \varphi_i = \arctan \frac{l_i \cos \varphi_i - \hat{l}_1 \cos \hat{\varphi}_1}{l_i \sin \varphi_i - \hat{l}_1 \sin \hat{\varphi}_1} \tag{3.71}$$

Hough 变换法得到的微动参数误差很小，$\Delta l_1 \approx 0$，式 (3.69) 第一个散射点回波多普勒中只剩余平动分量，在时频面中体现为多项式曲线，其余散射点多普勒仍为多项式与正弦曲线的合成形式，可以通过使用 Hough 变换法检测信号 $s_1(t)$ 时频面中的 P 阶多项式曲线估计平动参数。

设提取到的平动参数为 $\hat{a}_i (i = 1, 2, \cdots, P)$，重构平动信号

$$\hat{S}_{\mathrm{T}}(t) = \exp\left[\frac{\mathrm{j} 4\pi f}{c} \sum_{i=1}^{P} \hat{a}_i \frac{t^i}{i!} \right] \tag{3.72}$$

用其对 $s_1(t)$ 进行补偿可得

$$s_2(t) = s_1(t)\hat{S}_T^*(t)$$

$$= \exp\left\{j\frac{4\pi f}{c}\left[\sum_{i=1}^{P}(a_i - \hat{a}_i)\frac{t^i}{i!} + \sum_{i=P+1}^{\infty}a_i\frac{t^i}{i!}\right]\right\}$$

$$\cdot\,\sigma_1\exp\left[j\frac{4\pi f}{c}\Delta l_1\sin(\omega_c t + \Delta\varphi_1)\right]\cdot\sum_{i=2}^{N}\sigma_i\exp\left[j\frac{4\pi f}{c}\Delta l_i\sin(\omega_c t + \Delta\varphi_i)\right]$$

$$(3.73)$$

由于第一、二部分是由近似误差和参数估计误差引起的低频分量,对$s_2(t)$进行高通滤波处理可得

$$s_3(t) \approx \sum_{i=2}^{N}\exp\left[\frac{j4\pi f}{c}\Delta l_i\sin(\omega_c t + \Delta\varphi_i)\right] \qquad (3.74)$$

此时得到的信号是被强分量信号补偿后的剩余分量微动信号,利用强分量微动信号对其进行反向补偿处理可得

$$s_4(t) = s_3(t)\hat{S}_{M1} \approx \sum_{i=2}^{N}S_{Mi} \qquad (3.75)$$

3.5.3　基本实现流程及验证

上述处理方法实现了最强分量微多普勒的提取和微动信号的有效分离。

分离出剩余微动信号后,根据次强分量的缩放指标设定延迟时间继续进行延迟共轭相乘处理,并逐次进行提取与强分量分离处理,最终实现所有分量的缩放与提取。基于延迟共轭相乘处理的平动补偿与微多普勒缩放算法的基本流程如下:

(1)设定延迟时间Δt,对$s_b(t)$进行P级延迟共轭相乘处理得$s'(t)$,对$s'(t)$进行周期估计得锥旋周期$\hat{T}_c$。

(2)根据需要放大或缩小的倍数A_g和微动周期$\hat{T}_c$计算延迟时间Δt,经P级延迟共轭相乘处理得$s''(t)$。

(3)对$s''(t)$时频面进行 Hough 变换正弦检测提取最强分量伪微多普勒参数。

(4)根据延迟共轭相乘处理产生的幅度和相位变化关系确定微多普勒参数$\hat{l}_1$和$\hat{\varphi}_1$,重构信号$\hat{S}_{M1}$对$s_{c1}(t)$进行补偿处理得$s_1(t)$。

(5)对$s_1(t)$时频面进行 Hough 变换P阶多项式曲线检测得参数$\hat{a}_i$,重构平动信号$\hat{S}_T(t)$。

(6)用$\hat{S}_T(t)$对$s_1(t)$进行补偿得信号$s_2(t)$,经高通滤波处理得信号$s_3(t)$。

(7)用$\hat{S}_{M1}$对$s_3(t)$进行反向补偿处理得$s_4(t)$,对$s_4(t)$中的最强分量继续进行缩放、提取和分离处理,直到所有分量微多普勒提取完毕或者剩余能量达到设定的阈值。

设探测雷达为载频$f = 12\text{GHz}$的 X 波段雷达,信噪比为 3dB。3.2 节和 3.3 节

以及文献[12]的研究均表明,弹道目标中段平动近似为三阶多项式已经足够满足精度要求,经三级延迟共轭相乘处理即可实现平动补偿,因此采用三级延迟共轭相乘处理回波信号。

图 3.18 是回波信号 Gabor 时频面,由于雷达载频变大,瞬时多普勒在时频面不仅存在平移和倾斜,而且存在折叠。根据锥旋周期的大致范围设定 $\Delta t = T_c/6$ 或任意设定延迟时间进行延迟共轭相乘处理,这里取 $\Delta t = 0.05\mathrm{s}$。处理后信号的归一化自相关函数如图 3.19 所示,与处理前信号相比,处理后信号具有明显的周期性。使用文献[93]提出的 CAUTOC – CAMDF 法估计得到的锥旋频率 $\hat{f}_c = 2.825\mathrm{Hz}$ 与真实值 $2.829\mathrm{Hz}$ 接近。

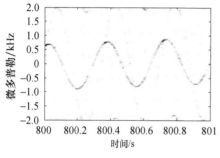
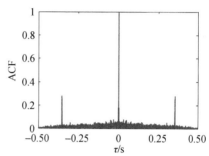

图 3.18　回波 Gaobr 时频面　　　　图 3.19　补偿后归一化自相关函数

确定信号周期后,令 $G_0 = 1$,得 $\Delta t = T_c/6$ 进行延迟共轭相乘处理,处理后信号的 Gabor 时频面如图 3.20 所示。多分量信号的延迟共轭相乘处理出现了大量的交叉项,这些交叉项的瞬时多普勒均具有正弦变化规律。处理后的时频面 Hough 变换正弦检测参数空间中可以分辨出三个分量的信号成分,其余分量由于能量相对很小无法分辨,如图 3.21 所示。其中最强分量的伪微多普勒参数为 $\hat{l} = 0.5700\mathrm{m}$,$\hat{\phi} = 331.74°$,根据延迟时间计算得到增益 1 和相移 $180°$,进而得到的最强分量微动参数 $\hat{l}_1 = 0.5700\mathrm{m}$,$\hat{\phi}_1 = 151.74°$ 与 S_1 点微动参数 $l_1 = 0.5759\mathrm{m}$,$\phi_1 = 151.50°$ 一致。

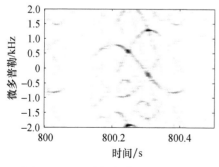
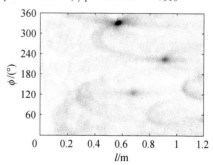

图 3.20　延迟共轭相乘处理后时频面　　　图 3.21　处理后时频面 Hough 变换

根据估计的最强分量微动参数重构最强分量微动信号,并用其对回波信号进行补偿。补偿后信号的时频面如图 3.22 所示,最强分量微动补偿后,原信号中的最强分量只剩下平动部分,即图 3.22 中的颜色较深的斜线分量,微弱的起伏是参数估计误差引起的。使用 Hough 变换直线检测方法对图 3.22 的时频面进行处理可以得到平动参数,如图 3.23 所示,估计误差使得曲线在真实参数附近产生了积累,因此参数空间的峰值点附近有大的旁瓣。提取得到的平动参数为 $\hat{a}_1 = -1.65\,\mathrm{m/s}$,$\hat{a}_2 = 3.21\,\mathrm{m/s}^2$,与真实值 $a_1 = -1.65\,\mathrm{m/s}$,$a_2 = 3.27\,\mathrm{m/s}^2$ 接近。

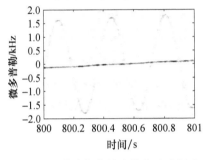

图 3.22　最强分量微动补偿后时频面

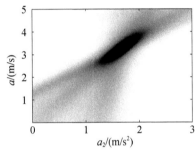

图 3.23　平动参数检测

使用得到的参数重构平动信号,并用其对原始回波进行平动补偿。补偿后信号的时频面如图 3.24 所示,此时已经分辨不出平动的存在。图 3.25 是 Hough 变换正弦检测结果,精补偿后瞬时多普勒在参数空间中实现了有效的积累,表明延迟共轭相乘处理具有高精度的平动补偿性能。

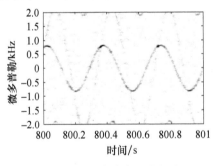

图 3.24　平动补偿后时频面

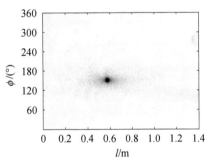

图 3.25　平动补偿后参数检测

图 3.25 中 S_2 点的瞬时多普勒在参数空间中未能实现有效的积累,因为 S_2 点的微多普勒带宽超过了雷达最大可探测多普勒带宽,微多普勒在时频面产生了折叠效应,如图 3.24 所示,此时正弦结构被破坏,无法实现参数空间的有效积累。这时需要对微多普勒进行缩放处理。首先根据提取得到的最强分量参数分离最强分量微动信号,图 3.26 为剩余微动信号时频面。设 $G_0 = 0.5$,由式(3.67)可知 $\Delta t = 0.0459\mathrm{s}$,

以此间隔为延迟进行延迟共轭相乘处理得到的信号时频面如图 3.27 所示,图中的多处截断是补偿处理中的高通滤波引起的。与原信号瞬时多普勒相比,延迟共轭相乘处理后,信号微多普勒实现了缩放,消除了折叠效应。

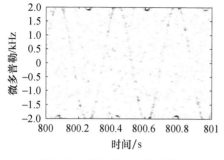

图 3.26 剩余微动信号时频面

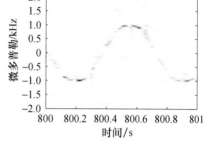

图 3.27 缩放处理后时频面

图 3.28 为使用 Hough 正弦检测得到的参数空间,补偿误差和高通处理造成了弱信号分量的畸变,但是其在参数空间仍具有很好的积累特性。提取得到的伪微多普勒参数为 $\hat{l} = 0.74\mathrm{m}, \hat{\phi} = 259.55°$,根据延迟时间计算得到增益 0.5 和相移 160.14°,进而得到剩余微动信号中最强分量微动参数为 $\hat{l}_2 = 1.4800\ \mathrm{m}, \hat{\phi}_2 = 99.41°$,与 S_2 点微动参数 $l_2 = 1.4847\ \mathrm{m}, \phi_2 = 99.55°$ 一致。

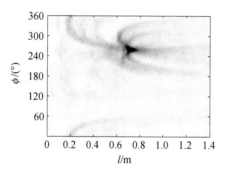

图 3.28 缩放后 Hough 变换检测

不同信噪比条件下,使用 Hough 变换正弦检测得到的微多普勒均方根误差如图 3.29 所示,当信噪比大于 3dB 时,估计误差收敛约 22Hz,在几个分辨单元以内。在时频面中,多级延迟共轭相乘处理中的相乘运算产生的信号与噪声交叉分量将使信号能量泄漏为噪声分量,使处理后的信号信噪比降低。但是,时频分析信号处理本身就具有抑制噪声的能力,在原始信噪比较高,处理级数较少情况下,这种处理对信噪比的降低是可以接受的。

上述仿真中,如果最强分量存在折叠,则同样可以根据周期设定缩放程度,进而完成补偿与进一步的处理。此外,若微多普勒带宽相对雷达的多普勒测量带宽范围太小,也不利于参数的高精度提取。此时需要对微多普勒进行放大处理,其基本原理与缩小处理相同。

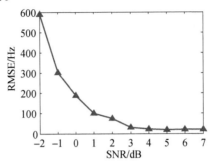

图 3.29　算法的信噪比性能

第4章 弹道目标多分量微多普勒分离

瞬时频率常用于描述目标的微动特征,但瞬时频率不适用于同一时刻具有多个微动频率分量的信号,因此从多普勒谱、距离像序列或 IASR 像中分离和提取出单分量微多普勒信号具有十分重要的意义。

在中段,真弹头周围伴飞着大量的诱饵、碎片等干扰物,当目标的尺寸小于雷达的距离分辨率时,多个弹道目标可能存在于同一距离单元内,除平动补偿处理外,此时若不能有效地分离所有(或大部分)交叠的多分量微多普勒信号,则大部分有用的弱信号分量将会淹没在强干扰分量中。因此,在平动补偿的基础上,有必要研究多分量微多普勒信号的进一步分离。

本章围绕多分量微多普勒信号分离问题展开研究,重点介绍最短路径法、匹配空间变换法、全变差融合法、自适应聚类法以及最近邻域"选择"法在弹道目标多分量瞬时多普勒提取方面的应用。最短路径法是一种非参数化的时频分析方法,它可以与时频滤波方法相结合解决低信噪比下多分量瞬时多普勒提取问题;匹配空间变换是从时域角度分析多分量微多普勒信号分离的方法,主要针对正弦调频形式的微多普勒信号;全变差融合法则是根据弹道目标回波在时频域的稀疏性来进行多分量微多普勒信号分离及提取的,该方法可以解决群目标信号存在的弱时频正交性及相互交叠的问题;自适应聚类法利用目标的微多普勒变化特征及能量变化特征,实现了该类微动目标的多分量微多普勒信号分离。

考虑到真弹头与诱饵尺寸相近的问题,根据真弹头与诱饵尺寸质量分布不同的特性,本章提出了"选择"的思想。"选择"的思想就是结合时频曲线的连续性及变化趋势,按照"最近邻域"的原则对目标回波支撑域内的各瞬时频点进行编码,进而利用各瞬时频点微多普勒率的差异性,实现弹道多目标多尺度"选择"分辨。

4.1 弹道多目标微多普勒效应

在中段,群目标的微动形式主要包括弹头的进动、碎片及诱饵的翻滚和旋转等微运动。由于低分辨雷达的距离分辨率一般大于目标群中多个子目标之间的间距,即目标群在距离上不可分辨,此时目标群的回波集中某一距离门内,如何有效分离不同目标包含的微多普勒分量以及各目标包含的各散射中心的微多普勒分量显得尤为重要。

4.1.1 旋转多目标微多普勒效应

根据 2.2.1 节的分析, t 时刻旋转 P 点相对雷达的径向距离为

$$
\begin{aligned}
R_p(t) &= \parallel \boldsymbol{R}_0 + \boldsymbol{r}_p(t) \parallel = \boldsymbol{n}_1^{\mathrm{T}} \cdot (\boldsymbol{R}_0 + \boldsymbol{T}_r \boldsymbol{r}_p) \\
&\approx \boldsymbol{n}^{\mathrm{T}} [\, \boldsymbol{R}_0 + [\, \boldsymbol{I} + \hat{\boldsymbol{e}} \sin \omega_r t + \hat{\boldsymbol{e}}^2 (1 - \cos \omega_r t) \,] \boldsymbol{r}_p \,] \\
&\approx R_0 + \boldsymbol{n}^{\mathrm{T}} \boldsymbol{r}_p + \sqrt{(\boldsymbol{n}^{\mathrm{T}} \hat{\boldsymbol{e}} \boldsymbol{r}_p)^2 + (\boldsymbol{n}^{\mathrm{T}} \hat{\boldsymbol{e}}^2 \boldsymbol{r}_p)^2} \sin \left(\omega_r t - \arctan \left(\frac{\boldsymbol{n}^{\mathrm{T}} \hat{\boldsymbol{e}}^2 \boldsymbol{r}_p}{\boldsymbol{n}^{\mathrm{T}} \hat{\boldsymbol{e}} \boldsymbol{r}_p} \right) \right)
\end{aligned}
$$

$$(4.1)$$

式中, R_0 与 $\boldsymbol{R}_0$ 分别为目标到质心的距离及其位移。

对式(4.1)进行二阶求导,得到旋转点 P 的微加速度为

$$
\begin{aligned}
R_p^{(2)}(t) \approx{} & -\omega_r^2 \sqrt{(\boldsymbol{n}^{\mathrm{T}} \hat{\boldsymbol{e}} \boldsymbol{r}_p)^2 + (\boldsymbol{n}^{\mathrm{T}} \hat{\boldsymbol{e}}^2 \boldsymbol{r}_p)^2} \\
& \cdot \sin \left(\omega_r t - \arctan \left(\frac{\boldsymbol{n}^{\mathrm{T}} \hat{\boldsymbol{e}}^2 \boldsymbol{r}_p}{\boldsymbol{n}^{\mathrm{T}} \hat{\boldsymbol{e}} \boldsymbol{r}_p} \right) \right)
\end{aligned}
$$

$$(4.2)$$

由式(4.2)可以看出,目标的微加速度满足正弦规律,且受到 $\boldsymbol{n}$、ω_r、$\hat{\boldsymbol{e}}$、$\boldsymbol{r}_p$ 的调制。由于不同目标的 ω_r 不同,且同一目标内不同旋转点的视角、位矢也存在较大差异,即不同旋转点之间的微加速度存在较大差异,所以可以通过比较不同旋转点的微加速度的大小来初步区分不同的旋转点。

假设雷达发射单频信号,根据 2.3.1 节的分析,经基带变换、二次相位求导后,得到多目标微多普勒率为

$$
\Delta f = \frac{1}{2\pi} \bigcup_i \frac{\mathrm{d}^2 \psi'}{\mathrm{d}t^2} = \bigcup_i \bigcup_{i'} \frac{2 f_0}{c} [\, R_{ii'}^{(2)}(t) \,], i, i' = \mathbf{N}^+
$$

$$(4.3)$$

式中: ψ' 为回波的相位项; c 为光速; $R_{ij}^{(2)}(t)$ 为目标 i 内旋转点 i' 到观测点 O 的距离的二阶导函数。

设不同目标的旋转频率为 ω_i,联立式(4.2)和式(4.3),可以得出多目标微多普勒率为周期函数,且周期为 $2\pi/\omega_i$。进一步分析目标的微多普勒率可得

$$
\begin{aligned}
\xi &= \frac{R_{ii'}^{(2)}(t + \Delta t)}{R_{gh}^{(2)}(t)} \\[2mm]
&= \begin{cases} C, C \text{ 为常数}, t \neq \arctan(\boldsymbol{n}_i^{\mathrm{T}} \hat{\boldsymbol{e}}_i^2 \boldsymbol{r}_{pii'} / \boldsymbol{n}_i^{\mathrm{T}} \hat{\boldsymbol{e}}_i \boldsymbol{r}_{pii'}) / \omega_i, \omega_i \Delta t \approx 0, (i, i') = (g, h) \\[3mm] \dfrac{\omega_i^2 \sqrt{(\boldsymbol{n}_i^{\mathrm{T}} \hat{\boldsymbol{e}}_{ii'} \boldsymbol{r}_{pii'})^2 + (\boldsymbol{n}_i^{\mathrm{T}} \hat{\boldsymbol{e}}_{ii'}^2 \boldsymbol{r}_{pii'})^2} \sin(\arctan(\boldsymbol{n}_i^{\mathrm{T}} \hat{\boldsymbol{e}}_{ii'}^2 \boldsymbol{r}_{pii'} / \boldsymbol{n}_i^{\mathrm{T}} \hat{\boldsymbol{e}}_{ii'} \boldsymbol{r}_{pii'}))}{\omega_i^2 \sqrt{(\boldsymbol{n}_i^{\mathrm{T}} \hat{\boldsymbol{e}}_{ii'} \boldsymbol{r}_{pii'})^2 + (\boldsymbol{n}_i^{\mathrm{T}} \hat{\boldsymbol{e}}_{ii'}^2 \boldsymbol{r}_{pii'})^2} \sin(\arctan(\boldsymbol{n}_i^{\mathrm{T}} \hat{\boldsymbol{e}}_{ii'}^2 \boldsymbol{r}_{pii'} / \boldsymbol{n}_i^{\mathrm{T}} \hat{\boldsymbol{e}}_{ii'} \boldsymbol{r}_{pii'}))} \\[3mm] \Delta t = 0, \omega_i t \approx 0, (i, i') \neq (g, h) \end{cases}
\end{aligned}
$$

$$(4.4)$$

式中：下标 ii' 表示目标 i 内旋转点 i' 对应的相关信息。

可以看出，同一旋转点的微多普勒率大都接近于常数 C，而不同旋转点的微多普勒率有较大的差异，因而可以利用目标的微多普勒率来判断目标的类别。

4.1.2 进动多目标微多普勒效应

根据 2.2.2 节的分析可知，理想散射中心所引起的微多普勒表达式默认为正弦函数，这种假设忽视了散射中心的微动规律和目标自身的微动规律并不完全一致的事实。所以本节暂不分析理想散射中心引起的微多普勒效应，而是重点研究多个滑动型散射中心引起的微多普勒效应。考虑到遮挡的问题，假设雷达的入射电磁波与目标底面相交的远视点 q 点已被遮蔽。假若目标的平动分量已补偿，根据 2.2.2.3 节的分析，经泰勒级数展开后[94]，目标的顶点及滑动点在 t 时刻的微距离可分别近似为

$$r_A(t) = l_0\left(l_1 + l_2 \sin(\omega_p t - \varphi)\right) \tag{4.5}$$

$$\begin{aligned} r_p(t) \approx &- l\cos\beta'\left(l_1 + l_2\sin(\omega_p t - \varphi)\right) \\ &+ l\sin\beta'\left(l_3 + l_4\sin(\omega_p t - \varphi) + l_5\cos(2\omega_p t - 2\varphi)\right) \end{aligned} \tag{4.6}$$

式中

$$l_1 = \cos\gamma\cos\theta \tag{4.7}$$

$$l_2 = \sin\gamma\sin\theta \tag{4.8}$$

$$l_3 = \sqrt{1 - \cos^2\theta\cos^2\gamma} \cdot \left[1 - \frac{1}{16}\frac{\sin^2\theta\sin^2\gamma(3 - \cos\theta\sin\gamma)}{1 - \cos^2\theta\cos^2\gamma(1 - \cos\theta\sin\gamma)}\right] \tag{4.9}$$

$$l_4 = -\frac{\sin\theta\sin\gamma\cos\theta\cos\gamma\sqrt{1 - \cos^2\theta\cos^2\gamma}}{1 - \cos^2\theta\cos^2\gamma} \tag{4.10}$$

$$l_5 = \frac{1}{16}\frac{\sin^2\theta\sin^2\gamma(3 - \cos\theta\sin\gamma)\sqrt{1 - \cos^2\theta\cos^2\gamma}}{1 - \cos^2\theta\cos^2\gamma(1 - \cos\theta\cos\gamma)} \tag{4.11}$$

观察式（4.6）可知，由于受到 $\cos(2\omega_p t)$ 的调制，底面交点 p 对应的散射点不服从正弦调制规律。对式（4.5）、式（4.6）进行二次求导，得到 A、p 两点的 a 阶微距离分别为

$$r_A^{(a)}(t) = l_0 l_2 \omega_p^a \sin\left(\omega_p t - \varphi + \frac{\pi}{2}(a \bmod 4)\right) \tag{4.12}$$

$$\begin{aligned} r_p^{(a)}(t) \approx &\left(l\sin\beta' l_4 - l\cos\beta' l_{2i'}\right)\omega_p^a\sin\left(\omega_p t - \varphi + \frac{\pi}{2}(a \bmod 4)\right) \\ &+ 4l\sin\beta' l_5 \omega_p^a\cos\left(2\omega_p t - 2\varphi + \frac{\pi}{2}(a \bmod 4)\right) \end{aligned} \tag{4.13}$$

式中:mod 为取余运算符。

假设雷达观测区域内存在 i 个目标,A_i、p_i 分别对应于第 i 个目标的散射中心,则不同目标同类型散射点 A_i 或 p_i 的 a 阶微距离比值为

$$\frac{r_{Ai}^{(a)}(t+\Delta t)}{r_{Ai'}^{(a)}(t)} \approx \begin{cases} C_1, i=i', \Delta t\neq 0, \omega_{pi}\Delta t\approx 0, \\ t\neq \varphi_i/\omega_{pi}+\pi i''/\omega_{ci}, i''=\mathbf{N}^+, C_1 \text{ 为常数} \\ \dfrac{l_{0i}l_{2i}}{l_{0i'}l_{2i'}}\dfrac{\omega_{pi}^a}{\omega_{pi'}^a}\dfrac{\sin\varphi_i}{\sin\varphi_{i'}}, i\neq i', \Delta t=0, \omega_{pi}t_m\approx 0 \end{cases} \quad (4.14)$$

$$\frac{r_{pi}^{(a)}(t+\Delta t)}{r_{pi'}^{(a)}(t)} \approx \begin{cases} C_2, i=i', \Delta t\neq 0, \omega_{pi}\Delta t\approx 0, \\ t\neq \varphi_i/\omega_{pi}+\pi i''/\omega_{pi}, i''=\mathbf{N}^+, C_2 \text{ 为常数} \\ \dfrac{(l_i\cos\beta'_i l_{2i}-l_i\sin\beta'_i l_{4i})\sin\varphi_i+4l_i\sin\beta'_i l_{5i}\cos(2\varphi_i)}{(l_{i'}\cos\beta'_{i'} l_{2i'}-l_{i'}\sin\beta'_{i'} l_{4i'})\sin\varphi_{i'}+4l_{i'}\sin\beta'_{i'} l_{5i'}\cos(2\varphi_{i'})}\dfrac{\omega_{pi}^a}{\omega_{pi'}^a} \\ i\neq i', \Delta t=0, \omega_{pi}t\approx 0 \end{cases}$$

$$(4.15)$$

式中:Δt 为采样时间间隔,下标 i 表示目标 i 对应的参数。

由式(4.14)和式(4.15)可知,除个别点外,同一目标在不同时刻处所包含的同一散射点的微加速度的变化趋势近似相同;若目标尺寸一致,则不同目标所含同类散射点的微加速度的变化趋势与 $\omega_{pi}^a/\omega_{pi'}^a$、$\varphi_i$、$\varphi_{i'}$、$l_{n'i}$ 有关。其中,$[l_{n'i}, n'\in\mathbf{N}^+]$ 为与 θ_i、γ_i 有关的系数。由于受到 φ_i、$\varphi_{i'}$、$l_{n'i}$ 的调制,不同目标所含同类散射点的部分微加速度信息会出现交叠。而且,阶数 a 越大,$\omega_{ci}^a/\omega_{ci''}^a$ 对不同目标间的区分作用越显著,而 φ_i、$\varphi_{i'}$、$l_{n'i}$ 对不同目标间的区分作用越小。进一步分析不同类型散射点 A_i、p_i 两点的微加速度的比值不难得出

$$\frac{r_{pi}^{(a)}(t)}{r_{Ai'}^{(a)}(t)} \approx \begin{cases} \dfrac{l_i\sin\beta'_i l_{4i}-l_i\cos\beta'_i l_{2i}}{l_{0i}}+\dfrac{4l_i\sin\beta'_i l_{5i}}{l_{0i}}(\csc(\omega_{pi}t-\varphi_i)-2\sin(\omega_{pi}t-\varphi_i)), i=i' \\ \dfrac{l_i\sin\beta'_i l_{4i}-l_i\cos\beta'_i l_{2i}}{l_{0i'}}\dfrac{\omega_{pi}^a}{\omega_{pi'}^a}+\dfrac{\omega_{pi}^a}{\omega_{pi'}^a}\dfrac{4l_i\sin\beta'_i l_{5i}}{l_{0i'}}\cdot\dfrac{\cos(2\omega_{pi}t-2\varphi_i)}{\sin(\omega_{pi'}t-\varphi_{i'})}, i\neq i', \omega_{pi}t\approx 0 \end{cases}$$

$$(4.16)$$

由于目标的尺寸一致,由式(4.16)可以看出,同一目标所包含的不同散射点对应的 a 阶微距离的比值与目标自身的 θ_i、γ_i、ω_{pi}、t 有关,而不同目标所包含的各散射点之间对应的 a 阶微距离的比值还与 $\omega_{pi}^a/\omega_{pi'}^a$、$\varphi_i$、$\varphi_{i'}$ 有关,即当选取合适的阶数 a 时,不同目标的 a 阶微距离随时间变化的快慢程度存在较大差异。而相同目标由于微动调制分量较小,呈现较为相似的变化特性。因而,可通过比较不同目标时频曲线的变化快慢,来实现多目标的分离。由式(4.12)、式(4.13)可以看出,当 $t=\varphi_i/\omega_{pi}+\pi k'/\omega_{pi}, k'=\mathbf{N}^+$ 时,A_i、p_i 两点的微加速度均为 0。以该零点

为中心，$r_{Ai}^{(a)}(t)$ 与 $r_{Ai}^{(a)}(2\pi/\omega_{pi}-t)$、$r_{pi}^{(a)}(t)$ 与 $r_{pi}^{(a)}(2\pi/\omega_{pi}-t)$ 大小相等，方向相同。因此，在完成多目标分离后，可以对目标时频曲线的零点进行回溯处理，从而区分出同一目标所包含的各散射点形成的交叉区域。

假设雷达发射工作频率为 f_n 的单频信号，经目标散射后得到回波 $s(t)$。通过基带变换后，$s(t)$ 变换为 $s_r(t)$。对 $s_r(t)$ 的相位项进行 a 次求导，得到 a 阶多目标微多普勒为

$$\Delta f_m = \frac{1}{2\pi} \bigcup_i \frac{\mathrm{d}^a \psi'(t)}{\mathrm{d}t^a} = \frac{2f_n}{c} \bigcup_i [r_{Ai}^{(a)}(t) + r_{pi}^{(a)}(t)] \, i = \mathbf{N}^+ \tag{4.17}$$

式中，$\cup(\cdot)$ 表示包含关系；φ 为 $s_r(t_m)$ 的相位项，c 为光速。由式（4.12）、式（4.13）和式（4.16）可以得出多目标对应的微多普勒变化率呈周期性变化规律，且相同目标包含的各散射点对应的微多普勒变化率基本一致，不同目标对应的微多普勒变化率存在明显差异，且与 $\omega_{pi}^a/\omega_{pi'}^a$、$\varphi_i$、$\varphi_{i'}$ 有关。

假设雷达载频为 10GHz，采样率为 1kHz。空间中存在 2 个尺寸相近的弹道目标目标 1、目标 2，目标 1 高 2.4m，底面半径为 0.8m，质心距底面的距离为 0.8m，且 $(\varphi_1, \gamma_1) = (45.4°, 37.9°)$，$\theta_1 = 15°$，$\omega_{p1} = 4.2\pi\mathrm{rad/s}$；目标 2 高 2.4m，底面半径为 0.6m，质心距底面的距离为 0.6m，且 $(\varphi_2, \gamma_2) = (48.6°, 34.9°)$，$\theta_2 = 12°$，$\omega_{p2} = 7.6\pi\mathrm{rad/s}$。

图 4.1（a）、（b）分别为同类型散射点及不同类型散射点对应的微加速度比值，实线部分和中虚线部分、短虚线部分和长虚线部分均依次表示不同目标、同一目标的对应比值。由图 4.1（a）可以看出除个别点外，同一目标同类型散射点对应的不同时刻微加速度比值趋近为常数 1，且绝大部分低于不同目标同类型散射点对应的相同时刻微加速度比值。其中，消除凸起部分后 $r_{p2}^{(2)}/r_{p1}^{(2)}$ 绝对值的均值甚至达到了 $r_{p1}^{(2)}/r_{A1}^{(2)}$ 的 4.754 倍，与理论值 4.524 接近，这很好地证明了式（4.14）、式（4.15）分析的正确性。进一步分析图 4.1（b）可以看出，除部分区域外，不同目标不同类型散射点对应的微加速度比值均高于同一目标的对应值，这有效验证了式（4.16）分析的正确性。

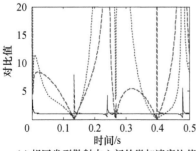

(a) 相同类型散射中心间的微加速度比值

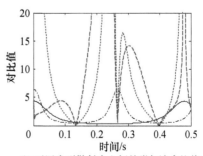

(b) 不同类型散射中心间的微加速度比值

图 4.1　不同目标微多普勒率特性分析

4.2 最短路径法

文献[95]分析表明,复合运动瞬时多普勒可以近似为二阶多项式与正弦的复合模型。虽然模型已知,但是 Hough 变换五维参数搜索计算量巨大,必须使用瞬时多普勒的非参数化提取方法。一阶条件矩法和峰值位置法的信噪比性能差,且两种方法均无法处理在频域内存在交叠的多分量信号。

峰值位置法信噪比性能差,因为其机械地运用时频面上每个时刻的能量峰值,使得噪声或者其他分量的高能量时频节点被提取为信号的频点。Stankovic 等[45]通过对魏格纳分布的分析得出:①时频分布中瞬时频率点位于最大几个峰值点之一;②两个相邻离散时间点间的瞬时频率变化不大。此部分根据信号瞬时多普勒曲线的两个特性,提出瞬时多普勒提取问题的最短路径描述,并确定路径函数,结合时频滤波技术,使用 Dijkstra 算法解决了低信噪比下多分量复合运动回波信号的瞬时多普勒高精度提取问题。

4.2.1 最短路径描述

时频分析的时间和频率采样数分别为 N 和 M,瞬时多普勒提取的最短路径描述如图 4.2 所示,其中虚线框内圆圈表示离散的时频节点,箭头表示节点间的有向路径。时频点 (i, i') 可以看作节点 $v_{i'}^i$,其中 i 和 i' 分别表示频率和时间位置;(i, i') 指向 $(k, i'+1)$ 的时频轨迹可以看作是有向路径 $_{i'}^i a_{i'+1}^k$,路径长度 $_{i'}^i d_{i'+1}^k$ 由节点特性决定,表征节点被选作瞬时多普勒节点的可能性,值越小,可能性越大。瞬时多普勒提取可以描述为求 $(i, 1)$ 到 (i', N) 最短路径中的最小值问题。若在时频面时间轴前后各引入一个时频节点 $(0, 0)$ 和 $(N+1, N+1)$(这两个时频节点对应频率标号不具有实际意义,只是为了实现统一标示),瞬时多普勒的估计问题可以表示为在给定赋权有向图 $D = (V, A, d)$ 中求 $(0, 0)$ 到 $(N+1, N+1)$ 的单源点最短路径问题。

路径长度 d 的有效定义是瞬时多普勒有效提取的前提。根据 Stankovic 的分析得出的两个特性,路径长度函数可以表示为

$$_{i'}^i d_{i'+1}^k = \begin{cases} h[\text{TF}(k, i'+1)], & i' = 0 \\ \lambda g(i, k) + h[\text{TF}(k, i'+1)], & 1 \leq i' \leq N \\ 0, & i' = N+1 \end{cases} \tag{4.18}$$

式中:代价函数 $g(i, k)$ 表征相邻频点的跳跃程度;代价函数 $h[\text{TF}(k, i'+1)]$ 表征时频点重要性,是时频点是否为瞬时多普勒点的一种度量;λ 为权重因子,当 $\lambda = 0$ 时,$h[\text{TF}(k, i'+1)]$ 直接取 $\text{TF}(k, i'+1)$ 时最短路径法退化为峰值位置法。

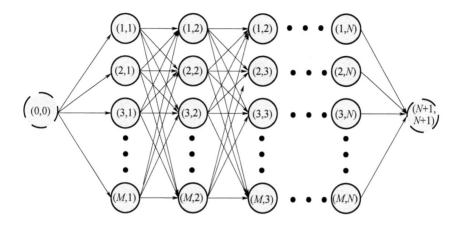

图 4.2 瞬时多普勒提取的最短路径描述

弹道目标回波多普勒不存在跳变,相邻节点瞬时多普勒变化很小。由于平动多普勒变化相对缓慢,单位时间间隔内频率变化为

$$\left| \mathrm{d} f_{\mathrm{D}i}(t) \right| \approx \frac{2f}{c} \omega_c l_i \omega_c \left| \sin(\omega_c t + \varphi_i) \right| \mathrm{d}t$$

$$\leqslant \frac{2f}{c} \omega_c l_i \omega_c \frac{T}{N} \leqslant \pi f_c \frac{B_s T}{N} \tag{4.19}$$

$$= 2 \left\lceil \pi f_c \frac{M B_s}{2N F_r} T \right\rceil \frac{F_r}{M} = 2\Delta \frac{F_r}{M}$$

式中:T 为采样时间;B_s 为信号多普勒带宽;$\lceil \ \rceil$ 表示向上取整。

为了兼顾频率变化率较低的节点,当相邻时频节点的频率变化小于 Δ,代价函数为零;相反,代价函数与超出量成正比,$g(i,k)$ 取以下形式:

$$g(i,k) = \begin{cases} 0, & |i-k| \leqslant \Delta \\ \mu(|i-k|-\Delta), & |i-k| > \Delta \end{cases} \tag{4.20}$$

式中:μ 为比例因子。

$g(i,k)$ 越小,节点被选作瞬时频率节点的可能性越高。

节点 $v_i^{i'}$ 对应频点 i 的重要性由时频值的大小 $\mathrm{TF}(i,i')$ 决定,但是不能直接使用 $\mathrm{TF}(i,i')$ 作为惩罚函数,因为信号和噪声的参数是时变的[45]。可将固定时刻 i' 的 $\mathrm{TF}(i,i')$ 按非增序列排序为

$$\mathrm{TF}(i_1,i') \geqslant \mathrm{TF}(i_2,i') \geqslant \cdots \geqslant \mathrm{TF}(i_k,i') \geqslant \cdots \geqslant \mathrm{TF}(i_M,i'), i_k \in [1,M] \tag{4.21}$$

这样,惩罚函数 $h[\mathrm{TF}(k,i'+1)]$ 可以定义为

$$h[\mathrm{TF}(i_k,i'+1)] = k-1 \tag{4.22}$$

$\mathrm{TF}(i,i')$ 越大,$h[\mathrm{TF}(k,i'+1)]$ 越小,节点 (i,i') 被选作瞬时多普勒的节点的

概率越高。

4.2.2　Dijkstra 算法

解无负权最短路径问题公认的最好方法是 Dijkstra 算法。Dijkstra 算法的基本思想是从源点出发,逐步向外探寻最短路径。时频节点网格中只有相邻时刻的节点才存在有向路径,算法只需计算到 $(N+1, N+1)$ 点,不需遍历所有节点。因此为了减小算法复杂度,对原始的 Dijkstra 算法[96]做了修改。

修改后的 Dijkstra 算法基本步骤如下:

(1) $m=0$,令 $S_0 = \{v_0^0\}$, $P(v_0^0) = 0$, $\lambda(v_0^0) = 0$;对每一个 $v_j^i \neq v_0^0$,令 $T(v_j^i) = +\infty$, $\lambda(v_j^i) = \max$(一个大的常数)。

(2) 令 $j=1$, $k=0$,考察每个使 $_{j-1}^k a_j^i \in A$ 且 $v_j^i \notin S_m$ 的时频节点 v_j^i,若 $T(v_j^i) > P(v_{j-1}^k) + {}_{j-1}^k d_j^i$,则把 $T(v_j^i)$ 修改为 $P(v_{j-1}^k) + {}_{j-1}^k d_j^i$, $\lambda(v_j^i) = k$;若 $T(v_j^i) \leqslant P(v_{j-1}^k) + {}_{j-1}^k d_j^i$,转入步骤(3)。

(3) 令 $T(v_{j_m}^{i_m}) = \min\limits_{v_j^i \notin S_m}\{T(v_j^i)\}$,把 $v_{j_m}^{i_m}$ 的 T 标号变为 P 标号 $P(v_{j_m}^{i_m}) = T(v_{j_m}^{i_m})$,并令 $S_{m+1} = S_m \cup \{v_{j_m}^{i_m}\}$。

(4) 如果 $v_{j_m}^{i_m} = v_{N+1}^{N+1}$,则算法终止,这时,最短路径总长度为 $P(v_{N+1}^{N+1})$,最短路径节点轨迹序列 I 可由 $\lambda(v_{N+1}^{N+1})$ 回溯得到;如果 $v_{j_m}^{i_m} \neq v_{N+1}^{N+1}$,则 $k = i_m$, $j = j_m$, $m = m+1$ 转入步骤(2)。

与峰值位置法相比,最短路径法不仅考虑到信号瞬时多普勒时频节点对应时频值的峰值性,还兼顾瞬时多普勒的连续性。算法的本质是利用信号多普勒的连续性和能量积累特性抑制了噪声峰值点和其他分量峰值点的选择,因而具有更强的鲁棒性和更好的信噪比性能。

4.2.3　基本实现流程

最短路径法可以有效提取多分量信号中最强分量的瞬时多普勒,要提取其他较弱分量的瞬时多普勒,必须滤除时频面中的强信号分量,然后对新的时频图继续进行提取。回波信号是宽带非平稳的,信号的时域形式难以获取,频域又通常存在重叠,基于时域或者频域滤波的方法都不能有效滤除最强分量。信号在时频域的支撑区通常是有限的,多分量信号的时变结构通常最多只存在有限交叉,因此通过在时频域设定滤波函数可以实现信号的有效分离,这就是时频域滤波[97]。

此时设计的滤波器为时变带阻滤波器,时频滤波函数可以表示为

$$H_R(i,j) = \begin{cases} \delta, & (i,j) \in \mathbf{R} \\ 1, & (i,j) \notin \mathbf{R} \end{cases} \tag{4.23}$$

式中：R 为阻域；$\delta < 1$ 表征滤波函数阻域幅度响应。

时频滤波后得到的新时频面为

$$\mathrm{TF}'(i,i') = \mathrm{TF}(i,i')H_R(i,i') \tag{4.24}$$

时频阻域 R 应该是以需滤除信号的瞬时频率对应标号序列 $i_{i'}$ 为中心的一个带状区域，带状区域的瞬时频率宽度要尽量与信号的频率支撑区宽度大小相近：带宽过大，将可能滤除其他信号或者使信号交叉部分产生大的截断；带宽过小，剩余信号可能会干扰其他信号的提取。阻域 R 可根据信号支撑区大小选择为

$$R = \left\{ (i,i') \left| \max\left[1, i_{i'} - \left\lceil \frac{\sigma M}{2F_r} \right\rceil \right] \leqslant i \leqslant \min\left[M, i_i' - \left\lceil \frac{\sigma M}{2F_r} \right\rceil \right], i' = 1, 2, \cdots, N \right. \right\}$$

$$\tag{4.25}$$

式中：σ 为时频分析方法的频率分辨率。

时频面时频点主要分为信号支撑区和背景支撑区，如图 4.3 所示。δ 的选择应尽量使滤波后时频值高于背景时频值，且小于次强信号分量的时频值。过大将不能有效削弱需要滤除的信号分量，过小将使其与其他信号的交叉区域代价函数 $h(x)$ 过大，造成后续信号瞬时频率提取的失真。定义单分量信号支撑区概率为

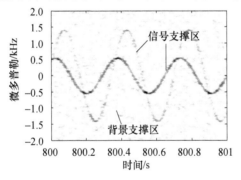

图 4.3　时频节点分类

$$p_s = \frac{1}{MN}\left\lceil \frac{\sigma M}{F_r} \right\rceil N = \frac{1}{M}\left\lceil \frac{\sigma M}{F_r} \right\rceil \tag{4.26}$$

将最强分量支撑区内时频节点对应时频值置零，此时该支撑区退化为背景支撑区，次强分量信号支撑区进化为强信号支撑区。计算此时时频值大小的累积概率密度函数 $\mathrm{CDF(TF)}$，令 $\mathrm{CDF}(\xi) = 1 - p_s$，若选择使滤波后阻域时频值等于 ξ 的 δ，则滤波后时频值将高于背景时频值，且小于次强信号分量的时频值。

确定时频滤波器后，对信号进行时频滤波得到剩余信号的时频面，进而可以使用最短路径算法逐次提取剩余信号的瞬时多普勒。基于最短路径和时频滤波的瞬时多普勒提取算法基本步骤如下：

（1）对信号 $s(t)$ 进行时频分析，得时频面 $\text{TF}(i,i')$；令 $l=1$，$\text{TF}_l(i,i')=\text{TF}(i,i')$。

（2）根据时频分析参数和信号带宽确定路径长度 $d_{i,i'+1}^k$，使用 Dijkstra 算法得到时频面 $\text{TF}_l(i,i')$ 中最强分量的瞬时多普勒对应时频点位置 $\boldsymbol{I}_l$。

（3）利用前次提取的信号瞬时频率时频点位置 $\boldsymbol{I}_l$ 构建时频滤波阻域 $\boldsymbol{R}$，令式（4.23）中的 $\delta=0$ 对 $\text{TF}_l(i,i')$ 进行时频滤波得时频面 $\text{TF}'(i,i')$。

（4）计算时频面 $\text{TF}'(i,i')$ 的累积概率密度函数，并取其累积概率密度值为 $1-p_s$ 对应时频值大小作为阈值 ξ；

（5）计算时频面 $\text{TF}_l(i,i')$ 中阻域 $\boldsymbol{R}$ 内所有元素的均值 ave，取 $\delta=\xi/\text{ave}$。

（6）根据 δ 值确定时频滤波器，并对原时频面 $\text{TF}_l(i,i')$ 进行时频滤波得 $\text{TF}''(i,i')$，若所有分量提取完毕或剩余能量达到某个设定值转入步骤（7）；否则，令 $l=l+1$，$\text{TF}_l(i,i')=\text{TF}''(i,i')$，转入步骤（2）。

（7）根据信号采样参数和时频分析算法参数对时频点位置 $\boldsymbol{I}_l(l=1,2,\cdots,L)$ 进行时频定标得到各分量信号的瞬时多普勒。

使用 tfrgabor 函数对回波信号进行分析，其中时域 Gabor 系数个数 $N=200$，过采样度 $Q=100$，窗函数选择默认的高斯窗。设定回波信噪比为 -6dB，回波信号的 Gabor 变换时频面如图 4.4 所示。使用本方法提出的最短路径算法提取的第一个分量瞬时多普勒如图 4.5 所示，提取结果与理论值相差很小，在同时存在噪声和其他分量峰值点串扰的情况下，最短路径算法成功地实现了瞬时多普勒提取。

根据 Gabor 变换的参数可得频率分辨率 $\sigma=200\text{Hz}$，频率节点数 $M=2000$，频率间隔为 $F_r/M=2\text{Hz}$，阻域频宽为 $50\times2=100\text{Hz}$，进而根据式（4.22）确定阻域 $\boldsymbol{R}$。令 $\delta=0$，进行时频滤波，计算滤波后时频面 Gabor 系数分布，如图 4.6 所示。利用信号分量数先验信息 $1-p_s$ 确定阈值 ξ，根据阻域幅值特性确定原则得 $\delta=0.71$，进而根据式（4.23）构建时频滤波器 $H(R)$，其时频传输特性如图 4.7 所示。

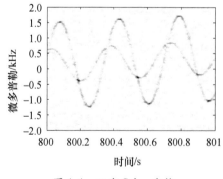

图 4.4　回波 Gabor 变换

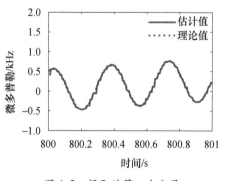

图 4.5　提取的第一个分量

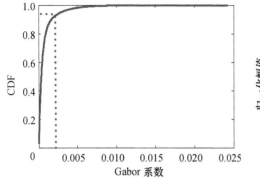

图 4.6　Gabor 系数累积概率密度函数

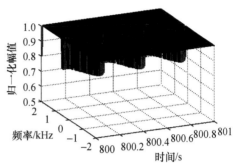

图 4.7　时频滤波器的时频特性

使用时频滤波器对信号进行时频滤波,图 4.8 为滤波后信号的 Gabor 变换时频面。时频滤波器有效滤除了第一分量,且第一分量支撑区的能量幅度高于背景、低于第二分量。从滤波后的时频面中提取的第二分量瞬时多普勒如图 4.9 所示,提取结果与理论值接近。在两个分量的交叉节点处误差相对较大是由时频滤波造成的能量突变引起的,但是由于滤波后第一分量支撑区的能量高于背景,突变引起的第二分量频点位置误差最大不超过最强分量支撑区的一半,即多普勒误差小于分辨率的一半,且个别的突变可以通过平滑滤波消除。

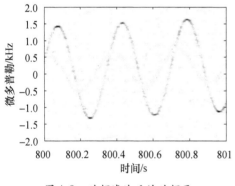

图 4.8　时频滤波后的时频面

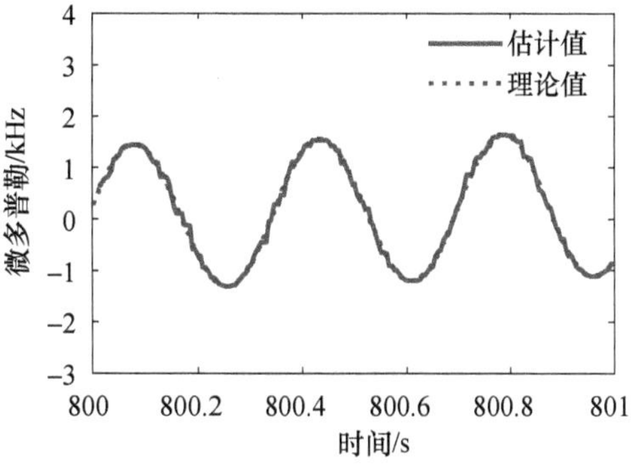

图 4.9　提取的第二个分量

为了衡量频率估计的精度,引入估计瞬时多普勒的均方根误差指标

$$\text{RMSE} = \sqrt{\frac{1}{LN} \sum_{l=1}^{L} \sum_{i'=1}^{N} \left[f_l(j) - \hat{f}_l(i') \right]^2} \tag{4.27}$$

不同信噪比条件下,50 次蒙特卡罗仿真得到的瞬时频率估计均方根误差如图 4.10所示,其中峰值位置法和一阶条件矩法的数据是单分量条件下的提取结果。最短路径法在信噪比为 − 6dB 时就开始收敛,信噪比性能比峰值位置法提高

了 3dB,且收敛均方根误差 19Hz 与峰值位置法相当。

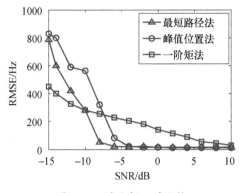

图 4.10　均方根误差比较

4.3　匹配空间变换法

匹配空间变换法首先分别构造各子分量的匹配空间变换函数,其次对匹配空间域的能量分布进行峰值搜索,然后依据 CLEAN 算法依次提取并消去最强散射点,从而循环分离并估计出各子目标包含的不同散射点的微多普勒参数和散射系数,实现了各子目标回波信号的重构。

4.3.1　预处理

根据 4.1.1 节的分析,当群目标中各子目标之间的距离间隔小于雷达的距离分辨力时,包含 L 个散射点的群目标所在距离门的回波信号可表示为

$$s_r(t) = \sum_{i=1}^{L} s_i(t) = \sum_{i=1}^{L} \sigma_i \exp[\mathrm{j}k_i \sin(\omega_i t + \vartheta_i)] \qquad (4.28)$$

式中:下标 i 表示第 i 个目标对应的参数;$s_i(t)$ 对应第 i 个目标的回波分量;σ_i 为旋转点 i 的散射系数;k_i 为幅度调制因子;ω_i 为频率调制因子;ϑ_i 为初相。ω_i 由目标微动的角频率决定,k_i 和 ϑ_i 由雷达波长、目标与雷达的相对位置和散射点分布决定。

若能提取式(4.28)中的信号参数,即可估计出目标的微动参数。然而,文献[98]指出,即使是简单散射点微动模型之间的相互作用,也会给其微多普勒特征造成细微却不可忽略的影响,包括失真和畸变,尤其在时频交叠处影响更为恶劣。根据 4.1.1 节的分析,群目标的回波信号不仅在时域上几乎完全混叠,而且在频域上各目标频率变化均具有周期性特点且中心频率均为零频,因此,单独从时域或频域对回波进行分离难以实现。

由式(4.28)也可看出,目标回波信号中包含 σ_i、k_i、ω_i、ϑ_i 四个参数。散射系数 σ_i 虽然不属于微多普勒参数,但作为一种目标特征,在一定程度上暗示了目标散射点的位置分布情况和结构特征,因而也能作为一种潜在提高雷达系统识别能力的信息。为了降低未知参数维数,首先考虑估计微动周期得到 ω_i。

若在相对较短的脉冲积累时间内,同一子目标的 ω_i 近似保持不变,由于回波信号的周期性表征了中段目标的旋转周期性,且各子目标的回波分量对应的周期性变化取决于各子目标本身的结构特征及质量分布等因素[33,99],而一般情况下碎片、诱饵及弹头的形状或质量分布存在较大差异[22],所以假设不同子目标对应的 ω_i 值不同。采用自相关函数凸包算法[72]求取回波信号中不同子目标对应的微动周期 T_i,具体表达式为

$$\begin{cases} \hat{T}_i = \arg \max_{T_{min}/T_s < n' < T_{max}/T_s} Y(n') \\ Y(n') = R(n') - X(n'), 0 \leq n' < T_{max}/T_s \end{cases} \tag{4.29}$$

式中:$n' \in [0, N-1]$ 为采样点,N 为回波信号 $s(t)$ 的总采样数;T_s 为采样间隔;T_{max}、T_{min} 为先验信息,分别表示 T_i 的上限和下限;$R(n')$ 为雷达获取回波对应的离散自相关函数;$X(n')$ 为离散自相关函数 $R(n')$ 的凸包,且满足[72]

$$X(n') = \begin{cases} R(0), n' = 0 \\ \min\{X(n'-1), R(n')\}, 0 \leq n' < T_{max}/T_s \end{cases} \tag{4.30}$$

这种改进的自相关法对先验信息的要求不高,且适用范围广。当 $T_{min} = 0$ 时,也可以取得较高的估计精度,具体性能分析见文献[72]。通过该方法,可以获得不同目标对应的高精度角频率 $\omega_i = 2\pi T_i, (i \in [1, L])$。

4.3.2　匹配空间变换描述

不考虑噪声时,群目标回波信号的离散形式为

$$s_r(n) = \sum_{i=1}^{L} \sigma_i \exp\left[jk_i \sin\left(\frac{\omega_i n}{N} + \vartheta_i \right) \right] \tag{4.31}$$

式中:N 为信号长度;$1 \leq n \leq N$。

对于 $s_r(n)$,定义子目标 i 的匹配空间变换函数为

$$M(k, \vartheta) = \sum_{n=1}^{N} s_r(n) \exp\left[-jk\sin\left(\frac{\omega_i n}{N} + \vartheta \right) \right] \tag{4.32}$$

式中:$1 \leq k \leq N$;$0 \leq \vartheta \leq 2\pi$。

可见,匹配空间变换由微动角频率 ω_i 和微多普勒的正弦调频形式这两个先验知识构成,有着明确的物理意义。

进一步求出,群目标回波信号在匹配空间域的能量分布为

$$W(k,\vartheta) = |M(k,\vartheta)|^2 = \left| \sum_{n=1}^{N} s_r(n) \exp\left[-jk\sin\left(\frac{\omega_i n}{N} + \vartheta\right) \right] \right|^2 \quad (4.33)$$

将式(4.31)代入式(4.32)中,可得群目标回波的匹配空间变换函数为

$$M(k,\vartheta) = \sum_{n=1}^{N} \sum_{i=1}^{L} \sigma_i \exp\left[jk_i\sin\left(\frac{\omega_i n}{N} + \vartheta_i\right) \right]$$

$$\cdot \exp\left[-jk\sin\left(\frac{\omega_i n}{N} + \vartheta\right) \right] \quad (4.34)$$

为了得到匹配空间变换与原信号的关系,下面分两种情况讨论式(4.34)的值域分布。

当 $k = k_i, \vartheta = \vartheta_i$ 时[100],有

$$M(k_i,\vartheta_i) = \sigma_i N + \sum_{n=1}^{N} \sum_{\substack{\tau=1 \\ \tau\neq i}}^{L} \sigma_\tau \exp\left[jk_\tau\sin\left(\frac{\omega_i n}{N} + \vartheta_\tau\right) \right]$$

$$\cdot \exp\left[-jk_i\sin\left(\frac{\omega_i n}{N} + \vartheta_i\right) \right]$$

$$= \sigma_i N + \sum_{\substack{\tau=1 \\ \tau\neq i}}^{L} \sigma_\tau \sum_{m=-\infty}^{\infty} J_m(k_\tau) \sum_{m=-\infty}^{\infty} J_m(k_i)$$

$$\cdot \sum_{n=1}^{N} \exp\left[jm(\vartheta_\tau - \vartheta_i) \right]$$

$$(4.35)$$

式中:m 为整数;$J_m(\cdot)$ 为第一类 m 阶贝塞尔函数;

$$\sum_{n=1}^{N} \exp\left[jm(\vartheta_\tau - \vartheta_i) \right] = \begin{cases} 0, & \vartheta_\tau - \vartheta_i \neq 0, m \in N, m \neq 0 \\ N, & m = 0 \end{cases} \quad (4.36)$$

不难看出,式(4.35)可化简为

$$M(k_i,\vartheta_i) = \sigma_i N + N \sum_{\substack{t=1 \\ t\neq i}}^{L} \sigma_\tau J_0(k_\tau) J_0(k_i) \quad (4.37)$$

同理,当 $k \neq k_i, \vartheta \neq \vartheta_i$ 时,有

$$M(k,\vartheta) = \sum_{n=1}^{N} \sum_{i=1}^{L} \sigma_i \sum_{m=-\infty}^{\infty} J_m(k_i) \exp\left[jm\left(\frac{\omega_i n}{N} + \vartheta_i\right) \right]$$

$$\cdot \sum_{m=-\infty}^{\infty} J_m(k) \exp\left[-jm\left(\frac{\omega_i n}{N} + \vartheta\right) \right]$$

$$= \sum_{i=1}^{L} \sigma_i \sum_{m=-\infty}^{\infty} J_m(k_i) \sum_{m=-\infty}^{\infty} J_m(k) \sum_{n=1}^{N} \exp\left[jm(\vartheta_i - \vartheta) \right]$$

$$(4.38)$$

式中

$$\sum_{n=1}^{N} \exp\left[\,jm(\vartheta_i - \vartheta)\,\right] = \begin{cases} 0, & \vartheta_i - \vartheta \neq 0, m \in N, m \neq 0 \\ N, & m = 0 \end{cases} \tag{4.39}$$

因此,式(4.38)可化简为

$$M(k, \vartheta) = N \sum_{i=1}^{L} \sigma_i \mathrm{J}_0(k_i) \mathrm{J}_0(k) \tag{4.40}$$

由此可知,$M(k_i, \vartheta_i) > M(k, \vartheta)$,即不同散射点在匹配空间域的能量分布 $W(k, \vartheta)$ 仅在 (k_i, ϑ_i) 处有最大值,且该最大值远大于 $W(k, \vartheta)$,$(k, \vartheta) \neq (k_i, \vartheta_i)$,这样通过搜索峰值出现的位置即可估计出对应散射点的微多普勒参数。一般情况下,对应微动角频率 ω_i 的子目标 i 的散射点不止一个,这时峰值数目与散射点数目相同,且幅度与 k_i 成正比。由此得到的参数表达式为

$$(\hat{k}_i, \hat{\vartheta}_i) = \arg \max_{k, \vartheta} \left| M(k, \vartheta) \right| \tag{4.41}$$

此外,比较式(4.37)和式(4.40)易得,$M(k, \vartheta)$ 的值在 (k_i, ϑ_i) 处及其邻域发生跳变,而在该区域之外的周围区域连续,峰值相对于最近周围连续区域的增量约为 $\sigma_i N$,这样可得到散射点 i 的散射系数 σ_i 的估计为

$$\hat{\sigma}_i = \left| M(\hat{k}_i, \hat{\vartheta}_i) - \underset{k \in U(\hat{k}_i, \delta), \vartheta \in U(\hat{\vartheta}_i, \delta)}{\mathrm{mean}} M(k, \vartheta) \right| / N \tag{4.42}$$

式中:U 为邻域区间;绝对值内第二项为 $M(k, \vartheta)$ 在 (k_i, ϑ_i) 处跳变区域之外的最近连续区域均值。

发生跳变的原因可归结为:只有参数匹配时,匹配空间中参数才能完全一致,能量达到最大,而失配时则只有个别非零点才有能量积累。

4.3.3　基本实现流程

实际考虑噪声存在的情况下,含有 L 个散射点的群目标回波信号为

$$s_r(n) = \sum_{i=1}^{L} \sigma_i \exp\left[jk_i \sin\left(\frac{\omega_i n}{N} + \vartheta_i \right) \right] + w(n) \tag{4.43}$$

由于目标个散射点强度差异较大,对匹配空间变换域的能量分布进行峰值检测时,强散射点信号分量将淹没弱散射点信号分量。针对这一问题,采用基于消卷积的 CLEAN 算法思想[101],对数据进行搜索迭代时,依次消除最强散射点,并预先设定阈值作为推出循环的条件,当剩余结果最大值小于设定的阈值时,循环结束。通过这种逐步消除,就可以降低强散射点信号分量的影响,实现弱散射点微多普勒参数的提取。

综合以上分析,弹道中段群目标分离与重构方法具体步骤如下:

(1)通过自相关法估计子目标的个数及对应的微动周期得到 ω_i。

(2)对回波信号 $s_r(n)$ 进行匹配空间变换,得到 $M(k, \theta)$。

（3）对 $M(k,\theta)$ 取模并平方，得到匹配空间域的能量分布 $W(k,\theta)$，在二维平面 (k,θ) 上进行峰值搜索得到最大值，根据式（4.41）和式（4.42）估计出对应子目标中最强散射点 i 的幅度调制因子 $\hat{k}_i$、初相 $\hat{\vartheta}_i$ 以及散射系数 $\hat{\sigma}_i$。

（4）采用 CLEAN 算法消除最强散射点的能量，重复步骤（3），直至剩余信号能量最大值低于预设阈值 η。

（5）重复上述步骤可得到各子目标不同散射点的微多普勒参数和散射系数，即实现了群目标信号的分离与重构。

假设群目标中包含两个自旋目标，雷达载频为 10GHz，采样频率为 2kHz。目标 1 含有两个等效散射中心，坐标分别为 $(2,1.5,0)$、$(0,1.5,2.5)$，对应的旋转轴的视角为 $(65°,35°)$，自旋频率 $f_1 = 2.4$Hz；目标 2 也含有两个等效散射中心，坐标分别为 $(-1.2,2,0)$、$(1.6,0,1.2)$，对应的旋转轴的视角为 $(75°,65°)$，自旋频率 $f_2 = 3$Hz。两个目标的雷达观测视线均设为 $(45°,45°)$，且目标 1 和目标 2 所含散射点的散射系数 $(\sigma_{11},\sigma_{12},\sigma_{21},\sigma_{22}) = (4,5,2,3)$。

设信噪比 SNR = 0dB，信号噪声为高斯白噪声。图 4.11 为经奇异值分解（SVD）去噪处理后的时频图，时频变换工具采用 STFT，可以看出即使背景噪声受到抑制，依然存在错综复杂的时频曲线相互交叠、局部交叉区域发生畸变等现象，且弱散射点分量在强散射点的淹没下可见性又大大降低，导致难以从时频图中抽取各散射点的微多普勒特征。图 4.12 为回波信号在目标 1 的匹配空间域能量分布图，可以看出两处峰值分别对应目标 1 的两个散射点。图 4.13（a）、（b）分别为采用本方法依次提取出的目标 1 中两个散射点的微多普勒信息，可以看出目标 1 的微多普勒特征被有效还原出来。同样的，图 4.13（c）、（d）为目标 2 中两个散射点的重构微多普勒，弱散射点的特征也被完整而不失真地提取。此外，由于该方法避免了交叉区域路径选择问题，也就减少了畸变现象的发生。

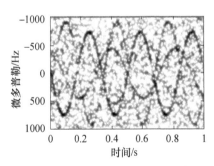

图 4.11　SVD 去噪后的时频分布

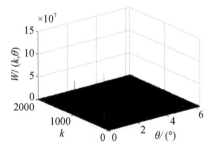

图 4.12　目标 1 的匹配空间域能量分布

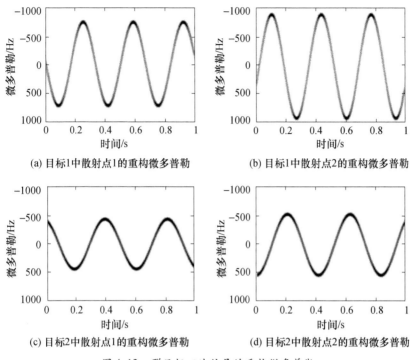

(a) 目标1中散射点1的重构微多普勒　　　(b) 目标1中散射点2的重构微多普勒

(c) 目标2中散射点1的重构微多普勒　　　(d) 目标2中散射点2的重构微多普勒

图 4.13　群目标回波信号的重构微多普勒

在上述条件下,进行 100 次蒙特卡罗仿真,目标 1 和目标 2 所含散射点的散射系数的估计结果如表 4.1 所列。在分析参数性能时,本节主要考察估计结果相对真值的相对误差(RE):

$$\zeta_{i'} = \sqrt{\frac{1}{M}\sum_{i'=1}^{M}\left[(\hat{X}_{i'} - X_0)/X_0\right]^2} \qquad (4.44)$$

式中:M 为总的仿真次数;$\hat{X}_{i'}$ 为第 i' 次仿真估计结果;X_0 为真值。

由表 4.1 可见,该方法实现了散射系数的高精度估计,有利于通过散射点强度信息进一步优化目标识别结果。

表 4.1　SNR = 0dB 时不同散射点散射系数估计误差分析

散射点	σ_{11}	σ_{12}	σ_{21}	σ_{22}
理论值	4	5	2	3
估计值	3.9792	5.0280	1.9876	3.0189
相对误差/%	0.52	0.56	0.62	0.63

为了进一步验证本方法的准确性,在信噪比从 - 10 ~ 10dB 变化时,对目标 1 的分离重构过程进行 100 次蒙特卡罗仿真,两散射点各个估计参数对应的相对误

差分别如图 4.14 所示。可以看出,本方法可同时较好地提取出强散射点和弱散射点的微多普勒,且受噪声影响较小,随着信噪比的增加,估计的相对误差逐渐稳定于定值,可以满足一定精度的需要。

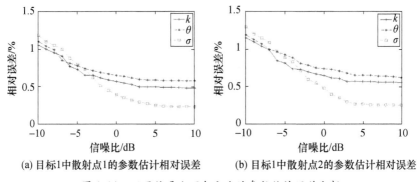

(a) 目标1中散射点1的参数估计相对误差   (b) 目标1中散射点2的参数估计相对误差

图 4.14   不同信噪比下本方法的参数估计误差分析

4.4   全变差融合法

在低分辨雷达观测下,由于目标群在距离和角度上可能均不可分,低分辨雷达观测到的回波信号中就会包含大量的子目标信息和噪声分量,使得单一子目标的信号淹没在噪声以及目标群中其他子目标信号中。当采样率较低时,各子目标对应的回波分量在时频域上相互交织,单一子目标对应的微多普勒特征曲线的光滑性或连续性就会不足。此时若直接进行分离处理,就无法进一步分离出各子目标回波分量在时频域上的重叠区域,分离后的各子目标信号会出现严重失真。全变差融合法是利用回波信号在时频域上的稀疏性和周期性,结合多次延迟处理和全变差融合思想,对群目标信号进行高保真分离。

4.4.1   时频域增强处理

由于不同子目标对应的微动周期不同,它的回波分量对应的微多普勒变化周期也会不同。因此,可将某一子目标对应的微动周期 T_i 作为观测时间间隔,在短时间内对群目标进行 K 次观测,每次观测时间为 T_i。微动周期估计可以采用 4.3.1 节中的自相关函数凸包算法[72],则多次观测信号可以表示为

$$s_{ik}(t) = s_i(kT_i + t), k \in [1, K], 0 \leq t \leq T_i \qquad (4.45)$$

式中,$K \geq 2$。对于每次观测的回波数据而言,它都包含有子目标 i 在观测视角范围内一个微动周期的全部信息。为了增强单一子目标 i 时频特征的可分辨性和连续

性,需对多次观测得到的回波数据进行双向延迟处理,延迟处理可以表示为

$$s_{ik}^{M}(t) = C_i \sum_{m=1}^{M} \left[s_{ik}(t + mT_i) + s_{ik}(t - mT_i) \right] \qquad (4.46)$$

式中:M 为时延总次数;C_i 为扩展因子 $C_i = \exp\{\omega_i\}$,用以提高群目标信号在时频域上的频率可分辨性,即稀疏性。同时,通过鉴相器得到延迟信号的相位信息,并乘以 ω_i。

由于子目标 i 的时延信号分量在时频域上对应的能量分布及变化趋势一致,而其他子目标的时延信号分量不满足此条件,因此子目标 i 的回波分量在时频域上的能量强度得以增强。但是,这也会导致目标群中其他子目标的回波分量在时频域上的能量分布区域显著增加,使得各子目标间的交叉区域增多。因此,M 值的选取不宜过大,只需满足可分辨条件即可。然后对时延信号进行时频变换,STFT 是一种应用最为广泛的时频分析方法,它的运算量较低,能够刻画信号的瞬时多普勒特性,适用于群目标信号的即时处理。经 STFT 后,延迟信号可以表示为

$$\mathrm{STFT}_{ik}(t,f) = \int_{-\infty}^{+\infty} s_{ik}^{M}(t') h^*(t' - t) \mathrm{e}^{-\mathrm{j}2\pi f t'} \mathrm{d}t' \qquad (4.47)$$

式中:$h(t)$ 为窗函数。此时信号的局部频谱特征被较好地刻画出。$\mathrm{STFT}_{ik}(t,f)$ 可以简写为 $S_{ik}(t,f)$。这样,就得到了时频域增强后的群目标信号对应的时频信息。

由以上分析可知,经时频域增强处理后,群目标信号中子目标 i 的时频域可分辨性明显增强。而对于目标群中其他子目标而言,由于微动周期与 T_i 不相等,经过双向延迟处理后,其他子目标对应的能量强度基本不变,只是能量分布区域得以扩大,此时子目标 i 的微多普勒变化趋势更加明显。然后利用群目标信号的梯度稀疏性和低分辨雷达的多次观测特性,运用基于全变差范数[102]的数据融合理论对群目标信号进行分离。

4.4.2　全变差融合思想

4.4.2.1　基本原理

全变差像素级图像融合技术最先由 Mrityunjay 于 2009 年提出[103]。由于信号的时频信息对应的能量强度分布类似于灰度图像的灰度值分布,因此可将此数据融合技术应用于群目标信号的时频分析中。群目标信号的全变差范数为

$$\| W \|_{\mathrm{TV}} = \sum_{t,f} \| \nabla W(t,f) \| = \sum_{t,f} \sqrt{\left(\frac{\partial W}{\partial t} \right)^2 + \left(\frac{\partial W}{\partial f} \right)^2} \qquad (4.48)$$

式中:W 为原始信号的时频信息;$\nabla W(t,f)$ 为时频域中瞬时频点 (t,f) 处的梯度。遍历整个时频域即可计算原始信号的全变差。

令第 k 次观测的回波信号经时频域增强处理后对应的时频信息用 $W_k(t,f)$ 表

示,此时雷达受到的干扰噪声用 $N_k(t,f)$ 表示,则满足

$$W_k(t,f) = O_k(t,f)S_i(t,f) + \sum_{k=1,k\neq i}^{K} S_{ki}(t,f) + N_{ki}(t,f) \tag{4.49}$$

式中:$S_i(t,f)$ 为子目标 i 对应的时频分量;$O_k(t,f)$ 为能量变化因子,表征不同观测时间内回波信号能量强度微弱变化。

不难看出,融合的目的是为了用多次观测的数据 $W_k(t,f)$ 估计出不同的子目标 i 对应的时频分量 $S_i(t,f)$,可利用全变差正则化的最小二乘法对 $S_i(t,f)$ 进行估计,具体过程见 4.4.2.3 节。为了方便表述,令多次观测的数据为
$$\boldsymbol{W} = (W_1(t,f), W_2(t,f), \cdots, W_K(t,f))^{\mathrm{T}}$$

多次观测的回波信号能量强度变化为 $\boldsymbol{O} = (O_1, O_2, \cdots, O_K)^{\mathrm{T}}$

多次观测的干扰分量为

$$\boldsymbol{E} = (E_1(t,f), E_2(t,f), \cdots, E_K(t,f))^{\mathrm{T}}$$

式中:$E_k(t,f)$ 满足条件

$$E_k(t,f) = \sum_{k=1,k\neq i}^{K} S_{ki}(t,f) + N_{ki}(t,f) \tag{4.50}$$

为了准确提取出 $\boldsymbol{W}$ 中子目标 i 的细节信息,发挥出各子目标回波分段平滑的特性,利用 $\boldsymbol{W}$ 在梯度域上的稀疏性对时频域进行最优化处理,该处理过程可描述为

$$\hat{S}_i = \arg\min \left\{ \lambda \mid \parallel S_i \parallel_{\mathrm{TV}} \mid + \frac{1}{2} \parallel \boldsymbol{E} \parallel^2 \right\} \tag{4.51}$$

式中:$\mid \cdot \mid$ 为绝对值符号;λ 为滤波与细节保持之间的均衡参数。

这样,群目标信号的分离问题就转化为基于全变差范数的数据融合问题。

4.4.2.2 能量变化因子估计

由 4.4.1 节的分析可知,不同观测时间内回波信号能量强度分布不同,这主要是由于目标群中其他子目标的时延信号分量对应的能量区域不一致造成的。因此,$O_k(t,f)$ 正比于 $W_k(t,f)$,即经时频域增强处理的多次观测信号 $W_k(t,f)$ 之间的内在关系可以由能量变化因子 $O_k(t,f)$ 来表示。反之,$O_k(t,f)$ 也可以由多次观测信号 $W_k(t,f)$ 之间的相关性来进行说明。考虑到干扰分量 $\boldsymbol{E}$ 的能量强度较大,此时 $\hat{S}_i$ 中会存在大量的干扰分量,严重影响数据融合的效果。为了有效降低干扰分量 $\boldsymbol{E}$ 的影响,这里将 $\boldsymbol{W}$ 分成多个局部子区域,通过 $\boldsymbol{W}$ 中不同观测时间各子区域之间的相关性,利用主分量分析方法有效地解决了 $\boldsymbol{E}$ 的影响。

以 W_k 中每一时频点 $g_k(t_0, f_0)$ 为中心,取 $a \times a$ 的窗口 w_{gk}。然后对该小窗口内的能量进行加权处理,加权表达式为

$$g'_k(t_0, f_0) = \frac{1}{a^2} \sum_{(t_k, f_k) \in w_{gk}} \alpha_k(t_k, f_k) g_k(t_k, f_k) \tag{4.52}$$

式中：(t_k, f_k) 为窗 w_{gk} 中的元素；$g_k(t_k, f_k)$ 为 (t_k, f_k) 处的能量强度；$\alpha_k(t_k, f_k)$ 为窗 w_{gk} 中各点的权系数。

加权处理的目的在于在抑制干扰分量的同时避免时频曲线出现细节模糊，从而减小交叉干扰的影响。

加权处理规则如下：

（1）计算窗 w_{gk} 内能量强度的均值和方差。主要是为了获得该窗内的统计特征，以计算出该窗的相关指标：

$$
\begin{cases}
M_k(t_0, f_0) = \dfrac{1}{a^2} \sum_{(t_k, f_k) \in w_{gk}} g_k(t_k, f_k) \\
var_k(t_0, f_0) = \dfrac{1}{a^2} \sum_{(t_k, f_k) \in w_{gk}} (g_k(t_k, f_k) - M_k(t_0, f_0))^2
\end{cases}
\tag{4.53}
$$

（2）瞬时频点之间相关度的确定。这里定义不同瞬时频点之间的相关度为 γ_k，且满足

$$
\gamma_k = \frac{var_k\,(g_k(t_k, f_k) - M_k(t_0, f_0))^2}{var_k(t_0, f_0)}
\tag{4.54}
$$

（3）权值的确定：

$$
\alpha_k(t_k, f_k) =
\begin{cases}
1 + \sqrt{\gamma_k}/M_k(t_0, f_0)，\alpha_k(t_k, f_k) > M_k(t_0, f_0) \\
1 - \sqrt{\gamma_k}/M_k(t_0, f_0)，其他
\end{cases}
\tag{4.55}
$$

经加权处理后，时频曲线的干扰分量及细节模糊得到有效抑制。然后对多次观测的群目标信号进行相关处理，令

$$
\boldsymbol{G}(t_0, f_0) = (g'_1(t_0, f_0), g'_2(t_0, f_0), \cdots, g'_K(t_0, f_0))^{\mathrm{T}}
\tag{4.56}
$$

为了便于表述，$\boldsymbol{G}(t_0, f_0)$ 简写为 $\boldsymbol{G}$。在式（4.56）的基础上，构造多次观测的相关矩阵为

$$
\boldsymbol{V} = \boldsymbol{G}\boldsymbol{G}^{\mathrm{T}}
\tag{4.57}
$$

根据主分量分析[15]的基本步骤，求出 $\boldsymbol{V}$ 的主特征矢量 $\boldsymbol{\eta} = (\eta_1, \eta_2, \cdots, \eta_K)^{\mathrm{T}}$，并使其满足 $\boldsymbol{\eta}\boldsymbol{\eta}^{\mathrm{T}} = 1$。若 $\eta_{k_1} \equiv \eta_{k_2}$，且 $k_1 \neq k_2$，$k_1, k_2 \in [1, K]$，则令 $\eta_k \equiv 1$。由于所有主分量之间互不相关，因此利用主分量分析方法可以依次提取出不同观测时段的 $W_k(t, f)$ 对应的能量变化因子 $O_k(t, f)$。这样，就估计出能量变化因子 $\boldsymbol{O} = \boldsymbol{\eta}$。

4.4.2.3　全变差正则项的最小二乘法

由 4.4.2.1 节的分析可知，时频信息 $W_k(t, f)$ 满足局部仿射变换，其映射关系为

$$
S_i(t, f) \xrightarrow{\;O_k(t, f)\;} W_k(t, f)
\tag{4.58}
$$

由此可以推导出

$$W = OS_i + E \tag{4.59}$$

若等式两边同时左乘$(O^{\mathrm{T}}O)^{-1}O^{\mathrm{T}}$,则式(4.59)可改写为

$$(O^{\mathrm{T}}O)^{-1}O^{\mathrm{T}}W = S_i + (O^{\mathrm{T}}O)^{-1}O^{\mathrm{T}}E \tag{4.60}$$

此时,子目标i对应的时频分量$S_i(t,f)$满足最小二乘模型。因此,基于最小二乘估计的目标函数可以表示为

$$\hat{S}_i = \mathrm{argmin}\left\{\lambda\mid\parallel S_i\parallel_{\mathrm{TV}}+\frac{1}{2}(S_i-(O^{\mathrm{T}}O)^{-1}O^{\mathrm{T}}W)^2\right\} \tag{4.61}$$

则由变分法可知,式(4.60)的欧拉-拉格朗日方程为

$$\lambda\ \nabla\left(\frac{\nabla S_i}{|\nabla S_i|}\right)+S_i-(O^{\mathrm{T}}O)^{-1}O^{\mathrm{T}}W = 0 \tag{4.62}$$

这样,就可以估计出滤波与细节保持之间的正则项参数λ,且$\lambda>0$。为了防止$\parallel S_i\parallel_{\mathrm{TV}}$求偏导后为无穷大,这里引进一个微变参量$\varepsilon$,使得$|\nabla S_i|$的值满足

$$|\nabla S_i| = \sqrt{|\nabla S_i|^2+\varepsilon^2},\varepsilon\leqslant\frac{1}{K^2(K+1)}\sum_{k=1}^{K}g'_k(t,f) \tag{4.63}$$

将式(4.61)的最优化问题应用于每一个滑动窗口,就可以实现对W的遍历融合。然后根据文献[14]的迭代算法求出最优解。具体迭代公式如下:

$$S_i^{b+1} = S_i^b-d\left[\lambda\ \nabla\left(\frac{\nabla S_i^b}{|\nabla S_i^b|}\right)+S_i^b-(O^{\mathrm{T}}O)^{-1}O^{\mathrm{T}}W\right] \tag{4.64}$$

式中:b为窗口滑动的总次数;d为窗滑动的步长,且$d\leqslant a$。

由于每一个滑动窗口相互重叠,这样会影响整个算法的计算量。因此,窗口w_{gk}不宜过大。利用广义STFT重构出对应的子目标i的信号分量,然后相位项乘以$1/\omega_i$。根据式(4.46),通过乘以扩展因子的倒数$\exp\{-\omega_i\}$逆推出原始子目标i的信号分量。当$W_k(t,f)$本身的数据量较大时,可以将W中的每一个元素均分为多个大小相等的固定窗口,然后对固定窗口直接进行数据融合处理即可。

4.4.3 算法仿真验证

假设雷达载频为10GHz,采样率为2kHz。为了计算简便,假设空间中仅存在两个旋转目标,分别为目标1和目标2,目标1内含有两个旋转中心,坐标分别为$(-0.6\mathrm{m},0.5\mathrm{m},0)$、$(0.4\mathrm{m},0\mathrm{m},1.4\mathrm{m})$,对应的旋转轴的视角为$(65°,35°)$,旋转频率$f_1=1\mathrm{Hz}$;目标2内也含有两个旋转中心,坐标分别为$(0.5\mathrm{m},0.8\mathrm{m},0)$、$(0\mathrm{m},0.2\mathrm{m},1.6\mathrm{m})$,对应的旋转轴的视角为$(75°,65°)$,旋转频率$f_2=0.8\mathrm{Hz}$,且目标1和目标2所含散射中心的散射系数之比为$4.5:3.5:3:2$。假设低分辨雷达的距离分辨率不足以分辨两个速度一致的目标,即这两个目标的雷达观测视线相同,这里均设为$(45°,45°)$。

在下述仿真中,用估计结果与理论值之间的相对误差来衡量参数的估计性能,并进行了 100 次蒙特卡罗仿真。其中,信噪比 SNR 在 4 ~ 20dB 的范围内变化,自相关算法的先验信息:上限 $T_{max} = 3s$,下限 $T_{min} = 0$。相对误差的具体表达式如下:

$$\mathrm{RE}_i = \sqrt{\frac{1}{L}\sum_{l=1}^{L}\left[\sum_t\sum_f(\hat{S}_{il} - S_i)^2 \Big/ \sum_t\sum_f(S_i)^2\right]} \qquad (4.65)$$

式中:L 为总仿真次数;$S_i = S_i(t,f)$ 表示无噪声时子目标 i 的理论时频图;$\hat{S}_i = \hat{S}_i(t,f)$ 表示重构得到的子目标 i 的时频分量。由式(4.65)不难看出,相对误差越小,重构效果越好。

为了分析改进自相关法[10]的周期估计误差对重构效果的影响,这里引入了失配误差的概念,且失配误差 $\delta_i = |\hat{T}_i - T_i|/T_i$,其中,$\hat{T}_i$ 为估计值,T_i 为理论值。不同信噪比条件下微动周期的失配误差如表 4.2 所列。

表 4.2　微动周期的失配误差

目标 1		目标 2	
SNR/dB	$\delta_1 / \times 10^{-3}$	SNR/dB	$\delta_2 / \times 10^{-3}$
4	0.476	4	0.583
6	0.413	6	0.514
8	0.314	8	0.393
10	0.258	10	0.317
12	0.128	12	0.164
14	0.075	14	0.113
16	0.061	16	0.084
18	0.052	18	0.068
20	0.047	20	0.054

分析表 4.2 结果可知,当信噪比 SNR = 4dB 时,微动周期的失配误差最大。此时,目标 1、目标 2 做延时处理的周期偏差 $\Delta n'$ 均约为 1(四舍五入),且满足 $\Delta n' = \delta_i T_i/T_s$。将该误差代入式(4.65),估计结果的相对误差与不考虑失配误差时的相对误差之间的偏差小于 0.01。因此,当 SNR ≥ 4dB 时,可以暂不考虑失配误差对重构效果的影响。

当信噪比 SNR = 10dB 时,初始信号经延迟变换得到的时频图如图 4.15 所示。可以看出,当原始信号按目标 1 的周期 T_i 延迟一个周期后,图 4.15(b)、(c)中目标 1 对应的时频分量的分布区域与图 4.15(a)目标 1 对应的时频分量的分布区域基本一致,而目标 2 对应的时频分量的分布区域存在较大差异,这验证了时频域增强的可行性。但此时图上包含多个散射中心信息,交叉干扰比较严重。

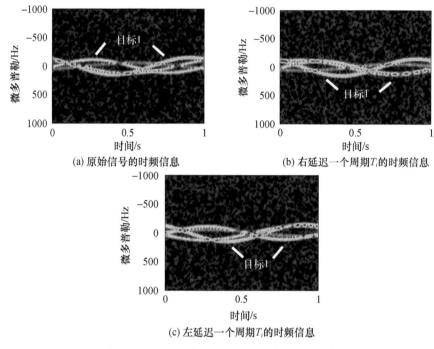

(a) 原始信号的时频信息　　　　　　　(b) 右延迟一个周期T_i的时频信息

(c) 左延迟一个周期T_i的时频信息

图 4.15　原始信号经延迟变换得到的时频信息

经过时频域增强处理后,得到多次观测的群目标信号对应的时频信息如图 4.16 所示。其中,图 4.16(a)为 0 ~ 1s 观测时间段内的时频信息,图 4.16(b)为 2 ~ 3s 观测时间段内的时频信息,图 4.16(c)为 4 ~ 5s 观测时间段内的时频信息。可以看出,此时目标 1 的时频信息明显增强,且目标 1 时频信息在图 4.16(a) ~ (c)中的分布区域相同,而目标 2 的时频信息在不同观测时段对应分布区域各不相同。

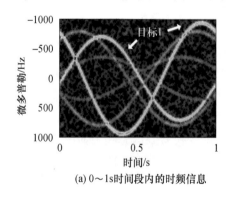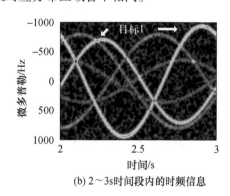

(a) 0~1s时间段内的时频信息　　　　　　(b) 2~3s时间段内的时频信息

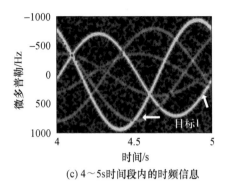

(c) 4～5s时间段内的时频信息

图 4.16　多次观测时间段内时频域增强信号对应的时频信息

　　最后通过基于全变差范数的多次观测融合处理方法,得到各子目标的重构信息,如图 4.17 所示。图 4.17(a)、(b)分别表示本方法得到的目标 1、目标 2 对应的时频信息,图 4.17(c)、(d)分别表示文献[103]中的 TV 融合方法得到的目标 1、目标 2 对应的时频信息。可以看出,在仿真条件相同的条件下,本方法的重构效果明显优于文献[103]的方法的重构效果。当采用文献[103]的方法进行融合重构时,强信号分量容易提取,而弱信号分量容易淹没在噪声和目标群中其他子目标分量中。当采用本方法进行融合重构时,弱信号分量依然能被有效提取。

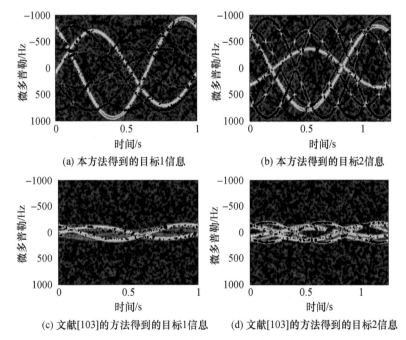

(a) 本方法得到的目标1信息　　　　　　(b) 本方法得到的目标2信息

(c) 文献[103]的方法得到的目标1信息　　(d) 文献[103]的方法得到的目标2信息

图 4.17　不同方法得到的各子目标对应的提取结果

进一步分析不同融合方法的重构效果,此时在不同信噪比条件下对融合处理过程进行 100 次蒙特卡罗仿真,不同方法对应的相对误差如图 4.18 所示。可以看出,本方法明显优于文献[103]的方法,当 SNR ≤ 5dB 时,文献[103]的方法容易出现错误;当 SNR > 5dB 时,文献[103]的方法对应的相对误差明显大于本方法对应的相对误差。而且,信噪比较低时,本方法提取弱信号的能力明显优于文献[103]的方法。

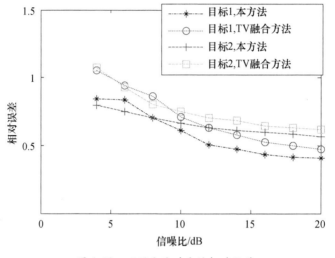

图 4.18 不同方法对应的相对误差

4.5 自适应聚类法

传统的曲线分离与提取方法仅利用相邻两点间的差值来判断搜索路径,该方法在交叉区域路径选择上带有很大的随机性,不能较好地克服交叉点的干扰及噪声的影响,导致搜索路径时容易出现突变的现象。本节提出了一种自适应聚类法,它利用目标固有的微多普勒变化特征,结合 Viterbi 优良的隐状态估计特点,根据改进 Viterbi 算法实现了多目标的分辨。

4.5.1 自适应聚类描述

自适应聚类是根据某时刻视点所在的位置及视野方位,设定巡视规则,探寻该时刻视野范围内的食物浓度,并适时扩大视野范围,以全面认知该时刻不同视野范围的食物浓度序列。通过阈值设置进行聚类分析,并结合 Viterbi 算法的最短选择路径,对食物浓度序列进行匹配选择,从而实现了多目标回波信号的分离与提取。

经奇异值分解去噪[105]处理后,采用 Gabor 变换来提取目标回波的时频信息,这里 $GS(t,f)$ 表示处理后的时频信息。对 $GS(t,f)$ 进行采样处理,形成离散矩阵 $GS_{M \times N}$,$[M = m, m \in N^+]$ 为频率采样数,$[N = n, n \in N^+]$ 为时间采样数。根据不同目标微多普勒变化率的差异性,运用自适应视角处理抽取出 $MS_{M \times N}$ 中不同旋转点每一瞬时频点在不同视野范围内的食物浓度序列 $d_{1 \times l}$,其中,$MS_{M \times N}$ 表示"细化"后的时频信息。具体步骤如下:

(1)采用骨架提取[37]方法对时频曲线进行"细化"处理,有效抑制微多普勒旁瓣;

进行初始化,$m = 2$,$n = 2$,尺度基 $e = 1$,幂级数 $v = 5$,序列长度 $l = 3$。

(2)构造觅食需求量矩阵 $\Gamma_{s \times s}$,其中 $s = 2e + 1$,$e \in N^+$ 为视野范围。构造规律如下:

$$\Gamma(p,u) = (|u - (e+1)| + 1)v^{p-e-1} \tag{4.66}$$

式中:$p(p \in [1,s])$、$u(u \in [1,s])$ 分别表示 $\Gamma_{s \times s}$ 的行数和列数,且满足

$$(|s - (e+1)| + 1)v^{p-e-1} < v^{p-e} \tag{4.67}$$

(3)计算当前领域内伙伴的数量。令 $\Gamma_{s \times s}$ 为全 1 矩阵,对 $MS_{M \times N}$ 进行二值化处理,计算当前领域内伙伴的数量为

$$\eta_{mn} = \sum_u \sum_p MS(m + p - e - 1, n + u - e - 1) \tag{4.68}$$

(4)判断当前领域内伙伴的最大容限。若 $\eta_{mn} \leqslant s$,转步骤(5);若 $\eta_{mn} > s$,则令 $MS(m,n) = 0$,转步骤(8)。

(5)计算当前点的觅食状态,其表征为当前点的微多普勒率,即微多普勒的变化趋势。觅食的倾向性函数为

$$T(p,u) = \text{sgn}(x)v^{u-e}, x = m - p \tag{4.69}$$

式中:$\text{sgn}(\cdot)$ 为符号函数,规定,当 $p \leqslant m$ 时,$\text{sgn}(x) = 1$,$p \geqslant m$ 时,$\text{sgn}(x) = -1$。

联立式(4.66)和式(4.69),得到觅食状态的计算公式为

$$\tau_{mn} = \sum_u \sum_p T(p,u) \Gamma(p,u) \eta_{mn} \tag{4.70}$$

觅食规则可以描述为

$$\begin{cases} \sum_{p=1}^s T(p, e+1) \Gamma(p, e+1) \leqslant \sum_{p=1}^s T(p, s-p+1) \Gamma(p, s-p+1) \\ \sum_{p=1}^s T(p, e+1) \Gamma(p, e+1) \geqslant \sum_{p=1}^s T(p,p) \Gamma(p,p) \end{cases} \tag{4.71}$$

(6)计算食物浓度。联立式(4.68)、式(4.69)和式(4.70),可以得到食物浓度为

$$Q(g,h) = \tau_{gh}/v^{\eta_{gh}} \tag{4.72}$$

式中:$g \in [1, M-2]$为行数;$h \in [1, N-2]$为列数。转步骤(7)。

步骤(1)至步骤(6)的构造过程如图 4.19 所示。

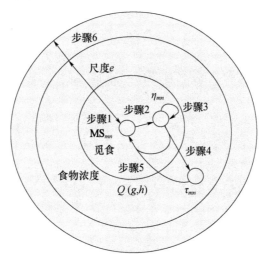

图 4.19　自适应视野聚类的尺度及实现

(7)构建不同视野范围的食物浓度序列 $d_{gh}^{1 \times l}$,并将该点的食物浓度 $Q(g,h)$ 存入 $d_{gh}^{1 \times l}$ 中。若 $e < l, e = e+1$,转步骤(2);若 $e \geqslant l$,则,转步骤(8);

(8)计算下一点的食物浓度。令 $m = m+1$,若 $m < M-1$,转步骤(2);若 $m \geqslant M-1$,则 $n = n+1$,转步骤(9);

(9)判断是否终止。若 $n < N-1$,则 $m = 2$,转步骤(2);若 $n \geqslant N-1$,则终止程序。

由上述步骤可以看出,在分辨多目标时,s 旨在表征各目标在尺度为 s 的范围内瞬时频率的分布区域,且 s 的大小仅取决于食物浓度序列的聚类效果,即聚类效果越好,各旋转点微多普勒率的差异越明显,s 的可变范围也就越小;序列 $d_{1 \times l}$ 旨在表征区域内各点的微多普勒的变化趋势,可有效区分不同目标的微多普勒特征。

通过上述方法,可以求得每一瞬时频点在不同视野范围内的食物浓度序列 $d_{gh}^{1 \times l}$。进一步考查单个瞬时频点的食物浓度信息,可以得到不同视野范围 s 下对应的阈值 Δ_e,也就是拥挤度。Δ_e 的表达式为

$$\Delta_e = \begin{cases} \dfrac{1}{v^s}(s-1)\dfrac{1-v^s}{1-v}, \forall N'_\lambda = 1, \lambda \leqslant k \\[3mm] \dfrac{1}{v}(s-1), \exists N'_\lambda = k, k \leqslant s-1 \\[3mm] \dfrac{1}{v^{s-\max(N'_\lambda)+1}}(s-1)\dfrac{1-v^s}{1-v}, \exists N'_\lambda \in (1, k) \end{cases} \tag{4.73}$$

式中:N'_λ 为不同视野范围 s 内相同元素 τ_{mn} 的个数。

若 $d_{gh}^{1\times l}(e) \geqslant \Delta_e$,且 $e \in [1,l]$,则令 $d_{gh}^{1\times l}(e) = 1$;若 $d_{gh}^{1\times l}(e) < \Delta_e$,则令 $d_{gh}^{1\times l}(e) = 0$。对每一瞬时频点重新赋值后的 $d_{gh}^{1\times l}$ 进行求和,得到每一瞬时频点的匹配度为

$$\rho(g,h) = \sum_{e=1}^{l} d_{gh}^{1\times l}(e) = \begin{cases} 0, \rho(g,h) < 0.5cl(l+1) \\ 1, \rho(g,h) \geqslant 0.5cl(l+1) \end{cases} \quad (4.74)$$

匹配度表征当前视点在不同视角范围内的聚类效果。$\rho(g,h)$ 与 $l(l+1)/2$ 的关系表征 $d_{gh}^{1\times l}(e)$ 的编码特征,用以反映不同视角范围内食物浓度的聚类过程。通过对式(4.4)的分析可知,l 值越大,即视野范围变化的幅度越大,对视点微多普勒率的刻画就越深,不同旋转点的差异就越显著。因此,选择合理的 l 值,可以实现多目标的分辨。当 l 较大时,不同目标的匹配度趋近于 0,不同目标很容易得以区分,但此时计算相当大,失真较为严重。而且当 l 过大,即超过 1/4 周期时,也无法有效分离不同目标,不利于实际操作;当 l 较小时,同一目标不同旋转点的微多普勒率差异容易区分。可以优先选取较大的 l 值,区分出不同目标;然后只选取当前视点 $d_{gh}^{1\times l}$ 中前 p 项(其中 $p \leqslant l/2$)计算匹配度,用以区分相同目标所含的不同旋转点,以获得空间目标的数量。

4.5.2　改进 Viterbi 算法

根据 4.1.1 节的分析,目标的微多普勒率受到 $\boldsymbol{n}$、ω_r、$\hat{\boldsymbol{e}}$、$\boldsymbol{r}_p$ 的调制,而不同目标所含不同旋转点的 $\boldsymbol{n}$、ω_r、$\hat{\boldsymbol{e}}$、$\boldsymbol{r}_p$ 大小不一,必然会导致不同旋转点的微多普勒率出现交叠,这时需要引入 Viterbi 算法。由式(4.75)可以得到各瞬时频点的匹配函数为

$$F(g,h) = \varepsilon(z), z = \rho(g,h) \quad (4.75)$$

式中:$\varepsilon(\cdot)$ 为阶跃函数;规定,当 $z \leqslant 0$ 时,$\varepsilon(x) = 0$,当 $z > 0$ 时,$\varepsilon(x) = 1$。

由 3.2.1 节的分析,可以得到频率估计路径的最小化表达式为

$$\hat{f}(n) = \arg\min_{\sigma(n) \in \partial} \left[\sum_{g=1}^{M-1} \mu(\sigma(g), \sigma(g+1)) + \sum_{g=1}^{N-1} w(\mathbf{MS}(g, \sigma(g))) \right] \quad (4.76)$$

式中:$g \in [1, N-1]$;$\mu(x,y) = \mu(|x-y|)$ 为相对于 $|x-y|$ 的惩罚函数,是单调非增的;$w(x)$ 为 $\mathbf{MS}(g, \sigma(g))$ 的惩罚函数,是单调非减的。

联立式(4.75)、式(4.76)可得瞬时频率匹配路径为

$$\hat{f}(n) = \arg\min_{\sigma(n) \in \partial} \left[\sum_{g=1}^{M-1} \mu(\sigma(g), \sigma(g+1)) F(g, \sigma(g+1)) \right.$$
$$\left. + \sum_{g=1}^{N-1} w(\mathbf{MS}(g, \sigma(g))) F(g, \sigma(g+1)) \right] \quad (4.77)$$

通过引入匹配函数 $F(g,h)$,可以较好地消除频率突变以及交叉点的干扰,较

好地实现了各旋转点的逐次抽取。同时,由于采用了 SVD 去噪以及自适应视野聚类匹配的方法,该方法在高噪声条件下也能取得较好的效果。最后可以通过拟合[106]来确定旋转频率。由以上分析可知,食物浓度序列可以有效地反映目标的微多普勒特征,为多目标信号分离与提取提供了新思路,相关理论参见文献[107]。本书提出的方法的流程如图 4.20 所示。

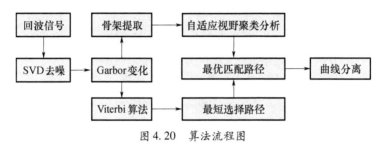

图 4.20　算法流程图

4.5.3　算法仿真验证

设雷达载频为 8GHz,带宽为 5MHz,采样率为 1kHz。空间中存在两个自旋目标,分别为目标 1 和目标 2,目标 1 内旋转点 1、2 的坐标为 $(1.2,0.6,0)$m、$(0,0.5,2.0)$m,对应旋转轴的视角分别为 $(70°,40°)$、$(60°,60°)$,旋转频率 $f_1 = 2$Hz;目标 2 内旋转点 3、4 的坐标为 $(0.5,2.4,0.6)$m、$(-1.5,0,0.4)$m,对应旋转轴的视角分别为 $(75°,45°)$、$(40°,40°)$,旋转频率 $f_2 = 3$Hz。

假设信噪比 SNR $= -2$dB,图 4.21(a)为经 SVD 去噪处理后的时频图,可以看出背景噪声得到较好抑制;图 4.21(b)为经自适应视野聚类处理后的支撑域图,用以表征各瞬时频点的编码信息及其分布。但由于骨架提取的局限性,部分能量较弱的瞬时频点随同背景噪声一起被去除,这导致图中部分区域出现较大的断点,如果只经过一次骨架提取,就会漏掉大量有用信息。实际中可以多次重复 4.5.1 节步骤(1)中骨架提取操作,然后进行配准处理,尽可能地降低有用信息的损失。为方便计算,此处只进行了一次操作。

文献[48]的方法属于最典型的传统 Viterbi 曲线分离与提取方法,此时以文献[48]的方法做对比分析,结果如图 4.22 所示。图 4.22(a)、(b)分别为文献[48]中传统的 Viterbi 算法以及本方法的提取结果,可以看出,传统的 Viterbi 算法在交叉区域容易形成误判,波动较大,无法准确地实现曲线分离及频率估计;本方法较好地实现了曲线的分离及提取,只有部分区域出现较小波动,整体效果比较理想。图 4.22(c)为经拟合处理后本方法的提取结果。可以看出,小幅波动得到明显抑制。为了进一步验证本方法的准确性,这里定义雷达测量数据与理论值

之间的相对误差 $\chi = (\hat{X} - X)/X$，其中，$\hat{X}$ 为估计值，X 为理论值。图 4.23(a)、(b) 分别为文献[48]采用的传统 Viterbi 算法与本方法在各时刻的相对误差分析。

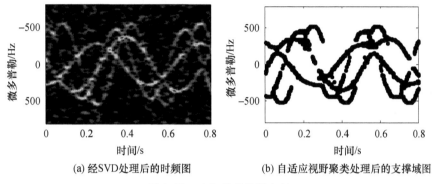

(a) 经SVD处理后的时频图　　　　　(b) 自适应视野聚类处理后的支撑域图

图 4.21　目标微多普勒分析

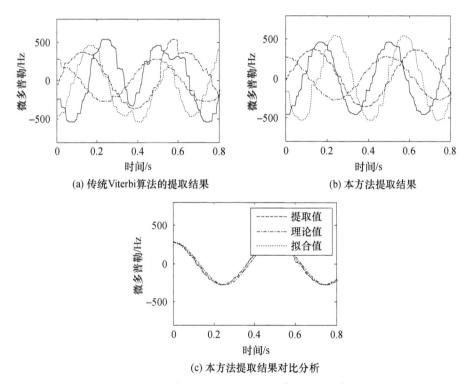

(a) 传统Viterbi算法的提取结果　　　　(b) 本方法提取结果

(c) 本方法提取结果对比分析

图 4.22　本方法与传统 Viterbi 算法对比分析

比较图 4.23(a)与图 4.23(b)可知，文中所提的方法的相对误差较低，剔除凸起后的平均误差近似为 0.024，精度较高；但在某些交叉区域也存在较大偏差，这是由于骨架提取消除了部分有用信息(含交叉点),可以降低拥挤度阈值或增加骨架提取的次数,并进行配准处理,以减小凸起部分。进一步分析图 4.23(a)可知,文献[48]的方法误差较大,剔除凸起后的平均误差接近 0.5,而且很容易出现搜索路径选择错误,造成估计精度降低。

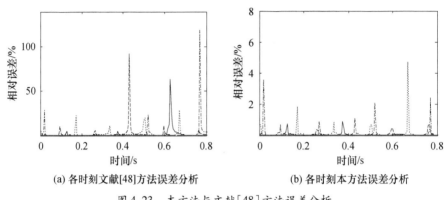

(a) 各时刻文献[48]方法误差分析　　　　(b) 各时刻本方法误差分析

图 4.23　本方法与文献[48]方法误差分析

表 4.3 为不同信噪比下雷达所测目标旋转频率的估计值与理论值的误差分析结果。其中,χ'_1、χ'_2 分别为利用文献[48]的方法得到的旋转频率 f_1、f_2 的相对误差,χ_1、χ_2 分别为利用本方法得到的旋转频率 f_1、f_2 的相对误差。可以看出,文献[48]方法的估计精度不高,在信噪比 SNR < 8dB 时,效果均不理想,尤其是信噪比 SNR < −2dB 时,估计值偏离理论值较大,其估计值的相对误差远大于本方法得到的估计值的相对误差;而且本方法估计的好坏仅取决于所选的时频工具及不太容易确定的阈值 Δ;而本方法在信噪比 SNR > −4dB 时就可以取得较好的估计效果,而且不过分依赖于时频工具,所设定的阈值取决于不同视野下的拥挤度,无需依靠经验设定。

表 4.3　不同信噪比下雷达所测目标旋转频率的误差分析

算法 误差/%	SNR/dB						
	8	6	4	2	0	−2	−4
χ'_1	4.38	4.65	5.35	5.95	6.85	10.92	21.05
χ'_2	4.67	4.82	5.46	6.24	8.83	11.57	17.71
χ_1	1.38	1.67	2.25	2.41	3.62	4.35	5.16
χ_2	1.46	1.84	2.52	2.84	3.38	4.23	4.96

本方法利用各目标旋转产生的微多普勒率差异,在不同尺度下对每一瞬时频点最近邻域内包含的微多普勒信息进行编码处理,并运用聚类的方法进行特征匹

配,结合 Viterbi 算法,实现了目标微多普勒时频曲线的分离与提取。该方法不仅适用于旋转目标,而且适用于其他复杂微运动的目标,适用范围较为广泛。

4.6 最近邻域"选择"法

针对尺寸相近的弹道多目标分辨及微多普勒提取问题,本节重点介绍了最近邻域"选择"法。"选择"的思想就是结合时频曲线的连续性及变化趋势,按照"最近邻域"的原则对目标回波支撑域内的各瞬时频点进行编码,进而利用各瞬时频点微多普勒率的差异性,实现弹道多目标多尺度"选择"分辨。

4.6.1 最近邻域"选择"思路

根据 4.1.2 节的分析,不同目标所包含的各散射点对应的各阶微距离的变化趋势有较大差别,而同一目标所包含的各散射点对应的各阶微距离的变化趋势基本一致。基于这一特性,本节结合微多普勒曲线的连续性,首先对目标回波对应的各瞬时频点进行多尺度分层编码,从而分辨出不同目标对应的散射点信息。为了获取较好分辨效果的目标回波瞬时频率,首先采用 SVD 去噪[105]对回波信号进行处理,然后运用 Margenau – Hill 分布来提取目标回波的时频信息,最后利用骨架提取[37]方法进行"细化"。这样,目标的微多普勒旁瓣得到有效抑制,目标的时频曲线明显变"细"了,这里用 $\mathrm{MS}(t,f)$ 表示处理后的时频信息。然后对 $\mathrm{MS}(t,f)$ 进行平滑处理和采样处理,运用多尺度编码方法抽取出离散矩阵中不同目标的时频信息,通过判断每一瞬时频点的倾斜程度(编码)确认该点所属的分层情况。具体步骤如下:

(1)对 $\mathrm{MS}(t,f)$ 进行采样处理,形成离散矩阵 $\mathbf{MS}_{M\times N}$,$i\in M$ 为频率采样数,$j\in N$ 为时间采样数。初始化:$i=2,j=2$,编码基 $m=1$,幂级数 $v=5$。

(2)构造编码转换矩阵 $\boldsymbol{\Gamma}_{s\times s}$。其中,$s=2m+1,m\in\mathbf{N}^+$ 为搜索尺寸。构造规律如下:

$$\boldsymbol{\Gamma}(w,u)=(\left|w-(m+1)\right|+1)v^{p-m} \tag{4.78}$$

式中:$p(p\in[1,s])$、$w(w\in[1,s])$ 分别表示 $\boldsymbol{\Gamma}_{s\times s}$ 的行数和列数。v 与 $\omega_{ci'}^2/\omega_{ci''}^2$ 呈反比例关系,且满足

$$(\left|s-(m+1)\right|+1)v^{p-m}<v^{p-m+1} \tag{4.79}$$

(3)剔除交叉项。令 $\boldsymbol{\Gamma}_{s\times s}$ 为全 1 矩阵,对 $\mathbf{MS}_{M\times N}$ 进行二值化处理,计算当前点的关联点数为

$$\eta_{ij}=\sum_w\sum_p\mathrm{MS}(i+p-m-1,j+w-m-1) \tag{4.80}$$

构造关联点数矩阵 $\boldsymbol{R}_{(M-2)\times(N-2)}$，当 η_{ij} 不大于 s 时，将当前点的关联点数存入 $\boldsymbol{R}_{(M-2)\times(N-2)}$ 中；反之，判别该点为交叉点，令 $\eta_{ij}=0$，以消除交叉区域的强频点对后续步骤的干扰。同时，及时更新关联点数，令 $i=i+1$ 或 $j=j+1$，计算下一点的关联点数，直至 $i=M-1,j=N-1$，从而得到新的矩阵 $\boldsymbol{MS}'_{M\times N}$。

（4）计算当前点的编码，其表征为当前点的微多普勒变化率及其变化趋势。其计算公式为

$$\tau_{ij} = \sum_w \sum_p \Gamma(p,w)\mathrm{MS}'(i+p-m-1,j+w-m-1) \tag{4.81}$$

构造目标信息矩阵 $\boldsymbol{I}_{(M-2)\times(N-2)}$，将当前点的编码存入 $\boldsymbol{I}_{(M-2)\times(N-2)}$ 中，由于编码是一个以 p 为基的幂级数，按降幂的方法排列出该编码各级的系数序列 $(a_0, a_1,\cdots,a_e)(e\leqslant s-1)$，统计出序列中各不同数值元素 $[b_\lambda,\lambda\leqslant e]$ 的个数 N_λ。同时，及时更新编码。令 $i=i+1$ 或 $j=j+1$，计算下一点的编码，并将结果存入 $\boldsymbol{I}_{(M-2)\times(N-2)}$，直至 $i=M-1,j=N-1$。

（5）分层处理。构造信息编码矩阵 $\boldsymbol{Q}_{(M-2)\times(N-2)}$，满足

$$Q(g,h) = \tau_{gh}/v^{\eta_{gh}} \tag{4.82}$$

式中：$g\in[1,M-2]$ 为行数；$h\in[1,N-2]$ 为列数。

通过对 $\boldsymbol{Q}_{(M-2)\times(N-2)}$ 进行稀疏分解，清除大量的 0 元素，并统计矩阵 $\boldsymbol{Q}_{(M-2)\times(N-2)}$ 中非零点的总数 N_{sum}。然后确定各层的阈值 Δ_1，表达式为：

$$\Delta_1 = \begin{cases} \dfrac{1}{v^s}(s-1)\dfrac{1-v^s}{1-v}, & \forall N_\lambda=1 \\[3mm] \dfrac{1}{v}(s-1), & \exists N_\lambda=e \\[3mm] \dfrac{1}{v^{s-\max(N_\lambda)+1}}(s-1)\dfrac{1-v^s}{1-v}, & \exists N_\lambda\in(1,e) \end{cases} \tag{4.83}$$

（6）判断是否终止。设分层数表示为 $\sigma(\sigma\leqslant m,\sigma\in\mathbf{N}^+)$。若 $Q_{gh}\leqslant\Delta_1$，则将对应的 MS'_{gh} 存入 $\sigma=1$ 层中，并统计满足条件的编码总数 N_{Δ_1}，转步骤（7）；若 $(\sigma-1)\Delta_1<Q_{gh}\leqslant\sigma\Delta_1$，则将对应的 MS'_{gh} 存入 σ 层中，并统计满足条件的编码总数 $N_{\Delta\sigma}$，转步骤（7）。

（7）设 $[\zeta,0<\zeta\leqslant1]$ 为噪声因子，与噪声的强弱程度成反比，且 $\zeta=1$ 表征为无噪声。若 $2\zeta\max\{M,N\}<N_{\Delta\sigma}\leqslant N_{sum}$（式中，2 表征为单个目标等效散射点数），则 $m=m+1$，并转步骤（2）；若 $\varepsilon\zeta\max\{M,N\}<N_{\Delta\sigma}\leqslant2\zeta\max\{M,N\}$（式中，$\varepsilon$ 为最小容忍因子，表征每层可允许的最小编码数），则将该层编码对应的 MS'_{gh} 存入 $\boldsymbol{S}^{i'}_{(M-2)\times(N-2)}$，令 $\sigma=\sigma+1$，并转步骤（6）；若 $N_{\Delta\sigma}\leqslant\varepsilon\zeta\max\{M,N\}$，则转步骤（8）。

（8）若 $\sigma<m$，且 $Q_{gh}\leqslant(\sigma+0.5)\Delta_1$，$Q_{gh}>(\sigma-1)\Delta_1$，则将对应的 MS'_{gh} 存入 σ

层中,并统计满足条件的编码总数 $N_{\Delta\sigma}$,令 $\sigma = \sigma + 0.5$,并转步骤(7);若 $\sigma \geq m$,则转步骤(9)。

(9)终止运算,输出弹道目标的数量 $N_b = \sigma - 1$。

由上述步骤可以看出,在分辨多目标时,s 旨在表征各目标在尺度为 s 的范围内瞬时频率的分布区域;矩阵 $\boldsymbol{Q}$ 旨在表征区域内各点的微多普勒变化率的变化趋势,可以有效区分不同目标的微多普勒特征;ε 旨在确定最小分层区域,可以有效降低噪声、杂波以及不同目标时频特征之间相互干扰的影响。由于骨架提取方法存在固有的缺陷,使得 $\mathbf{MS}_{M \times N}$ 的变化规律变得更为复杂,如果再用文献[56]的曲线跟踪算法,将无法较好地实现曲线分离。

通过以上的处理,可以得到不同目标的编码矩阵 $\boldsymbol{S}_{(M-2) \times (N-2)}^{i'}$,此时 $\boldsymbol{S}_{(M-2) \times (N-2)}^{i'}$ 只包含目标 i' 的微多普勒信息及部分干扰分量,干扰分量主要包括噪声分量以及极少部分其他目标的微多普勒分量。由式(4.17)可知,目标的 a 阶微多普勒呈周期性变化规律,其微多普勒曲线满足中心对称性。假设目标的平动分量已完全补偿,此时各散射点对应的微多普勒曲线在零频处中心对称。目标平动补偿的方法较多,第 3 章已提出了多种新的方法,这里不再赘述。为了避免干扰分量的影响,选取零点回溯的方法来提取出同一目标不同散射点的微多普勒信息,即利用微多普勒曲线的中心对称性。在零频处对上述操作的各分层分量进行双向搜索,从而获得了各散射点的微多普勒信息。为了方便计算,此节参数设置与上述操作相同。具体步骤如下:

(1)初始化:$g = 1$,$h = 1$,$\text{move} = 0$,编码基 $m = 1$,幂级数 $v = 3$,阈值 $\Delta_{\text{scan}} = 50$。

(2)构造新的编码矩阵。通过峰值提取法,可以从矩阵 $\boldsymbol{S}_{(M-2) \times (N-2)}^{i'}$ 中获知单一目标时频曲线的进动周期,从而得到该目标时频曲线的零点 t'_m。提取出这些零点 $[\, t_\gamma^{i'},\ \gamma \in \mathbf{N}^+ \,]$,并将相应的零点代入 $\boldsymbol{S}_{(M-2) \times (N-2)}^{i'}$,构造新的编码矩阵 $\mathbf{SN}_{(M-2) \times (N-2)}^{i'}$。

(3)构造双向搜索矩阵 $\boldsymbol{T}_{s \times s}$,构造规律如下:

$$\boldsymbol{T}(p, w) = \text{sgn}(x) v^{w-m}, \quad x = m - p \tag{4.84}$$

式中:$\text{sgn}(\cdot)$ 为符号函数,规定,$p \leq m$ 时,$\text{sgn}(x) = 1$,$p > m$ 时,$\text{sgn}(x) = -1$。

设起始搜索点为 $(0, t_1^{i'})$,对应于 $\mathbf{SN}_{(M-2) \times (N-2)}^{i'}$ 中的行列数为 (g_1, h_1)。构造散射点矩阵 $\mathbf{SP}_{(M-2) \times (N-2)}^{i'\ell}$,$\ell$ 表示目标 i' 中散射点的数目。需要指出的是 $v \geq 3$。

(4)方位编码计算。令 $h^+ = h^- = h_0$,h^+ 为前向搜索,h^- 为后向搜索。取 $h^+ = h^+ + 1$,$h^- = h^- - 1$,$g = 1$。构建方位编码序列 $\boldsymbol{x}_{1 \times (M-2)}^+$、$\boldsymbol{x}_{1 \times (M-2)}^-$,$\boldsymbol{x}_{1 \times (M-2)}^+$ 为前向编码序列,$\boldsymbol{x}_{1 \times (M-2)}^-$ 为后向编码序列,计算当前点的编码为

$$\mu_{gh} = \sum_w \sum_p \boldsymbol{T}(p, u) \mathbf{SP}^{i'\ell}(g + p - 2, h + w - 2) \tag{4.85}$$

式中:μ_{gh+}、μ_{gh-}分别为h^{+}列、h^{-}列对应的第g行的方位编码。

将计算结果分别存入$\boldsymbol{x}^{+}_{1\times(M-2)}$、$\boldsymbol{x}^{-}_{1\times(M-2)}$中,使得$x^{+}(g)=\mu_{gh+}$,$x^{-}(g)=\mu_{gh-}$。令$g=g+1$,若$g\leqslant M-2$,则转步骤(4);若$g>M-2$,则转步骤(5);

(5)配准处理。(1)若$\exists\mu_{gh+}\mu_{gh-}>0$,则按照$\mu_{gh+}$的正负性将满足条件的点分别存入$\boldsymbol{SP}^{i'\ell}_{(M-2)\times(N-2)}$中,转步骤(6);(2)若$\forall\mu_{gh+}\mu_{gh-}<0$,则此两点不匹配,分属于不同的散射点,转步骤(4);(3)若$\forall\mu_{gh+}\mu_{gh-}=0$,且$\mu_{gh+}$、$\mu_{gh-}$不同时为0时,保留此点,并按$\mu_{gh+}$、$\mu_{gh-}$的正负性将此点存入相应的$\boldsymbol{SP}^{i'\ell}_{(M-2)\times(N-2)}$中,并转步骤(4);(4)若$\forall\mu_{ij}^{+}=\mu_{ij}^{-}=0$,$move=move+1$,转步骤(7)。

(6)若μ_{gh+}的符号反向,则$\gamma=\gamma+1$,转步骤(2);反之,则转步骤(4)。

(7)若$move\leqslant\Delta_{scan}$,则转步骤(4);若$move>\Delta_{scan}$,则终止该条曲线的搜索。

(8)若$h>N-2$,则终止搜索,即可得到不同的散射点矩阵$\boldsymbol{SP}^{i'\ell}_{(M-2)\times(N-2)}$。

由上述步骤可以看出,分离曲线时,零点t'_{m}为估计值,它表征为中心对称点;$move$表征为曲线搜索的尺度;阈值Δ_{scan}表征为曲线搜索所允许的最大间断时间;$sgn(\cdot)$表征为曲线的变化趋势。同时,还需注意到,当噪声较低时,步骤(5)中第3种情况可以设置为

$$SP^{i'\ell}(g,h^{+})=SP^{i'\ell}(g,h^{-}),\mu_{gh+}=0 \tag{4.86}$$

$$SP^{i'\ell}(g,h^{-})=SP^{i'\ell}(g,h^{+}),\mu_{gh-}=0 \tag{4.87}$$

即采用等效补缺的方法,将提取的时频信息中缺失的那一部分等效地补充回来。但是这样做会不可避免地导致部分区域干扰分量增强。

4.6.2 微多普勒变化率分析法

通过上述分析,可以初步提取出不同目标的微多普勒信息,但由于只利用了2阶微距离信息,提取结果依然会存在干扰项。根据4.1.2节的分析可知,当a取合适值时,不同目标的a阶微距离随时间变化的快慢程度存在较大的差异;而相同目标由于微动调制分量较小,呈现较为相似的变化特性。此时,就可以利用不同目标的高阶微多普勒变化率的差异性,具体步骤如下:

(1)初始化:$m'=0$。

(2)运用4.6.1节的多尺度编码方法对目标信号的时频信息进行编码,初步估计出目标数量。

(3)利用4.6.1节的零点回溯分离方法对编码信号进行一次分辨,将结果计入$\boldsymbol{SP}^{i'\ell}_{(M-2)\times(N-2)}$中。

(4)根据式(4.17)的对应关系,求出$\boldsymbol{SP}^{i'\ell}_{(M-2)\times(N-2)}$中任意散射点的$m'$阶微多普勒率,并进行平滑处理得到$\boldsymbol{SP}^{m'}_{i'\ell}$。

（5）计算相对误差。由于 $(a\bmod 4)\pi/2$ 能影响 $\mathbf{SP}_{i'\ell}^{m'}$ 的正、负性，为了消除正负性对 $\mathbf{SP}_{i'\ell}^{m'}$ 的影响，取 $m' = m' + 2$。则相邻两次迭代之间的相对误差可以表示为

$$S(y^{m'}, y^{m'+2}) = \| y^{m'} - y^{m'+2} \| / \| y^{m'} \| \tag{4.88}$$

式中：$\| \cdot \|$ 表示 2 - 范数；$y^{m'}$、$y^{m'+2}$ 分别表示第 m'、$m'+2$ 次迭代对应的 $\mathbf{SP}_{i'\ell}^{m'}$。

（6）若 $S > S_0$，则 $m' = m' + 2$，重复步骤（2）至步骤（5）的操作；若 $S \leqslant S_0$（其中，S_0 为阈值，此处取 0.2%），则迭代结束。

通过以上的操作，就可以准确地提取出群目标信号中不同目标对应的微多普勒分量，从而实现弹道多目标分辨。

4.6.3 算法仿真验证

仿真条件与 4.1.2 节相同，在此基础上，添加目标 3，且目标 3 高 2.2m，底面半径为 0.6m，质心距底面的距离为 0.6m，且 $(\varphi_3, \gamma_3) = (35.7°, 50.5°)$，$\theta_3 = 10°$，$\omega_{p3} = 2.4\pi\text{rad/s}$。结果如图 4.24 所示，图 4.24（a）为获得的单频回波信号的 Margenau – Hill 分布，经骨架提取、SVD 去噪以及二值化处理后，得到了细化的时频图如 4.24（b）所示。

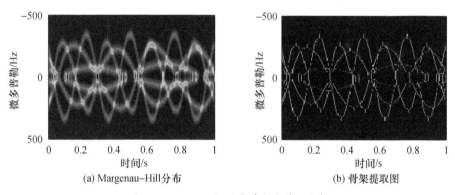

(a) Margenau–Hill分布　　　　(b) 骨架提取图

图 4.24　不同目标微多普勒率特性分析

在仿真环境相同的条件下，图 4.25（a）为采用常规的峰值提取法提取出的时频信息，由于多目标多散射点的存在以及交叉项的干扰，提取的各目标散射点的瞬时频率之间串扰十分严重。图 4.25（b）为文献[48]中所采用的 Viterbi 算法提取的结果。可以看出，该方法在交叉区域容易产生误判，且在搜索过程中易发生重复搜索及频率跳变。图 4.25（c）为文献[56]中所采用的曲线分离方法提取的结果，效果不理想。图 4.25（d）为文献[37]中所采用的基于曲线光滑性的曲线分离方法提取的结果，交叉区域的下一点预判依旧不够准确。图 4.25（e）为文中采用的多目标多尺度编码方法提取的结果。可以看出该提取结果与图 4.25（d）基本吻合，

该方法很好地解决了交叉项干扰的问题。且通过分层处理,较好地实现了多目标的分辨,图中不同标记的点迹代表了不同分层区域的瞬时频率。图4.25(f)为采用单目标零点回溯分离方法提取的结果,较好实现了各分层区间内的曲线分离。

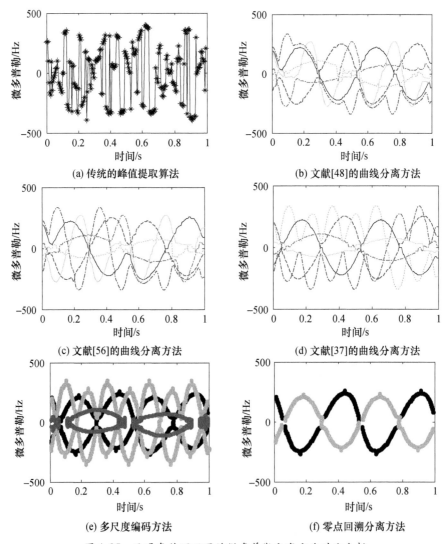

(a) 传统的峰值提取算法

(b) 文献[48]的曲线分离方法

(c) 文献[56]的曲线分离方法

(d) 文献[37]的曲线分离方法

(e) 多尺度编码方法

(f) 零点回溯分离方法

图4.25　无噪条件下不同的微多普勒分离方法对比分析

以上分析均是在无噪声条件下展开的,接下来分析本节方法的抗噪性。设信噪比为 $-5\mathrm{dB}$,信号噪声为高斯白噪声。图4.26(a)为经SVD消噪后的时频图,此时信号的噪声已明显得到抑制。图4.26(b)、(c)分别为多尺度编码方法和零点回溯分离方法提取的结果,可见本节方法在低信噪比条件下仍然可以较为准确地获取目标的微多普勒信息。图 4.26(d) 表示的是单独抽取的目标 1 所含 u_1 点对应的微多普勒信息与它通过 RBF 网络[109] 拟合得到的拟合值,比较拟合值与理论值之间的相对误差,即二者之差与理论值之间的比值,如图 4.26(e) 所示。本节方法的相对误差较小,但个别时段出现了较大峰值,这是由于骨架提取时造成此时段曲线出现较大扰动。

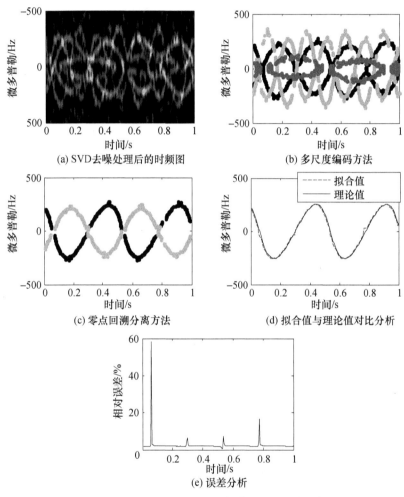

(a) SVD 去噪处理后的时频图

(b) 多尺度编码方法

(c) 零点回溯分离方法

(d) 拟合值与理论值对比分析

(e) 误差分析

图 4.26 信噪比为 −5dB 时本节方法的性能分析

由于现有的微动多目标分辨及多散射点微多普勒提取方法并不适用于交叉项较多的多目标多散射点模型的微多普勒提取,本节在分析多个尺寸相近的滑动散射目标的基础上,提出了一种基于最近邻域多尺度编码和零点回溯配准的弹道多目标分辨方法。该方法不仅适用于滑动目标,而且适用于振动目标、旋转目标以及含微动部件的弹道目标,适用范围较为广泛,抗噪性强。

第5章 基于单一视角的弹道目标微动特征提取

为了使弹头方向再入时指向打击目标,弹头一般在中段通过自旋保持弹头姿态稳定,轻微扰动将导致自旋目标进动,进动参数主要包括进动角、进动周期等。由于进动会对雷达回波产生微多普勒调制,因此可以通过对雷达回波微多普勒进行分析,进而得到目标的特征参数用于识别。文献[110]指出,可根据进动周期与进动角计算纵横惯量比,从而对真假弹头进行有效判别。基于这一结论,后续学者分别研究了利用 RCS 序列[111]、一维距离像序列[112]、ISAR 像序列[113] 对进动周期和进动角进行估计。

因为进动周期决定了观测量变化的周期,所以周期估计基本原理相对简单、对应物理意义明确。已有的文献注重于如何在短观测时间内提高进动周期的估计精度,但在散射点类型使用方面有所局限。进动角的估计则相对复杂,其基本原理是认为从回波信号所提取某个参数的变化幅度与进动角存在对应关系,从而估计进动角,而所提取参数的变化幅度通常不仅与进动角有关,还与目标的结构参数有关,因此在进动角提取时通常需要已知某些参数,如目标结构参数[110,112]、雷达视线方向[114]等。本章对进动弹头的进动角参数估计展开深入研究,以期找到可利用未知信息实现进动角参数估计的算法。

本章在分析锥形弹头形状结构及进动回波特性的基础上,提出基于成像质量的进动参数估计算法,该算法合理利用弹头目标的结构特性及宽带散射特性,通过对进动角参数的一维搜索,实现没有任何先验条件下的进动参数估计。

5.1 弹头目标宽带散射特性分析

弹头外形种类较多,但广泛采用的是球锥外形,这种外形形状简单,气动设计成熟,性能良好,常见的有平底锥弹头、球底锥弹头、平底锥柱弹头、球底锥柱弹头以及锥柱裙弹头,它们都具有旋转对称特性,其散射特性只与俯仰角有关,而与方位角无关[29]。

本章首先以平底锥弹头为例进行分析,其结构如图 5.1(a)所示,其中 r_q 为球冠半径,ξ 为半锥角,R 为底面半径,b 为球冠中心到底面边缘的距离,ϕ 为雷达视线与锥体对称轴的俯仰角。在光学区,平底锥弹头的雷达回波可认为是三个等效散射中心的回波和,对应球冠与底部边缘的两点,如图 5.1(a)中的 1、2、3 所示[29],其中散射中心 1 随着雷达视线方向的变化在球冠上滑动,其位置对应为过球心入射线与球冠的交点。由于各部分之间的遮挡效应,三个散射中心的可见范围[29]:散射中心 1 的可见范围为 $0 \sim (\pi - \xi)$;散射中心 2 在 $0 \sim \pi$ 范围内均可见;散射中心 3 的可见范围为 $(0 \sim \xi) \cup (\pi/2 \sim \pi)$。设平底锥参数为 $R = 0.6\mathrm{m}$,$r_\mathrm{q} = 0.075\mathrm{m}$,$b = 3.067\mathrm{m}$,利用电磁计算软件计算其 $0° \sim 180°$ 俯仰角下 $10 \sim 12\mathrm{GHz}$ 频率范围内的宽带回波数据,计算时角度间隔为 $0.2°$,频率间隔为 $30.3\mathrm{MHz}$。对计算数据进行距离向压缩后所得一维距离像随俯仰角 ϕ 的变化如图 5.1(b)所示。图中存在三条曲线,分别对应三个散射中心,其起止代表可见范围,从图可见,电磁计算结果与理论分析结果相符。

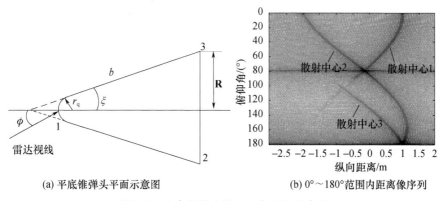

(a) 平底锥弹头平面示意图　　　　(b) $0° \sim 180°$ 范围内距离像序列

图 5.1　平底锥弹头模型及其距离像序列

当 ϕ 在 $[0, \pi/2 - \xi]$ 内变化时(当 ϕ 的变化范围包括 $\pi/2 - \xi$ 角度时,将会出现锥面的镜面反射,此时的雷达回波会非常强,目标很容易被雷达发现),平底锥弹头的距离像及此角度范围内所成二维像具有如下性质:

(1)目标在雷达视线方向的投影长度将随着 ϕ 的增大而减小。这主要是由于弹头是一个细长结构,对应半锥角 ξ 一般比较小,其在雷达视线方向的投影长度将随着 ϕ 的增大而减小。

(2)在此角度变化范围内,对数据成二维像后横向距离(或纵向距离)差别最大两个散射中心的连线对应了靠近雷达视线方向锥面所在位置。这一性质是由目标的遮挡效应造成的:当雷达视线方向指向一侧时,另一侧被遮挡,从而只有靠近雷达视线方向弹面上的等效散射中心才可见。对于平底锥弹头而言,此角度范围内只有散射中心 1 与散射中心 2 可见,它们的连线对应了靠近雷达视线方向锥面所在位置,如图 5.2 所示,图中雷达视线方向指向纵向距离的负方向。

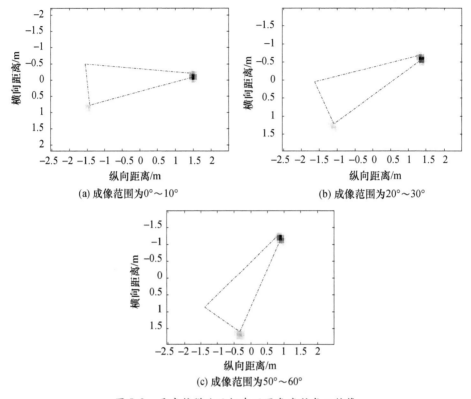

(a) 成像范围为 0°~10°　　　　　　(b) 成像范围为 20°~30°

(c) 成像范围为 50°~60°

图 5.2　平底锥弹头目标在不同角度所成二维像

　　需要指出的是,上述两个结论虽然是针对平底锥弹头分析得到的,但对前面提到的其他结构弹头也具有适用性。建立如图 5.3(a)所示结构尺寸的锥柱裙弹头,通过电磁计算软件计算其回波并成像,得到一维距离像随俯仰角 φ 的变化情况如图 5.3(b)所示,由图可见在 0°~180° 范围内其投影长度随 φ 的增大而减小。对不同角度范围数据成二维像,得到结果如图 5.4 所示,可见其散射中心集中在靠近雷达视线方向的弹面上,纵向距离(或横向距离)差别最大两个散射中心的连线基本对应了弹面位置。

　　由于要用到弹头半锥角的先验信息,因此下面对弹头设计时半锥角的选择进行说明[115]:当底部半径一定时,半锥角减小则弹头的 RCS、锥面最大气动压力、气动加热率和气动阻力都将减少,因此,适当减小半锥角有利于提高弹头飞行性能。但半锥角减小将使弹头加长,而弹头长度是受导弹总体限制的。此外,弹头加长后侧面积随之增加,弹头防热与承力结构的质量也要增加,这又是不利的。综合考虑各种因素,弹头半锥角可取范围一般为 7°~11°。

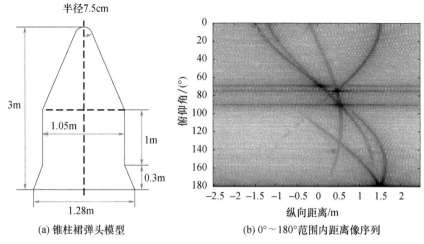

(a) 锥柱裙弹头模型　　　　　　(b) 0°～180°范围内距离像序列

图 5.3　锥柱裙弹头模型及其距离像序列

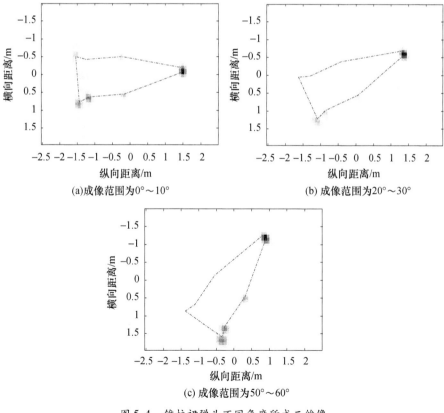

(a) 成像范围为0°～10°　　　　　　(b) 成像范围为20°～30°

(c) 成像范围为50°～60°

图 5.4　锥柱裙弹头不同角度所成二维像

5.2 弹头目标微多普勒效应

在中段,弹头目标的进动模型如图5.5(a)所示:$Ox'y'z'$为平动坐标系,$Oxyz$为随体坐标系,弹头绕其对称轴Oz以角速度ω_s做自旋运动,同时Oz绕轴Oz'以角速度ω_p进动,章动角为θ_p。不妨设雷达视线方向在平动坐标系中的俯仰角为γ,方位角为$0°$,在$t=0$时刻,Oz'轴在平动坐标系中的方位角为φ_0。对于旋转对称的弹头目标而言,其回波信号只与俯仰角ϕ有关,此时弹头的运动可用如图5.5(b)所示平面运动模型描述。

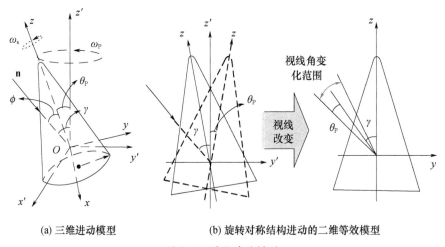

(a) 三维进动模型   (b) 旋转对称结构进动的二维等效模型

图5.5 弹头进动模型

根据式(2.52)可知,雷达视线方向在随体坐标系中的俯仰角ϕ随采样时刻m的变化为

$$\cos\phi(m) = \cos\gamma\cos\theta_p + \sin\gamma\sin\theta_p\cos(\omega_p m T_r + \varphi_p) \tag{5.1}$$

式中:T_r为雷达脉冲周期。

从而可得

$$\phi(m) = a\cos\left[\cos\theta_p\cos\gamma + \sin\theta_p\sin\gamma\cos(\omega_p m T_r + \varphi_p)\right] \tag{5.2}$$

式中:γ为一固定值。但实际中随着时间的推移目标在弹道上运动,γ也将随之改变,但弹道导弹在中段飞行高度高,飞行时间长,一般为十几分钟,而进动周期为秒级,在一个进动周期内γ变化很小,可认为固定不变。式(5.2)表明,空间目标进动将造成$\phi(m)$的振荡,进动周期决定了$\phi(m)$的振荡周期。对式(5.2)进一步分析可知,$\cos\phi(m)$的变化范围为

$$\min\begin{pmatrix} \cos\gamma\cos\theta_p + \sin\gamma\sin\theta_p \\ \cos\gamma\cos\theta_p - \sin\gamma\sin\theta_p \end{pmatrix} \leqslant \cos\phi(m) \leqslant \max\begin{pmatrix} \cos\gamma\cos\theta_p + \sin\gamma\sin\theta_p \\ \cos\gamma\cos\theta_p - \sin\gamma\sin\theta_p \end{pmatrix} \quad (5.3)$$

即 γ 与章动角 θ_p 决定了 $\phi(m)$ 的振动范围为 $[\gamma - \theta_p, \gamma + \theta_p]$。

式(5.3)表明,雷达视线角变化的周期由进动周期 ω_p 确定,而变化的范围由章动角 θ_p 及雷达视线中心方向 γ 确定。

令 $k_i = 2f_i/c$,$k_{min} = 2f_{min}/c$,$k_{max} = 2f_{max}/c$,目标的宽带回波数据可表示为

$$F(k_i, m) = \iint\limits_D I(x,y)\exp\{-j2\pi k_i(x\sin\phi(m) + y\cos\phi(m))\}dxdy \quad (5.4)$$

式中:$I(x,y)$ 为目标的散射系数;$\phi(m)$ 为第 m 个脉冲对应俯仰角;D 为目标所在区域。

滤波逆投影算法直接利用极坐标格式数据再现目标图像,可实现目标的精密成像,其离散化的成像算法可表示为[29,116]

$$P_m(l) = \sum_{i=1}^{N} k_i F(k_i, m)\exp(j2\pi(k_i - k_{min})l) \quad (5.5a)$$

$$\hat{I}(x,y) = \sum_{m=1}^{M} P_m(x\sin\phi(m) + y\cos\phi(m))\exp(j2\pi k_{min}(x\sin\phi(m) + y\cos\phi(m)))$$

$$(5.5b)$$

式(5.5a)为滤波过程,表征了存在两维耦合下的纵向合成,得到高分辨距离像,这一步可直接用 IDFT 来完成;式(5.5b)为逆投影过程,表征了横向聚焦过程。该算法从二维转台基本成像公式出发,直接利用极坐标格式数据对目标散射强度分布进行重构而无需完成极坐标格式数据到笛卡儿坐标格式数据的转换,中间没有任何近似,可以对大角度、非匀速转动回波数据很好地聚焦。但上述成像过程要求知道目标在成像时间内角度的变化,只有当设定角度变化与实际角度变化一致时,才能对散射中心的相位恰好完全补偿,得到最好的图像效果。

根据以上思想,中段进动弹头的进动参数可通过下式进行估计:

$$(\hat{\theta}_p, \hat{\gamma}, \hat{\omega}_p, \hat{\varphi}_p) = \arg\{\max_{\theta_p, \gamma, \omega_p, \varphi_p}(IC(\hat{I}(x,y:\theta_p, \gamma, \omega_p, \varphi_p)))\} \quad (5.6)$$

式中:$\hat{I}(x,y:\theta_p, \gamma, \omega_p, \phi_p)$ 表示在给定进动参数条件下利用滤波逆投影算法所得二维像;$IC(\hat{I}(x,y))$ 表示所成像的对比度,且有

$$IC(\hat{I}(x,y)) = \frac{\sqrt{E\{(|\hat{I}(x,y)| - E(|\hat{I}(x,y)|))^2\}}}{E\{|\hat{I}(x,y)|\}} \quad (5.7)$$

$IC(\hat{I}(x,y))$ 越大,表明成像结果聚焦越好。

从理论上来说,通过对式(5.6)的优化能够得到进动参数估计。但滤波逆投影算法快速算法的计算复杂度也为 $O(N^2\lg N)$ 量级[116],本身计算量大,直接对

式(5.6)进行优化需要进行四维搜索,总的运算量非现有计算能力可实现,必须对其搜索参数进行降维处理。

5.3 弹头目标微动特征提取

5.3.1 基于轴对称特性的 ω_p、φ_p 提取

式(5.1)表明,雷达视线方向是周期变化的,因此,弹头目标的回波信号也将具有周期特性。众多学者对一维信号的周期参数进行了估计,常用的有自相关法和平均幅度差函数法。但一般来说,此类算法要求数据长度较长才能对周期进行准确估计,且无法避免出现半倍和双倍周期估计误差的情况。

对进动弹头而言,其姿态角的变化除了具有周期特性外还具有轴对称性。下面对如何利用距离像序列数据估计进动周期及初始相位进行阐述。进动弹头俯仰角的变化为

$$\phi(m) = \mathrm{acos}\left[\cos\theta_p\cos\gamma + \sin\theta_p\sin\gamma\cos(\omega_p m T_r + \varphi_p)\right] \tag{5.8}$$

由于 $\cos(\omega_p m/T_r + \varphi_p)$ 具有轴对称性,$\phi(m)$ 也将关于第 $m_{ks} = \dfrac{k\pi - \varphi_p}{\omega_p T_r}$ 个采样时刻左右对称,在 m_{ks} 左右两侧分别取长度为 L_1 的数据利用二维傅里叶变换所得二维像(此像不一定能很好聚焦)将是一致的,两幅图像的相关性系数达到最大。

因此,定义如下检测量:

$$C_p(m) = \frac{E\{|\mathrm{Imag}(F(:,m:m+L_1))| \cdot |\mathrm{Imag}(F(:,m:-1:m-L_1))|\}}{\sqrt{E\{|\mathrm{Imag}(F(:,m:m+L_1))|^2\}} \cdot \sqrt{E\{|\mathrm{Imag}(F(:,m:-1:m-L_1))|^2\}}}$$

$$\tag{5.9}$$

式中:$F(:,m)$ 为第 m 个采样时刻的宽带数据;$\mathrm{Imag}(F(:,m_i:m_j))$ 为利用二维逆傅里叶变换对 m_i 到 m_j 采样时刻的宽带数据进行成像的结果。当 $m = m_{ks}$ 时,$C_p(m)$ 得到最大值,也就是说,$C_p(m)$ 将每隔半个周期出现一个峰值,且峰值位置对应时刻的相位为 $k\pi$,雷达回波关于此时刻左右对称。

不妨设经过上述处理后估计出两个相邻对称轴对应采样时刻分别为 m_1、m_2,从而可得 ω_p 与 φ_p 的估计为

$$\begin{cases} \hat{\omega}_p = \dfrac{\pi}{(m_2 - m_1)T_r} \\ \hat{\varphi}_p = \pi - \dfrac{\pi}{(m_2 - m_1)T_r}m_1 \quad \text{或} \quad \hat{\varphi}_p = 2\pi - \dfrac{\pi}{(m_2 - m_1)T_r}m_1 \end{cases} \tag{5.10}$$

式中:$\hat{\varphi}_p$ 的估计存在模糊,可利用 m_1、m_2 时刻距离像信息解此模糊:当 m_1 时刻对

应距离像目标长度小于 m_2 时刻对应距离像长度时,有 $\hat{\varphi}_p = \pi - \pi m_1/(m_2-m_1)T_r$;反之,则有 $\hat{\varphi}_p = 2\pi - \pi m_1/(m_2-m_1)T_r$。这是由于当 $\hat{\varphi}_p = \pi - \pi m_1/(m_2-m_1)T_r$ 时,在 m_1 时刻对应俯仰角为 $\gamma + \theta_p$,m_2 时刻对应俯仰角为 $\gamma - \theta_p$,而弹头目标是一细长结构,其在雷达视线方向的投影长度将随着俯仰角的增大而减小,从而可得以上结论。

根据以上分析,可用如图 5.6 所示流程对 ω_p、φ_p 进行估计,其中 M 表示所用数据总长度,当 M 的长度大于一个周期长度时,可确保得到两个相邻对称轴位置的估计。

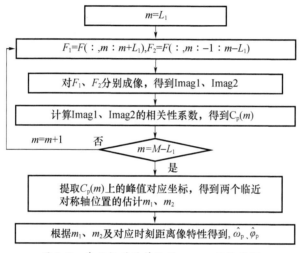

图 5.6 基于轴对称特性的 ω_p、φ_p 估计流程

5.3.2 基于半锥角先验信息的章动角估计

在得到 $\hat{\omega}_p$、$\hat{\varphi}_p$ 后,将其代入式(5.6),进动参数估计为

$$(\hat{\theta}_p, \hat{\gamma}) = \arg\left\{ \max_{\theta_p, \gamma}(\mathrm{IC}(\hat{I}(x, y : \theta_p, \gamma, \hat{\omega}_p, \hat{\varphi}_p))) \right\} \tag{5.11}$$

上式表明,通过两维搜索可得到 θ_p 与 γ 的估计,但由于滤波逆投影算法本身运算量大,二维参数搜索的运算量仍将很大。下面基于弹头目标的散射特性及结构特性进一步将参数搜索范围降至一维。

一般来说,章动角比较小,通常为 $5° \sim 10°$[113],式(5.1)又可做如下近似[113,116]

$$\cos\phi(m) \approx \cos\gamma\cos(\theta_p\cos(\omega_p mT_r + \varphi_p)) + \sin\gamma\sin(\theta_p\cos(\omega_p mT_r + \varphi_p)) \tag{5.12}$$

从而有

$$\phi(m) \approx \gamma - \theta_p\cos(\omega_p mT_r + \varphi_p) \tag{5.13}$$

根据式(5.13)可知,在相邻两个对称轴的中心时刻有

$$\phi(m_c) \approx \gamma, m_c = \frac{m_1 + m_2}{2} = \frac{k\pi + \pi/2 - \varphi_p}{\omega_p T_r}$$

对式(5.13)进一步分析可知,在 m_c 附近有

$$\phi(m) \approx \gamma + \theta_p \sin(\omega_p(m - m_c)T_r + k\pi)$$

$$\approx \begin{cases} \gamma + \theta_p \omega_p(m - m_c)T_r, & k\ \text{为偶数} \\ \gamma - \theta_p \omega_p(m - m_c)T_r, & k\ \text{为奇数} \end{cases} \quad (5.14)$$

此时, $\phi(m)$ 可用匀速转动模型近似。因此,以 m_c 为中心取数据 $F(:, m_c - L_2, m_c + L_2)$ 直接利用二维逆傅里叶变换所得二维像将聚焦良好,且成像的中心角近似为 γ。而5.1.2节分析表明,对弹头目标成二维像后横向距离差最大的两个散射中心的连线基本对应了弹面位置,不妨设确定此直线的两个散射中心对应图像中分辨单元数为 $[b_{x1}, b_{y1}]$ 与 $[b_{x2}, b_{y2}]$,其纵向距离差、横向距离差分别为

$$\Delta y = (b_{y2} - b_{y1})\frac{c}{2B}, \Delta x = (b_{x2} - b_{x1})\frac{c}{2f_c\Delta\theta}$$

根据图5.7可知,雷达视线方向可表示为 $\phi = \phi_l - \xi$,其中 ϕ_l 为雷达视线方向与可见弹面的夹角,而在 $F(:, m_c - L_2, m_c + L_2)$ 段数据的中心角为 $\phi \approx \gamma$,从而可得

$$\hat{\gamma} = \arctan\left(\frac{\Delta x}{\Delta y}\right) - \xi = \arctan\left(\frac{b_{x2} - b_{x1}}{b_{y2} - b_{y1}}\frac{B}{f_c\Delta\theta}\right) - \xi \quad (5.15)$$

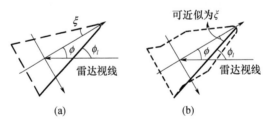

图5.7 平底锥弹头与锥柱裙弹头结构的 ϕ、ϕ_l、ξ 关系

上式包含了 $\Delta\theta$ 与 ξ 两个未知参数:半锥角 ξ 一般在 $7° \sim 11°$ 范围内,可选范围很小,不妨将其设为固定值 $\xi = 9°$;而在设定 θ_p 的情况下, $\Delta\theta$ 可根据所选 L_2 的长度由式(5.13)计算得到

$$\Delta\theta \approx 2\theta_p \sin(\omega_p L_2 T_r) \quad (5.16)$$

上述分析表明,在设定 θ_p 的情况下, γ 与 θ_p 存在对应关系,式(5.11)可以简化为

$$(\hat{\theta}_p, \hat{\gamma}) = \arg\left\{\max_{\theta_p}(IC(\hat{I}(x, y : \theta_p, \gamma(\theta_p), \hat{\omega}_p, \hat{\varphi}_p)))\right\} \quad (5.17)$$

即只需通过对章动角的一维搜索就可得到 $\hat{\theta}_p$、$\hat{\gamma}$ 的估计。具体流程如图 5.8 所示,其中 W 表示待检测章动角的点数。对式(5.17)进行优化过程中的成像数据进行抽取,取其中两个对称轴中间段数据,其角度变化范围为 $2\theta_p$,对应了最大横向分辨率。

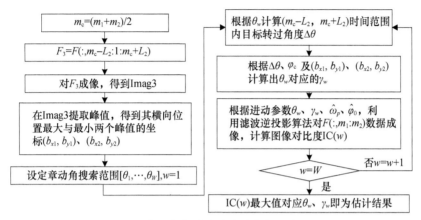

图 5.8 基于成像质量的进动参数估计流程

5.3.3 算法仿真验证

取 $L_1 = 30$, $L_2 = \mathrm{round}\left[(m_2 - m_1)/4\right]$,其中 round 为取整函数,而半锥角均设为 $9°$。对锥形弹头而言,由于其球冠对应散射中心是滑动的,不满足理想散射中心模型,因此在以下的仿真实验中,在计算式(5.17)所示对比度时,均剔除了弹头球冠结构对应散射中心附近区域,即二维图像中纵向坐标最大(离雷达最近)散射中心附近区域。在本节仿真所用数据均为电磁计算数据,其中平底锥弹头与锥柱裙弹头对应尺寸及数据与图 5.1、图 5.3 一致。

1. 电磁计算数据进动参数估计

首先以平底锥弹头及锥柱裙弹头为例对进动参数估计的中间过程进行说明。

仿真一:平底锥弹头的进动参数估计

设置目标为平底锥弹头,进动参数为 $\gamma = 50°$、$\theta_p = 7°$、$\varphi_p = \pi/2$,雷达 PRF $= 200\mathrm{Hz}$,进动周期为 2s,观测时间为 2s,俯仰角随采样时刻的变化如图 5.9(a)所示。由于电磁计算数据角度间隔为 $0.2°$,对应横向不模糊距离为 3.91m,大于目标尺寸(即可直接利用回波数据成二维像),可通过角度的一维插值得到观测俯仰角处对应数据;加入噪声使总体信噪比为 0,距离向压缩后所得距离像序列如图 5.9(b)所示。对每一个采样时刻取其左右 30 帧数据成二维像,得到左右两幅二维像的相关系数如图 5.9(c)所示,根据图中峰值位置,可得对称轴对应第 $[101,301]$ 个采样时刻,从而可得进动周期为 $2s$，$\hat{\omega}_p = \pi\text{rad}/s$；第 301 个采样时刻距离像投影长度大于第 101 个采样时刻，从而有 $\hat{\varphi}_p = \pi/2$。利用二维逆傅里叶变换对第 $151 \sim 251$ 个采样时刻范围内回波数据成二维像所得结果如图 5.9(d) 所示，横向位置最大及最小两个峰值的连线对应了与雷达视线靠近的锥面，如图中虚线所示，两个散射中心纵向距离差为 1.45m，而横向距离差为 37 个横向单元。设定半锥角为 9°，在 3° $\sim$ 12° 范围内以 0.2° 步进搜索 θ_p，得到对应 γ 的大小如图 5.9(e) 所示。对每一个搜索的 θ_p，根据其对应 γ 及前面估计的 $\hat{\varphi}_p$、$\hat{\omega}_p$，按式(5.16)可计算出各观测时刻对应角度 $\phi(m)$，根据 $\phi(m)$ 利用滤波逆投影算法对第 $101 \sim 301$ 个采样脉冲数据对目标成二维像并剔除锥顶散射中心后所得二维像对比度与章动角 θ_p 的关系如图 5.9(f) 所示，从而可得 $\hat{\theta}_p = 6.8°$，$\hat{\gamma} = 52.4°$，章动角估计误差为 0.2°。在剔除锥顶散射中心时采用如下原则：锥顶散射中心对应了二维图像中纵向坐标最大（离雷达最近）的散射中心，将二维图像中距锥顶散射中心的纵向和横向距离均小于 3 个分辨单元的像素点的值置零。为了对图 5.9(f) 所示结果进行形象说明，图 5.9(g) 给出了不同章动角下底面边缘散射中心附近区域的成像结果，从图可以看出 $\theta_p = 7°$ 时聚焦效果最好。根据估计的进动参数计算出各时刻的对应 $\phi(m)$，利用滤波逆投影算法对第 $101 \sim 301$ 个采样时刻范围内回波数据成像所得结果如图 5.9(h) 所示，此时目标聚焦良好。

下面进一步分析半锥角设定偏差与对称轴估计误差对 $\hat{\theta}_p$ 估计的影响。对于上述数据，设定不同半锥角，得到图像对比度与章动角的关系如图 5.10 所示。从图可以看出，设定半锥角与实际半锥角（10.25°）越接近，曲线整体值越高；但当设定值与实际值有所偏离时，曲线整体下降，对曲线的包络形状及峰值位置影响并不大。图中 5 条曲线对应章动角估计最大为 6.8°，最小为 6.6°，相互之间误差不到 0.2°。在本节算法中设定半锥角固定为 9° 是合理的。

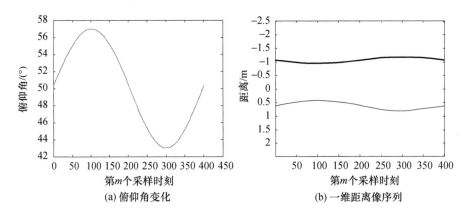

(a) 俯仰角变化　　　　　　　　(b) 一维距离像序列

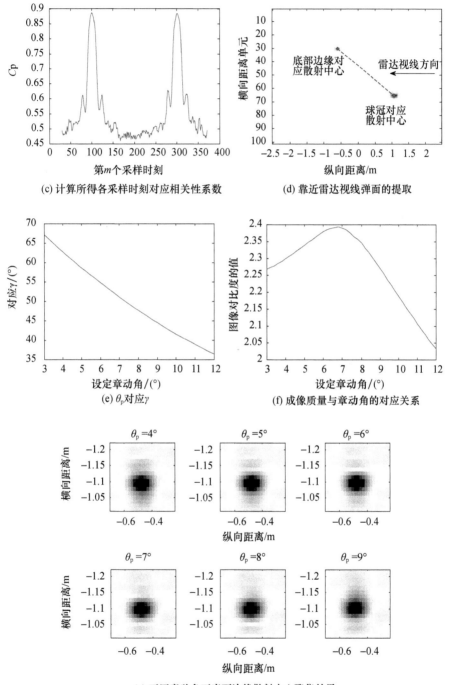

(c) 计算所得各采样时刻对应相关性系数

(d) 靠近雷达视线弹面的提取

(e) θ_p 对应 γ

(f) 成像质量与章动角的对应关系

(g) 不同章动角下底面边缘散射中心聚集结果

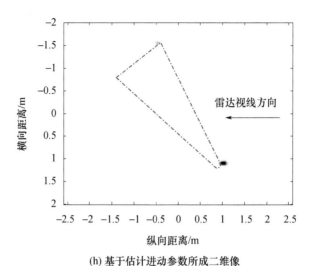

(h) 基于估计进动参数所成二维像

图 5.9　平底锥弹头的进动参数估计

在设定半锥角为 9° 时,对称轴位置估计偏差对章动角估计性能影响如图 5.10(b)所示,图中对称轴偏差的单位为采样时间间隔。从图可以看出,对称轴估计误差对所得图像质量的影响要大于半锥角设定误差的影响,当其估计存在偏差为 1 时,曲线整体下降,但对峰值位置影响不大;而当对称轴估计偏差为 2 个采样时刻时,其中间区域趋于平坦,章动角的估计将容易受噪声干扰。

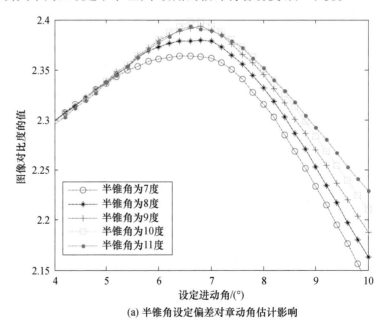

(a) 半锥角设定偏差对章动角估计影响

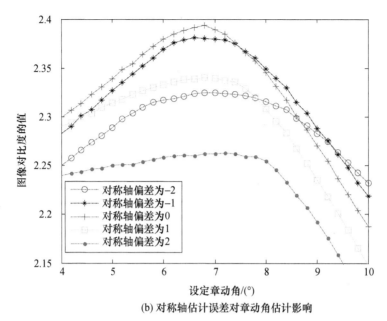

(b) 对称轴估计误差对章动角估计影响

图 5.10　半锥角设定偏差及对称轴估计误差对章动角估计的影响

仿真二:锥柱裙弹头的进动参数估计

目标为锥柱裙弹头,进动参数为 $\gamma = 30°$、$\theta_p = 10°$、$\varphi_p = \pi/3$,其他参数与仿真一一致,俯仰角随采样时刻的变化如图 5.11(a)所示。通过对静态数据的插值得到对应俯仰角处数据并加入噪声使总体信噪比为 0dB,得距离像序列如图 5.11(b)所示。根据对称轴估计算法得到称轴对应第 134—335 个采样时刻,从而可得 $\omega_p = 0.995\pi\text{rad/s}$、$\varphi_p = 67\pi/201$。利用二维逆傅里叶变换对第 185 ~ 285 个采样时刻范围内回波数据成二维像,结果如图 5.11(c)所示,横向位置最大及最小两个峰值的连线对应了与雷达视线靠近的锥面,如图中虚线所示,两个散射中心纵向距离差为 2.23m,横向距离差为 39 个横向单元。设定半锥角为 9°,在 3° ~ 12° 范围内按 0.2° 步进搜索 θ_p,得到对应 γ 的大小如图 5.11(d)所示。根据设定 θ_p 及对应 γ,利用滤波逆投影算法对第 134 个与第 335 个脉冲之间数据成二维像并将锥顶散射中心附近像素点设为零,所得二维像的对比度与 θ_p 的关系如图 5.11(e)所示,从而可得 $\hat{\theta}_p = 10.2°$、$\hat{\gamma} = 30.42°$,章动角估计误差为 0.2°。图 5.11(f)给出了计算过程中不同 θ_p 时底面边缘散射中心附近区域成像结果,从图可以看出,$\theta_p = 10°$ 时聚焦效果最好。图 5.11(g)为利用估计进动参数所得目标的整体成像结果。

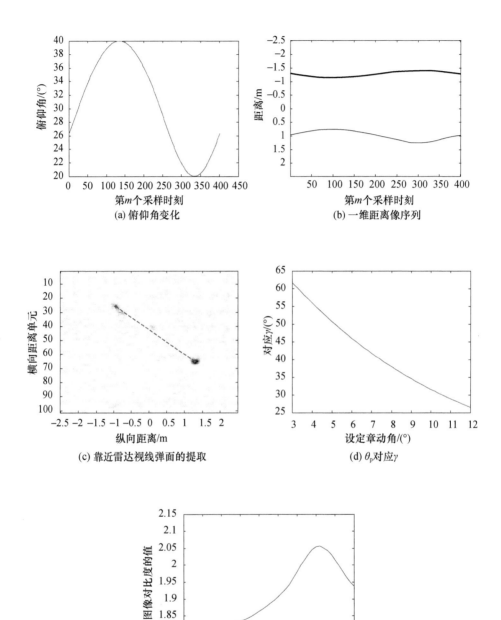

(a) 俯仰角变化

(b) 一维距离像序列

(c) 靠近雷达视线弹面的提取

(d) θ_p对应γ

(e) 成像质量与章动角的对应关系

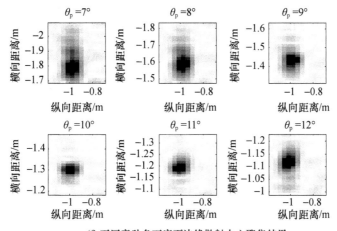

(f) 不同章动角下底面边缘散射中心聚集结果

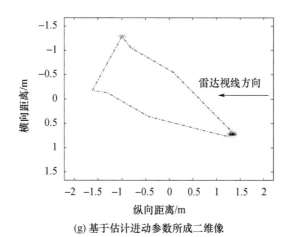

(g) 基于估计进动参数所成二维像

图 5.11　锥柱裙弹头的进动参数估计

2. 进动参数估计性能仿真实验

仿真三：对称轴位置估计性能仿真

雷达参数设置如上不变,目标为锥柱裙弹头,进动参数为 $\gamma = 50°$、$\theta_p = 7°$、$\omega_p = \pi rad/s$,φ_p 在 $[0, \pi]$ 范围内服从均匀随机分布,加入噪声到一定信噪比水平,在同一仿真条件下进行 100 次蒙特卡罗仿真,对称轴位置及半周期长度估计 RMSE 如图 5.12 所示,图中纵坐标的单位为一个采样时间间隔。图 5.12(b) 为 100 次仿真中最大估计误差对应结果,图中横坐标对应总体信噪比为总的信号能量与总的噪声能量之比。从图可见:在信噪比大于 −1dB 时,对称轴的最大估计误差小于 1.5 个采样时间间隔,其估计误差可认为主要来源于采样误差。

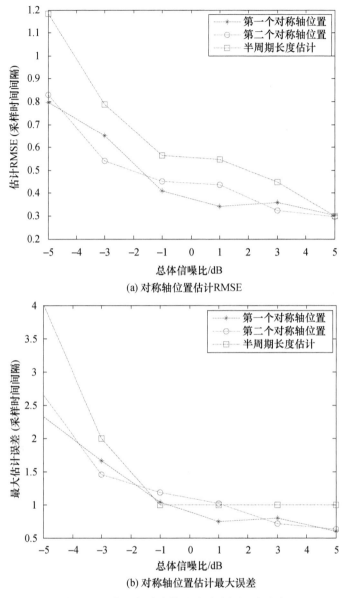

(a) 对称轴位置估计RMSE

(b) 对称轴位置估计最大误差

图5.12　基于轴对称特性的对称轴估计性能

仿真四：平底锥弹头的进动参数估计性能

雷达参数与进动周期设置与上相同，$\gamma = 45°$，章动角变化范围为 $5° \sim 11°$，加入噪声到一定信噪比水平进行 100 次蒙特卡罗仿真实验，并在每次蒙特卡罗实验时随机设定初始相位 φ_0。在 θ_p 估计时使用两级搜索策略以减少计算量：首先对 $3° \sim 12°$ 范围内间隔 1°的 10 个角度位置上进行搜索,得到 $\hat{\theta}_{\mathrm{p1}}$;然后在 $[\hat{\theta}_{\mathrm{p1}}-1,\hat{\theta}_{\mathrm{p1}}+1]$ 范围内以 0.1°为间隔进行搜索,得到最终的进动参数估计 $\hat{\theta}_{\mathrm{p}}$ 及 $\hat{\gamma}$。蒙特卡罗实验得到估计性能曲线如图 5.13 所示。

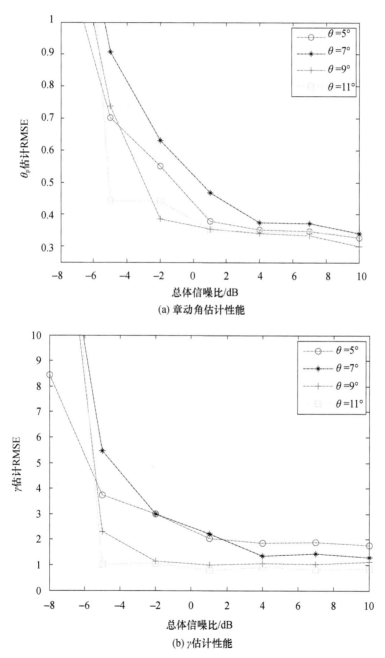

(a) 章动角估计性能

(b) γ 估计性能

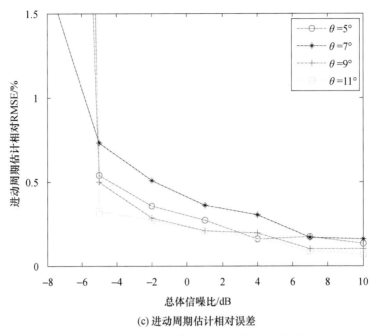

(c) 进动周期估计相对误差

图 5.13 $\gamma = 45°$ 时进动参数估计性能(平底锥弹头)

从图可以看出,本节算法在不同章动角情况下具有较好的适应性,与章动角的大小基本无关,在总体信噪比为 $-2\mathrm{dB}$ 时 θ_p 的估计均方误差不到 $0.7°$;而 γ 的估计误差随章动角度的增大而减小,这主要是由于章动角越大,在提取靠近雷达视线方向的弹面时所对应横向分辨率越高,从而导致角度估计误差越小;还需要指出的是,γ 的估计误差总是在 $0.8°$ 之上,这是由于半锥角设定误差造成的。当信噪比大于 $-1\mathrm{dB}$ 时,进动周期的相对估计误差不到 0.8%。

设定 $\theta_\mathrm{p} = 7°$,其他条件不变,蒙特卡罗实验得到在不同 γ 条件下的估计曲线如图 5.14 所示。从图可以看出,本节算法对不同雷达视线角情况下的进动参数估计具有较好的适应性,与雷达视线角的大小基本无关。当信噪比大于 $-2\mathrm{dB}$ 时,章动角估计误差小于 $0.7°$,达到了较高的参数估计精度。

仿真五:锥柱裙弹头的进动参数估计性能

雷达参数设置与仿真四一致。进动参数为 $\gamma = 45°$,φ_0 在每次仿真时随机产生,在不同章动角参数下,得到 $\hat{\theta}_\mathrm{p}$ 估计性能曲线如图 5.15 所示。设置 $\theta_\mathrm{p} = 7°$,改变 γ,得到估计性能如图 5.16 所示。从图可以看出,其性能曲线具有与平底锥弹头类似趋势,在总体信噪比大于 $1\mathrm{dB}$ 时,在各仿真条件下,章动角的估计误差将小于 $0.8°$。

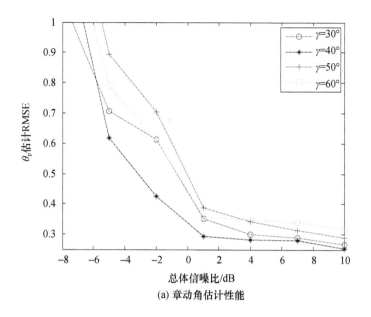

(a) 章动角估计性能

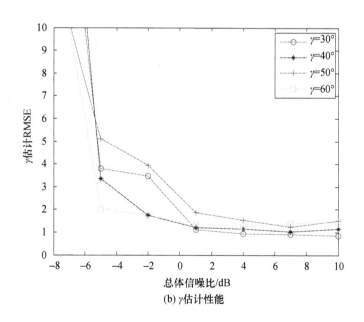

(b) γ估计性能

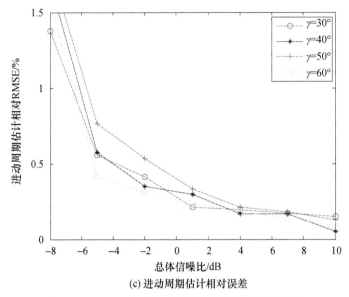

(c) 进动周期估计相对误差

图 5.14　$\theta_\mathrm{p} = 7°$时进动参数估计性能(平底锥弹头)

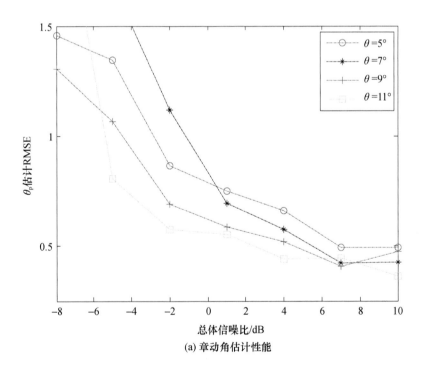

(a) 章动角估计性能

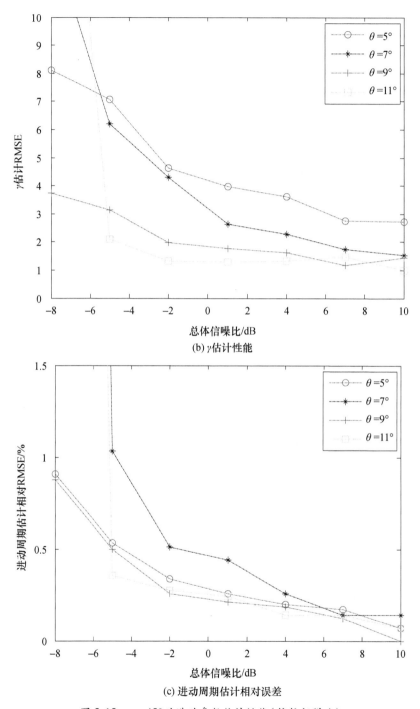

(b) γ估计性能

(c) 进动周期估计相对误差

图 5.15　γ = 45°时进动参数估计性能(锥柱裙弹头)

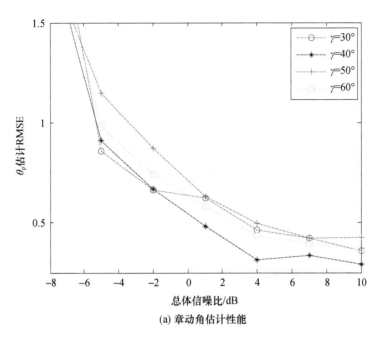

(a) 章动角估计性能

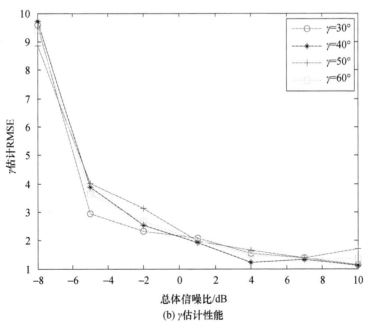

(b) γ估计性能

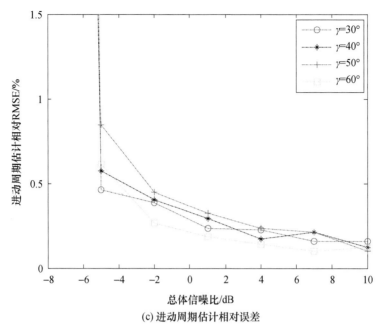

(c) 进动周期估计相对误差

图 5.16　$\theta_p = 7°$ 时进动参数估计性能(锥柱裙弹头)

第6章 同构组网雷达微动特征提取与空间位置重构

雷达获取的目标微动参数之间存在耦合,单一视角难以精确求解,多视角微动信息可以通过联立参数求解方程组实现参数的精确求解。当利用多个视角对进动目标进行观测时,目标在雷达视线方向投影长度会产生变化,通过联立方程组可对进动角及目标实际长度进行估计。窄带雷达获取的目标微多普勒信息与宽带的距离像序列信息相比少了曲线的均值信息,因此窄带雷达网和宽带雷达网在求解方法上存在不同。本章在第5章分析的基础上,就不同雷达体制网中弹道目标微动特征提取展开了研究,提出了两种不同体制雷达网观测下的目标微动特征提取方法。通过利用目标的窄带雷达回波各散射中心微多普勒频率相关性和求解宽带雷达回波中各散射中心的微距离和序列,这两种方法均实现了对目标进动和结构特征的联合求解。

6.1节主要研究了同构组网雷达微动特征提取技术。针对窄带雷达网,在利用曲线跟踪算法提取出微多普勒曲线的基础上提出一种循环迭代参数求解的方法。针对宽带雷达网,根据弹头目标投影长度的变换规律,提出一种利用遗传算法对目标参数进行优化的方法,对参数进行了克拉-美罗界(CRB)求解,并进行参数性能分析。6.2节研究旋转目标、进动目标空间位置的重构方法。在微动参数和结构参数求解的基础上,求解目标的旋转矢量和旋转轴矢量,从而实现位置重构。

6.1 窄带雷达网中目标微动特征提取

本节基于文献[117]提出的散射中心微多普勒相关性,对窄带雷达网中目标特征参数联合提取做了进一步分析研究。首先建立进动锥体目标的微多普勒模型,分析三个散射中心同时可见时的微多普勒关系。然后采用频率补偿的方法,实现各散射中心的匹配识别,并着重分析两部窄带雷达联合提取目标进动和结构特征的新方法。最后仿真分析该方法的准确性,并对目标参数提取精度随进动角变化的关系做比较研究。

6.1.1 微多普勒频率特性分析

以无翼锥形弹头为例,建立如图6.1所示的窄带雷达组网系统模型,由于其存在旋转对称性,因此仅考虑其做锥旋运动。以 $O'X'Y'Z'$ 为全局坐标系,$R_{i'}$,$(i'=1,2,\cdots,N)$ 为雷达网中的第 i' 部单基雷达,$\boldsymbol{n}_{i'}$,$(i'=1,2,\cdots,N)$ 为第 i' 部雷达的单位视线方向。假设其中的各部雷达均已达到时间同步。任取雷达网中一部雷达进行分析,$OXYZ$ 为参考坐标系:以目标对称轴与锥旋轴的交点 O 为坐标原点,以目标锥旋轴为 Y 轴,其锥顶方向为 Y 轴正方向,雷达视线与锥旋轴确定的平面为 XOY 平面,Z 轴方向符合右手螺旋准则。锥旋角速度为 ω_c,锥旋轴与目标对称轴的夹角为 θ,目标对称轴初始方位为 ϕ_0,雷达视线方向与锥旋轴的夹角为 α,与对称轴夹角为 β,定义雷达视线方向与对称轴构成的平面为底面圆环的电磁波入射平面,该平面与圆环交于 p、q 两点。锥体高度为 h,底面半径为 r,锥顶与进动中心的距离为 h_1,底面中心与进动中心的距离为 h_2,且目标满足远场条件,雷达与进动中心的距离为 R_0。

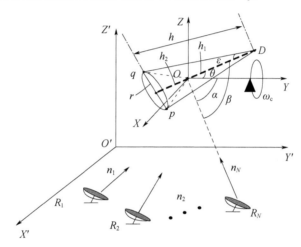

图 6.1　组网雷达示意图

对于单部雷达而言,三个散射点同时可见的雷达观测视角范围为 $\beta\in(0,\varepsilon)\cup(\pi/2,\pi-\varepsilon)$。而通常情况下,半锥角 ε 较小[117],本节主要就 $\beta\in(\pi/2,\pi-\varepsilon)$ 这一范围内的目标微动特征进行分析提取。假设雷达波长为 λ,则进动引发的锥顶 D 及底面边缘两个散射中心 p、q 的微多普勒调制为

$$\begin{cases} f_{d-D}=2\omega_c h_1 \sin\theta\sin\alpha\cos(\omega_c t+\varphi_0)/\lambda \\ f_{d-p}=2\omega_c(-h_2-r/\tan\beta(t))\sin\theta\sin\alpha\cos(\omega_c t+\varphi_0)/\lambda \\ f_{d-q}=2\omega_c(-h_2+r/\tan\beta(t))\sin\theta\sin\alpha\cos(\omega_c t+\varphi_0)/\lambda \end{cases} \tag{6.1}$$

从式(6.1)可以看出,f_{d-D} 服从标准的正弦分布,而 f_{d-p}、f_{d-q} 的包络还受到 $r/\tan\beta(t)$ 项的调制,不再服从正弦规律,且形式较为复杂,难以直接利用式(6.1)进行目标参数求解。观察发现,f_{d-p}、f_{d-q} 表达式存在对称性,两者均可表示为正弦项和非

正弦项两部分之和组成,正弦项部分同为 $f_{d1} = -2\omega_c h_2 \sin\theta \sin\alpha \cos(\omega_c t + \varphi_0)/\lambda$,而非正弦项部分则仅存在符号差异,可考虑利用这一性质简化参数求解过程。

式(6.1)中包含了7个未知量,即 ω_c、h_1、h_2、r、θ、α、φ_0,在对式(6.1)进行简化的基础上,本节考虑采用多视角观测来实现目标参数融合求解。

6.1.2 基于频率补偿的散射中心匹配关联

由于在每部雷达回波中均包含三个微多普勒分量,因此在进行多视角融合前,首先要对三个散射中心的微多普勒进行匹配识别。利用 Gabor 变换得到回波信号的时频信息,然后根据文献[118]中提出的基于曲线跟踪(CT)的 IFE 算法分别提取出三个散射中心对应的微多普勒曲线。进一步分析式(6.1)可知,三条微多普勒曲线中任意两条曲线之和与剩余一条曲线的比值存在三种组合形式,即 $(f_{d-p} + f_{d-q})/f_{d-D}$、$(f_{d-p} + f_{d-D})/f_{d-q}$ 以及 $(f_{d-q} + f_{d-D})/f_{d-p}$,且满足

$$
\begin{cases}
\dfrac{f_{d-p} + f_{d-q}}{f_{d-D}} = -2h_2/h_1 \\[3mm]
\dfrac{f_{d-p} + f_{d-D}}{f_{d-q}} = \dfrac{h_1 - h_2 - r/\tan\beta(t)}{-h_2 + r/\tan\beta(t)} \\[3mm]
\dfrac{f_{d-q} + f_{d-D}}{f_{d-p}} = \dfrac{h_1 - h_2 + r/\tan\beta(t)}{-h_2 - r/\tan\beta(t)}
\end{cases}
\tag{6.2}
$$

从式(6.2)可以看出:$(f_{d-p} + f_{d-q})/f_{d-D}$ 不受观测时间及雷达观测视角的影响,仅与目标的结构参数 h_1、h_2 有关;而 $(f_{d-p} + f_{d-D})/f_{d-q}$、$(f_{d-q} + f_{d-D})/f_{d-p}$ 与观测时间及雷达观测视角有关。因此,可以通过此关系预先判别出锥顶 D 的微多普勒曲线。令 $k = (f_{d-p} + f_{d-q})/f_{d-D}$,由式(6.2)可知,$h_2 = -kh_1/2$。将 $h_2 = -kh_1/2$ 代入 f_{d1} 中,则 f_{d1} 可以变为 $f_{d1} = kf_{d-D}/2$。将 f_{d1} 代入式(6.1)中,经频率补偿后,即可得到 p、q 两点补偿后的微多普勒频率分别为 $f_{d-p} - kf_{d-D}/2$、$f_{d-q} - kf_{d-D}/2$。此时,在同一时刻分别选取三个散射中心对应的一组微多普勒值,代入式(6.2)即可得到 k 值。为了实现频率维的精确补偿,可对观测时间内的瞬时频率曲线进行等间隔采样,并利用求和取平均的方法进行估计。

对 p、q 两点补偿后的微多普勒频率代入式(6.1),可以求得 p、q 两点补偿后的微多普勒频率与锥顶 D 的微多普勒频率比值 μ 分别为

$$
\begin{cases}
\mu_1 = \dfrac{f_{d-p} - \dfrac{k}{2}f_{d-D}}{f_{d-D}} = \dfrac{-r}{h_1 \tan\beta(t)} \\[4mm]
\mu_2 = \dfrac{f_{d-q} - \dfrac{k}{2}f_{d-D}}{f_{d-D}} = \dfrac{r}{h_1 \tan\beta(t)}
\end{cases}
\tag{6.3}
$$

由于本节选取的 $\beta \in (\pi/2, \pi - \varepsilon)$，于是 $\tan\beta(t) < 0$，而 r、h_1 均为目标结构参数大于零。因此，在式（6.3）中，若比值 $\mu > 0$，则 $\mu = \mu_1$，该补偿后的曲线对应散射点 p；反之，则 $\mu = \mu_2$，该曲线对应散射点 q。反映在图上，则可以理解为：在同一时刻，当散射点补偿后的瞬时频率与锥顶 D 的瞬时频率同号，该散射点为 p；反之，则为散射点 q。

基于微多普勒相关性的散射点匹配算法步骤如下：

（1）利用 Gabor 变换得到回波信号的时频信息，采用曲线跟踪算法提取出三个散射中心对应的微多普勒曲线。

（2）求解三条微多普勒曲线中任意两条曲线之和与剩余一条曲线的比值，根据式（6.2）识别出锥顶 D 对应的微多普勒曲线。

（3）将式（6.2）组合 1 中求得的 h_1 和 h_2 的比值代入式（6.1）中，利用 f_{d-D} 与 f_{d1} 的比例关系，对 f_{d-p}、f_{d-q} 中的正弦频率分量 f_{d1} 进行精确补偿。

（4）根据式（6.3）求得 p、q 两点补偿后的微多普勒频率与锥顶 D 的微多普勒频率比值 μ，由 μ 的大小对 p、q 两点的微多普勒曲线进一步细分。

6.1.3　进动与结构参数联合提取

在 6.1.2 节散射中心匹配的基础上，现对目标的进动和结构特征参数进行多视角联合提取。由 6.1.1 节中分析可知，式（6.1）形式复杂，难以直接进行变视角联合求解，可充分利用锥底散射中心的对称性进行必要的化简。令 $f_{dk} = (f_{d-p} + f_{d-q})/(f_{d-q} - f_{d-p})$，由式（6.1）推导可得

$$f_{dk} = -\frac{h_2\tan\beta(t)}{r} \tag{6.4}$$

为进一步简化计算过程，选取时刻 $t = t_d$ 对应的散射中心瞬时频率进行计算，此时存在 $\cos(\omega_c t_d + \varphi_0) = \pm 1$，根据式（6.1）和式（6.4），锥顶散射点瞬时频率取得极值为

$$f_{d-D}(t_d) = \pm 2\omega_c h_1 \sin\theta\sin\alpha \tag{6.5}$$

且此时 f_{dk} 的瞬时值为

$$f_{dk}(t_d) = -\frac{h_2\sqrt{1 - (\cos^2\theta\cos^2\alpha)}}{r\cos\theta\cos\alpha} \tag{6.6}$$

将式（6.5）、式（6.6）与式（6.1）进行比较，可以发现化简后的表达式组成更加单一，更适合采用变视角观测的方法对目标参数进行联合求解。

若利用两部窄带雷达同时进行观测，由式（6.5）、式（6.6）可得雷达观测视角 α_1、α_2 分别对应的瞬时值为 $f_{d-D}(t_d | \alpha_1)$、$f_{d-D}(t_d | \alpha_2)$、$f_{dk}(t_d | \alpha_1)$、$f_{dk}(t_d | \alpha_2)$，令 $m_1 = f_{d-D}(t_d | \alpha_1)/f_{d-D}(t_d | \alpha_2)$，$m_2 = f_{dk}(t_d | \alpha_1)/f_{dk}(t_d | \alpha_2)$，于是

$$\begin{cases} m_1 = \dfrac{\sin\alpha_1}{\sin\alpha_2} \\[3mm] m_2 = \dfrac{\cos\alpha_2\sqrt{1-(\cos^2\theta\cos^2\alpha_1)}}{\cos\alpha_1\sqrt{1-(\cos^2\theta\cos^2\alpha_2)}} \end{cases} \tag{6.7}$$

式(6.7)中包含 α_1、α_2、θ 三个未知量,但只有两个方程,常规条件下难以实现这几个参数的求解,文献[119]提出可以利用 θ 在 5° ~ 15°变化时,$\cos^2\theta$ 的取值区间为 0.99 ~ 0.94,对方程组求解影响不大这一先验信息进行参数估计。具体算法步骤如下:

(1)对 α_1、α_2 进行粗估计。令 θ 在 5° ~ 15°范围内取值,步长为 0.5°,由式(6.7)计算得到每一 θ 取值所对应的 α_1、α_2,并对所有求解结果取平均分别得到粗估计值 $\hat{\alpha}_1$、$\hat{\alpha}_2$。

(2)对 r、θ 进行粗估计。将粗估计值 $\hat{\alpha}_1$、$\hat{\alpha}_2$ 分别代入 $f_{d-p}-f_{d-q}$ 中,求得 r、θ 的估计值 $\hat{r}$、$\hat{\theta}$,由此得到的 $\hat{\theta}$ 更接近真实值。$\hat{r}$、$\hat{\theta}$ 的表达式为

$$\begin{aligned} (\hat{r},\hat{\theta}) = \arg\min\Big\{ &\sum_{j=1,2}\sum_i \big| (f_{d-q}(t_i\,|\,\hat{\alpha}_j) - f_{d-p}(t_i\,|\,\hat{\alpha}_j)) \\ &- 4\omega_c r\sin\theta\sin\alpha_j\cos(w_c t_i + \varphi_0)/\lambda\tan\beta(t_i\,|\,\hat{\alpha}_j) \big| \Big\} \end{aligned} \tag{6.8}$$

式中:ω_c 可通过对锥顶 D 的微多普勒曲线 f_{d-D} 估计得到;t_i 的取值步长为 0.05s;$\tan\beta(t_i\,|\,\hat{\alpha}_j)$ 的表达式为

$$\tan\beta(t_i\,|\,\hat{\alpha}_j) = \frac{\sqrt{1-[\cos\theta\cos\hat{\alpha}_j + \sin\theta\sin\hat{\alpha}_j\sin(\omega_c t_i + \varphi_0)]^2}}{\cos\theta\cos\hat{\alpha}_j + \sin\theta\sin\hat{\alpha}_j\sin(\omega_c t_i + \varphi_0)} \tag{6.9}$$

(3)采用循环迭代的方法对 α_1、α_2、r、θ 进行精估计。根据步骤(2)中求得的 $\hat{\theta}$ 缩小 θ 取值范围,并将取值步长减小为 0.05°,返回步骤(1),从而进一步提高 α_1、α_2 的估计精度。重复步骤(2),即可实现 r、θ 的高精度估计。

(4)对 h_1、h_2、h 进行估计。将 $\hat{\alpha}_1$、$\hat{\alpha}_2$、$\hat{r}$、$\hat{\theta}$ 代入式(6.4)中,可以得到不同观测视角下的两组 h_2 的估计值,对其取平均,则 $\hat{h}_2$ 的表达式为

$$\hat{h}_2 = -\frac{1}{2}\sum_{j=1,2} \frac{\hat{r}\cos\hat{\theta}\cos\hat{\alpha}_j f_{dk}(t_d\,|\,\hat{\alpha}_j)}{\sqrt{1-(\cos^2\hat{\theta}\cos^2\hat{\alpha}_j)}} \tag{6.10}$$

根据式(6.2)可以求得 $\hat{h}_1 = -2\hat{h}_2/k$,进一步得到 h 的估计值 $\hat{h}$ 为

$$\hat{h} = \hat{h}_2 - 2\hat{h}_2/k \tag{6.11}$$

至此,便实现了对目标进动和结构参数的求解。在参数求解过程中,文献[119]同样考虑到锥顶和锥底瞬时频率叠加了相同的正弦分量,并基于视线角方差最小准则实现了频率的搜索补偿。与文献[119]相比,本节则充分利用了锥底散射中心的微多普勒对称性,简化了频率补偿过程,且雷达数量越多时该优势越明显,

更有利于数据的实时处理。当利用 3 部及以上窄带雷达同时进行观测时,由于得到的目标信息更为丰富,在对目标散射点微多普勒精确配准的基础上,利用式(6.4)可构建不同观测视角下的目标参数联合估计公式,更易实现目标进动及结构参数的求解,在此不做详细推导。

6.1.4　仿真分析

6.1.4.1　散射点匹配识别仿真验证

在下述仿真中设定目标为锥体,目标参数设置: $h_1 = 2\mathrm{m}$, $h_2 = 0.5\mathrm{m}$, $r = 0.5\mathrm{m}$, $h = 2.5\mathrm{m}$, $\theta = 13°$。目标的锥旋频率 $f_c = 4\mathrm{Hz}$。雷达参数设置:载频 $f = 8 \times 10^9 \mathrm{Hz}$,信号带宽为 $5\mathrm{MHz}$,雷达脉冲重复频率为 $2000\mathrm{Hz}$,积累时间为 $1\mathrm{s}$。雷达 1 视线与旋转轴的夹角 $\alpha_1 = 120°$,雷达 2 视线与旋转轴的夹角 $\alpha_2 = 135°$。图 6.2 分别为该两部雷达获得的目标回波时频分布,三个散射中心均在可见范围内。

本节采用文献[118]中提出的基于曲线跟踪的瞬时频率估计(IFE)算法对锥体目标的三个散射中心的瞬时频率进行提取,该算法首先依据最近邻数据关联准则在时频域分离各散射中心对应微多普勒曲线,然后采用扩展卡尔曼滤波器对分离结果作平滑滤波处理。实验证明,在 $\mathrm{SNR} \geqslant 10\mathrm{dB}$ 时,该算法能准确提取各微多普勒分量的微动参数。图 6.3 给出了在加性高斯白噪声背景下, $\mathrm{SNR} = 10\mathrm{dB}$ 时的 IFE 结果,得到的三个散射中心瞬时频率与理论值基本吻合,可用于散射中心匹配及参数求解。

图 6.4 为散射点不同瞬时频率组合比值结果,图 6.5 为各散射点频率补偿后的对比图。下面以雷达 1 为例,对目标散射中心匹配过程进行分析,图 6.4(a)为按照 6.1.2 节中散射中心匹配算法步骤(2)求得的三种组合的瞬时频率比值曲线,由式(6.2)可知组合 $(f_{p2} + f_{p3})/f_{p1}$ 理论上对应的是一条直线,然而图 6.4(a)中该直线在对应时频图中微多普勒曲线相交处却出现了多个凸起。由此可知文献[118]中基于 CT 的 IFE 算法用于本节非正弦时频曲线关联分离时将在交点处产生一定形变,而由于图中另外两种组合均随时间起伏波动较大。因此,在曲线相交处关联存在一定偏差的情况下也能很好区分出组合 1。于是, p_1 点即为锥顶散射点,且根据直线位置分析可得 $h_2/h_1 = 0.2507$,与理论值基本吻合,从而更进一步说明了本节所用曲线关联分离方法在除交点外其他位置的准确性。图 6.5(a)为按照算法步骤(3)中方法进行补偿,得到的 p_2、p_3 两个散射中心补偿后的瞬时频率曲线与 p_1 的比较结果。从图中可以看出, p_2、p_3 补偿后的瞬时频率大小几乎相等,只是符号相反,与理论推导相符,且 p_2 补偿后的瞬时频率与 p_1 时刻同号,由步骤(4)分析可知, p_2 为锥底近散射点, p_3 为锥底远散射点。图 6.4(b)、图 6.5(b)为雷达 2 获得

的匹配结果,同理分析可知,q_1 点为锥顶散射点,q_2 为锥底近散射点,q_3 为锥底远散射点。

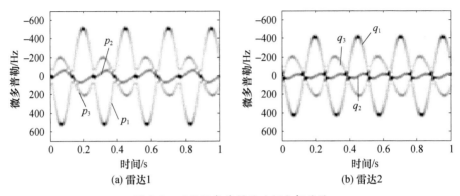

图 6.2　不同视角获得的时频分析结果

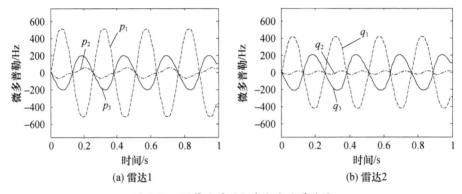

图 6.3　CT 算法瞬时频率分离平滑结果

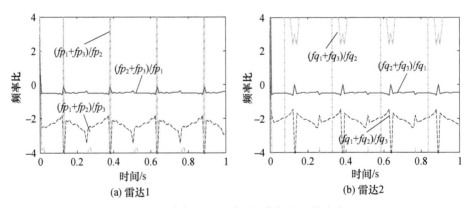

图 6.4　散射点不同瞬时频率组合比值结果

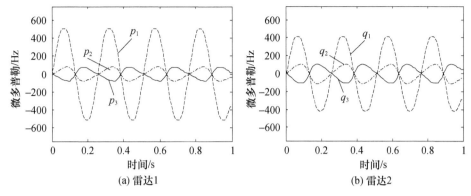

图 6.5 散射点频率补偿后的对比

6.1.4.2 目标进动与结构参数提取算法仿真验证

在 6.1.2 节散射点配准的基础上,可依据 6.1.3 节中提出的目标参数估计算法实现两个不同视角下参数的联合求解。首先由图 6.3 估计得到目标的锥旋频率 $\hat{f}_c = 4.01\text{Hz}$,与设定值基本吻合,然后分别提取图 6.3(a)、(b)中锥顶散射点瞬时频率取得极值这一时刻所对应的三个散射点瞬时频率值 f_{d-D} 为 522.22Hz、426.39Hz,f_{d-p} 为 -58.20Hz、-5.82Hz,f_{d-q} 为 -202.91Hz、-207.37Hz,代入式(6.7)计算解得 $m_1 = 1.2276$,$m_2 = 0.5880$。定义相对误差 $=$ |理论值 $-$ 估计值|/理论值,进一步按算法流程求得目标参数如表 6.1 所列,其相对误差均小于 5% 。而在相同仿真条件下,文献[119]中的参数估计平均相对误差高达 15%,明显低于本节参数估计精度。分析可知,这种精度差异主要来源于频率补偿方式的不同。文献[119]和本节所提算法均对频率补偿精度要求较高,而文献[119]采用的基于视线角方差最小准则的频率搜索补偿方法难以实现频率的完全补偿,且易受噪声影响,从而导致参数估计精度降低;本节算法则充分利用了锥底散射中心的微多普勒对称性,能实现频率的精确补偿,仿真结果也充分验证了本节算法的有效性。

表 6.1 锥体弹头进动及结构参数估计结果

参数	理论值	估计值	相对误差/%
$\alpha_1/(°)$	120	120.3579	0.30
$\alpha_2/(°)$	135	135.4207	0.31
$\theta/(°)$	13	12.6810	2.45
r/m	0.5	0.5136	2.71
h_1/m	2	1.9190	4.05
h_2/m	0.5	0.4811	3.81
h/m	2.5	2.4001	4.00

由于6.1.3节中算法是基于进动角一般在5°~15°范围内这一先验信息提出的,于是还进一步分析了进动角大小对6.1.3节中参数提取算法估计性能的影响。图6.6给出了进动角在5°~15°范围内变化时,算法步骤(1)、(2)对应的参数估计结果。对比发现,进动角大小对视线角粗估计结果影响较小,验证了该算法前提的准确性和适应性,而它对底面半径和进动角估计结果影响相对较大。但从图6.6(c)中可以看出,估计得到的进动角基本上是在真实值附近波动,由此可减小进动角的搜索范围,实现局部遍历搜索,完成算法步骤(3)中视线角的精估计。图6.7为进动角在5°~15°范围内变化时,对应算法步骤(3)得到的参数估计结果。可以看出,经过循环迭代后参数估计性能有了明显提高,且基本不受进动角大小影响,说明本节的参数提取算法对不同的进动角都具有较强的适应性。

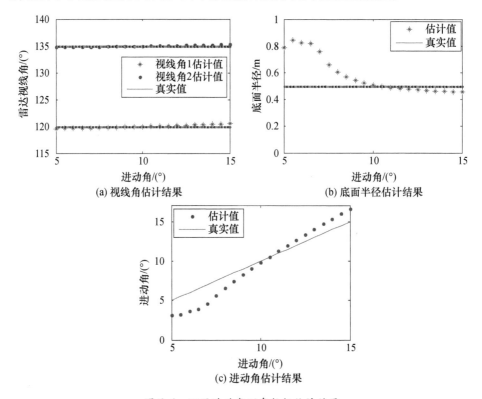

图6.6　不同进动角下参数粗估计结果

本节对锥体进动目标的窄带雷达多视角参数联合提取问题进行了研究。在三个散射中心同时可见范围内,首先充分利用各散射中心之间的微多普勒相关性,通过频率补偿完成了各散射中心瞬时频率曲线的匹配,并在仅使用两部窄带雷达观测的条件下实现了对目标进动和结构参数的联合提取。仿真结果表明,本节提出的目标参数联合提取算法估计精度较高,且对不同进动角大小都具适应性,是一种有效、可行的进动特征提取方法。

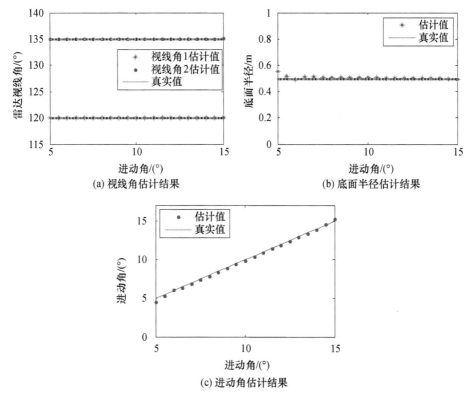

图 6.7　循环迭代后不同进动角下参数估计结果

6.2　宽带雷达微动特征提取

通过 6.1 节的分析可知,当利用多个视角对进动目标进行观测时,可根据目标在雷达视线方向投影长度的起伏对进动角及目标实际长度进行估计。本节在分析进动弹头投影长度变化规律的基础上,利用所有雷达观测所获得信息估计进动参数,从而实现了弹道目标微动特征的高精度提取。

6.2.1　弹头目标投影长度分析

为了方便计算,这里忽略锥体球冠对锥体长度及高度的影响,假设锥体的锥顶部分为尖形,用 h、r、L、ξ 分别重新指代锥体高度、锥底面半径、锥面长度及半锥角,中段弹头进动模型如图 6.8 所示。$Ox'y'z'$ 为平动坐标系,$Oxyz$ 为随体坐标系,弹头

绕其对称轴 Oz' 以角速度 ω_s 做自旋运动,同时 Oz' 绕轴 Oz 以角速度 ω_p 进动,进动角为 θ_p。不妨设雷达视线方向在平动坐标系中的俯仰角为 γ,方位角为 $0°$。对锥体目标而言,在光学区其对应的散射特性主要由锥体顶点 A 以及入射方向与锥体对称轴构成的平面与底面边缘的两个交点 B、C 确定。

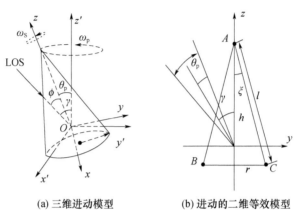

(a) 三维进动模型　　　　(b) 进动的二维等效模型

图 6.8　弹头进动模型

根据 5.2 节的分析,散射中心 A 可见范围 $\phi \in [0, (\pi - \xi)]$,散射中心 B 在 $[0, \pi]$ 范围内均可见,散射中心 C 的可见范围为 $[0, \xi] \cup [\pi/2, \pi]$。特别的,当 $\phi = \pi/2 - \xi$ 时对应了锥面的镜面反射,因此弹头在姿态控制时会尽可能避免出现这种情况。而当 ϕ 在 $[0, \pi/2 - \xi]$ 变化时,锥体目标在雷达视线上的投影长度等效为散射中心 A、B 在雷达视线方向上的长度。则在采样时刻 t 处,锥体目标在雷达视线上的投影长度为

$$l(t) = h\cos\phi(t) - r\sin\phi(t) = L\cos(\phi(t) + \xi) \tag{6.12}$$

由式(5.3)可知,γ 与章动角 θ_p 决定了 $\phi(m)$ 的振动范围为 $[\gamma - \theta_p, \gamma + \theta_p]$。则式(6.12)可以变为

$$\begin{cases} l_{\max} = L\cos(\gamma - \theta_p + \xi) \\ l_{\min} = L\cos(\gamma + \theta_p + \xi) \end{cases} \tag{6.13}$$

对上式进行变换,可得投影长度变化的中心 l_C 及幅度 l_A 分别为

$$\begin{cases} l_C = \dfrac{l_{\max} + L_{\min}}{2} = L\cos\theta_p\cos\eta \\ l_A = \dfrac{l_{\max} - L_{\min}}{2} = L\sin\theta_p\sin\eta \end{cases} \tag{6.14}$$

式中:$\eta = \gamma + \xi$。

上式表明,锥体目标在雷达视线上投影长度变化的中心及幅度与进动角 θ_p、锥

面长度 L 及角度 η 有关,其中 θ_p、L 与雷达无关,η 则对各部雷达不同。当利用 N 部雷达从多个视角对目标进行观测时,包含了 $N+2$ 个参数,而对应的方程数为 $2N$,当 $N \geqslant 2$ 时可以对目标 θ_p 及 L 进行估计。

6.2.2 微动特征及结构特征提取

文献[73]指出,对锥形弹头目标而言,式(6.12)所示目标长度信息可近似为正弦函数

$$l(t) \approx l_C + l_A \cos(\omega_p t + \varphi) \qquad (6.15)$$

式中:l_C、l_A 的定义与式(6.14)一致。

因此,在获得目标投影长度随时间变化的基础上,l_C、l_A 的估计问题转化为正弦曲线参数估计问题。文献[73]提出利用广义 Hough 变换(GHT)对正弦曲线参数 $(\hat{l}_C, \hat{l}_A, \hat{\omega}_p, \hat{\varphi})$ 进行估计。GHT 能有效检测图像平面内的任意曲线,具体算法可参考文献[73]。

假设从第 n 部雷达所获得的距离像序列中得到目标长度变化的中心及幅度分别为 l_{Cn} 和 l_{An},从而有

$$\begin{cases} l_{Cn} = L\cos\theta_p \cos\eta_n \\ l_{An} = L\sin\theta_p \sin\eta_n \end{cases} \qquad (6.16)$$

对上式进行整理,可得

$$\frac{l_{Cn}^2}{L^2 \cos^2\theta_p} + \frac{l_{An}^2}{L^2 \sin^2\theta_p} = 1 \qquad (6.17)$$

设 $x = \cos^2\theta_p$,则有

$$L^2 \cdot x \cdot (1-x) = l_{Cn}^2 (1-x) + x l_{An}^2 \qquad (6.18)$$

令 $y = L^2 \cdot x \cdot (1-x)$,则有

$$x(l_{An}^2 - l_{Cn}^2) - y = -l_{Cn}^2 \qquad (6.19)$$

当 N 部高分辨雷达从不同方向对进动目标探测时,各雷达观测结果按照上式组合可形成如下线性方程组:

$$AX = B \qquad (6.20)$$

式中 $A = \begin{bmatrix} l_{A1}^2 - l_{C1}^2 & \cdots & l_{AN}^2 - l_{CN}^2 \\ -1 & \cdots & -1 \end{bmatrix}^T$,$X = [x, y]^T$,$B = [-L_{C1}^2, \cdots -L_{CN}^2]^T$

从而有

$$[\hat{x}, \hat{y}]^T = (A^T A)^{-1} A^T B \qquad (6.21)$$

在得到 x 和 y 的估计值后,进一步有

$$\begin{cases} \hat{\theta}_p = \arccos(\sqrt{\hat{x}}) \\ \hat{L} = \sqrt{\dfrac{\hat{y}}{(\hat{x})(1-\hat{x})}} \end{cases} \tag{6.22}$$

上述过程仅利用目标投影长度变化的中心及幅度信息对进动角 θ_p 与锥面长度 L 进行估计,当 $N \geqslant 2$ 时可得到对应解。上述思路与文献[73]所提算法类似,当 $N > 2$ 时,文献[73]通过两两计算评价因子从而选择评价因子最大的两部雷达所对应的参数进行估计,仅利用了两部雷达的信息;而本节所提算法无需计算评价因子,可利用所有雷达所获得信息对 θ_p 及 L 进行整体估计。

6.2.3 性能分析

CRB 表示了估计误差的方差下限,为参数估计算法性能评判提供了指标。下面对基于多视角距离像序列进动参数估计的 CRB 进行推导。

对 N 部高分辨雷达所获得距离像序列投影长度进行正弦曲线拟合,得到矢量 $\boldsymbol{x} = [x(1), \cdots, x(2N)]^{\mathrm{T}}$

式中

$$x(n) = u(n) + v(n), 1 \leqslant n \leqslant 2N \tag{6.23}$$

$$\begin{cases} u(2n-1) = l_{Cn} \\ u(2n) = l_{An}, \end{cases} 1 \leqslant n \leqslant N \tag{6.24}$$

其中:$u(2n-1)$ 为 l_{Cn} 的估计方差;$u(2n)$ 为 l_{An} 的估计方差。

令 $\boldsymbol{\theta} = [L, \theta_p, \eta_1, \cdots, \eta_N]$ 表示未知参数,$\boldsymbol{u}(\boldsymbol{\theta}) = [u(1), \cdots, u(2N)]^{\mathrm{T}}$,可得

$$\boldsymbol{x} = \boldsymbol{u}(\boldsymbol{\theta}) + \boldsymbol{v} \tag{6.25}$$

式中:$\boldsymbol{v} = [v(1), \cdots v(2N)]^{\mathrm{T}}$,其协方差矩阵为 $\boldsymbol{R}$。

在高斯观测条件下,Fisher 信息矩阵各元素由下式给出:

$$[\boldsymbol{F}]_{l,k} = \left[\frac{\partial \boldsymbol{u}(\boldsymbol{\theta})}{\partial \theta_l}\right]^{\mathrm{T}} \boldsymbol{R}^{-1} \left[\frac{\partial \boldsymbol{u}(\boldsymbol{\theta})}{\partial \theta_k}\right] + \frac{1}{2}\mathrm{tr}\left[\left(\boldsymbol{R}^{-1}\frac{\partial \boldsymbol{R}}{\theta_l}\right)\left(\boldsymbol{R}^{-1}\frac{\partial \boldsymbol{R}}{\theta_k}\right)\right] \tag{6.26}$$

式中:$\mathrm{tr}(\cdot)$ 表示矩阵的迹。

考虑到 $\boldsymbol{R}$ 与进动参数无关,可得

$$[\boldsymbol{F}]_{l,k} = \left[\frac{\partial \boldsymbol{u}(\boldsymbol{\theta})}{\partial \theta_l}\right]^{\mathrm{T}} \boldsymbol{R}^{-1} \left[\frac{\partial \boldsymbol{u}(\boldsymbol{\theta})}{\partial \theta_k}\right] \tag{6.27}$$

式中

$$\begin{cases} \dfrac{\partial u(2n-1)}{\partial L} = \cos\eta_n \cos\theta_p \\[2mm] \dfrac{\partial u(2n-1)}{\partial \theta_P} = -L\cos\eta_n \sin\theta_p \\[2mm] \dfrac{\partial u(2n-1)}{\partial \eta_i} = \begin{cases} -L\sin\eta_n \cos\theta_p, & i = n \\ 0, & \text{其他} \end{cases} \end{cases}$$

$$\begin{cases} \dfrac{\partial u(2n)}{\partial L} = \sin\eta_n \cdot \sin\theta_p \\[3mm] \dfrac{\partial u(2n)}{\partial \theta_p} = L\sin\eta_n \cdot \cos\theta_p \\[3mm] \dfrac{\partial u(2n)}{\partial \eta_i} = \begin{cases} L\cos\eta_n \cdot \sin\theta_p, & i = n \\ 0, & \text{其他} \end{cases} \end{cases}$$

根据设定参数，将各参数的值代入式(6.27)，可得进动参数估计的 Fisher 矩阵。在得到 Fisher 信息矩阵后，可得进动参数估计的 CRB 矩阵为

$$C = F^{-1} \tag{6.28}$$

假设目标为锥体目标，参数为 $h = 3\text{m}$，$r = 0.5\text{m}$，目标散射中心系数均为 1，散射中心位置及可见范围见 5.2 节所述。雷达参数设置：信号带宽为 2GHz，载频为 10GHz，脉冲重复频率为 50Hz，观测时间 2s。对某时刻所获得距离像对应目标长度估计过程：利用 TLS - ESPRIT 算法提取目标强散射中心的距离及幅度，所得最大距离与最小距离之差即对应了目标长度。TLS - ESPRIT 算法原理可参考文献[73]。

在下述仿真中进行蒙特卡罗仿真时，仿真次数设为 100，在分析参数性能时，主要考查估计结果相对真值的均方根误差，即

$$S_\theta = \sqrt{\frac{1}{M}\sum_{m=1}^{M}(\hat{\theta}_m - \theta_0)^2} \tag{6.29}$$

式中：M 为总的仿真次数；$\hat{\theta}_m$ 为第 m 次仿真估计结果；θ_0 为真值。

为计算参数估计 CRB，保存各次蒙特卡罗仿真所得 l_{Cn}、l_{An}，并对 100 次仿真结果进行统计，得到式(6.29)中的 S_θ。

仿真一：$N = 2$ 时估计性能分析

设置进动参数为 $\theta_p = 10°$，$\omega_p = 4\pi$。雷达 1 俯仰角和方位角分别为 30° 和 0°，雷达 2 俯仰角和方位角分别为 60° 和 30°。在不同信噪比下进行蒙特卡罗仿真，得到估计性能如图 6.9 所示。从图可以看出，在观测雷达数为 2 时，本节方法参数估计性能与文献[73]算法一致。这是由于利用两部雷达对目标进行观察时，本节方法与文献[73]算法都是利用正弦曲线拟合后的基线位置与幅度对进动角及锥面长度进行估计，所利用信息一致，因此估计性能一致。从图还可看出，算法实际估计性能与 CRB 计算结果相差不大，验证了 CRB 计算公式的正确性。

设定信噪比为 0dB，进动角在 3°～15° 范围内遍历，其他仿真参数不变，得到各参数估计性能如图 6.10 所示，从图可以看出，锥面长度估计精度随进动角增大而提高，进动角估计精度与进动角的大小没有明显的相互关系。

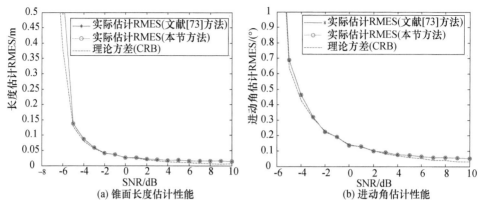

图 6.9　$N=2$ 时参数估计性能分析

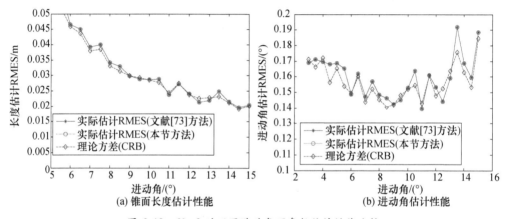

图 6.10　$N=2$ 时不同进动角下参数估计性能比较

为分析雷达视线方向对特征提取的影响,设定两部雷达方位角为 $0°$,俯仰角 γ 在 $10°\sim65°$ 范围内遍历,得到目标长度参数估计性能如图 6.11 所示。从图 6.11 (a)、(c)可以看出,在 γ_1 等于 γ_2 附近,参数估计方差很大:从物理意义上解释是由于两部雷达视线角相差越小,观测所获得信息冗余量越大,从而导致参数估计误差越大。特别的,当 $\gamma_1=\gamma_2$ 时,两部雷达所观测信息完全一致,不能对参数进行估计;从数学上解释是由于 γ_1 越接近 γ_2,式(6.21)中矩阵 $\boldsymbol{A}$ 的条件数越大,病态越严重,轻微的扰动将导致 $\boldsymbol{X}$ 产生很大变化,从而使得参数估计误差增大。图 6.11(b)、(d) 给出了锥面长度及进动角参数在蒙特卡罗仿真所得 RMES 与其理论计算 CRB 的比值。从图可以看出,在大部分角度范围内,两者的比值趋近于 1,但在 γ 小于 $20°$ 范围内 RMES 明显高于 CRB,这是由于在 6.2.2 节利用式(6.15)所示正弦函数对距离像投影长度变化进行拟合,从而得到 l_C 与 l_A 的估计,而式(6.12)是式(6.15)的近似式,存在模型失配误差,当 γ 较小时模型失配误差比较大,而 γ 较大时模型误差可忽略。

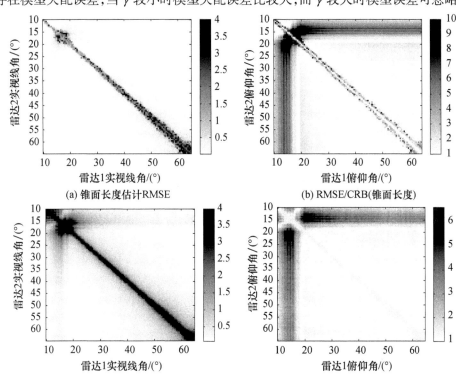

(a) 锥面长度估计RMSE

(b) RMSE/CRB(锥面长度)

(c) 进动角估计RMSE

(d) RMSE/CRB(进动角)

图 6.11　$N=2$ 时不同视线角下参数估计性能比较

图 6.12 给出了雷达 2 俯仰角为 30°,雷达 1 俯仰角遍历所得参数估计性能。从图可以看出:当 $\gamma_1 < 20°$ 时,实际估计 RMES 与 CRB 计算结果相差较大;当 $\gamma_1 \geqslant 20°$ 时,实际估计 RMSE 与 CRB 吻合较好。

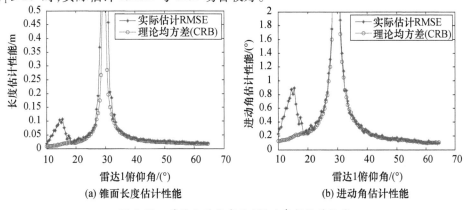

(a) 锥面长度估计性能

(b) 进动角估计性能

图 6.12　雷达 2 俯仰角为 30°时参数估计性能

仿真二：$N>2$ 时估计性能分析

进动角设为 10°，其他进动参数与仿真一一致。4 部雷达对目标进行观测，方位角均为 0°，雷达 1、雷达 2 俯仰角分别固定为 30°和 50°，雷达 3、雷达 4 俯仰角在 10°~65°范围内遍历，在信噪比为 0dB 下进行蒙特卡罗仿真，得到本节方法与文献[73]方法所估计的锥面长度及进动角估计 RMSE 之和对应的理论计算所得 CRB 之比，如图 6.13 所示。

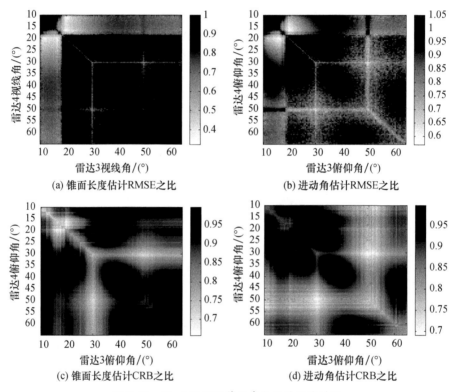

(a) 锥面长度估计RMSE之比   (b) 进动角估计RMSE之比

(c) 锥面长度估计CRB之比   (d) 进动角估计CRB之比

图 6.13 $N=4$ 时两种算法参数估计性能对比

从图 6.13(a)、(b)可以看出，本节方法参数估计 RMSE 与文献[73]算法参数估计 RMSE 之比小于 1；对长度估计而言，在平面内两者之比的平均值为 0.8659，对进动角而言，其平均值为 0.8912；从图 6.13(c)、(d)可以看出，本节方法对应 CRB 与文献[73]算法对应 CRB 之比小于 1；对长度估计而言，在平面内两者之比的平均值为 0.9002，对进动角而言，其平均值为 0.8803。图 6.14 给出了雷达 3 俯仰角为 30°时的参数估计性能。从图可以看出，本节方法估计性能明显高于文献[73]方法。上述分析表明：当 $N>2$ 时，本节方法参数估计精度优于文献[73]方法，这主要是由于本节方法利用了 N 部雷达观测信息同时对参数进行估计，而文献[73]方法则通过评价因子选择两部雷达观测信息对参数进行估计,没有利用所有雷达提供的信息。

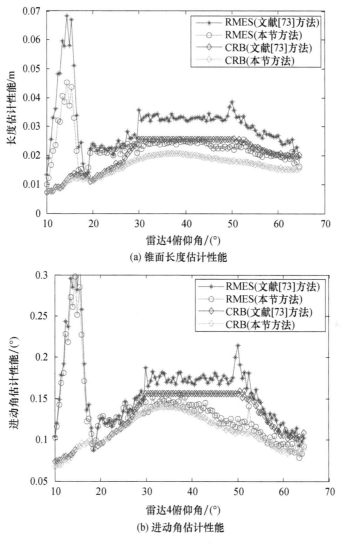

(a) 锥面长度估计性能

(b) 进动角估计性能

图6.14　雷达3俯仰角为30°时参数估计性能分析

本节以锥体弹头目标为研究对象,在分析进动参数及结构参数对距离像投影长度影响的基础上,提出了弹道目标的进动参数及结构参数估计的新方法并对其CRB进行了推导。仿真结果表明,该算法同时利用所有雷达所观测信息对参数进行估计,得到了较高的估计精度。

6.3 宽带组网雷达微动参数优化求解

6.3.1 弹头目标三维空间进动模型

为了使弹头保证一定的再攻角,弹头在中段一般通过自旋保持姿态稳定,而轻微的扰动将导致自旋目标进动。雷达对进动弹头观测的示意图如图 6.15(a) 所示,其中 (u,v,w) 为大地坐标系,O 为其坐标原点;(x',y',z') 为进动坐标系,o 为其坐标原点,oz' 轴为进动轴,ox' 与 Ouv 平面平行;(x,y,z) 为随体坐标系,oz 为自旋轴,即锥体目标的旋转对称轴。目标在绕 oz 以角速度 ω_s 自旋的同时其自旋轴绕 Oz' 以角速度 ω_P 进动,Oz 与 Oz' 轴的夹角为进动角 θ_p。设雷达波入射方向单位矢量为 $\boldsymbol{i}$,反射方向 $\boldsymbol{n}_r = -\boldsymbol{i}$,有

$$\boldsymbol{n}_r = \frac{(u_r - u_t)\boldsymbol{u} + (v_r - v_t)\boldsymbol{v} + (w_r - w_t)\boldsymbol{w}}{\sqrt{(u_r - u_t)^2 + (v_r - v_t)^2 + (w_r - w_t)^2}}$$
$$= \cos\alpha_r\sin\beta_r\boldsymbol{u} + \sin\alpha_r\sin\beta_r\boldsymbol{v} + \cos\beta_r\boldsymbol{w} \tag{6.30}$$

式中:(u_r, v_r, w_r) 为雷达在大地坐标系中的位置,(u_t, v_t, w_t) 为目标在大地坐标系中的位置。

雷达自身位置坐标可通过标定得到,目标空间位置可通过雷达测量得到,因此可认为 $\boldsymbol{n}_r$ 已知。

进动轴的单位方向矢量 $\boldsymbol{n}_p$ 在大地坐标系中可表示为

$$\boldsymbol{n}_p = \boldsymbol{z}' = \cos\alpha_p\sin\beta_p\boldsymbol{u} + \sin\alpha_p\sin\beta_p\boldsymbol{v} + \cos\beta_p\boldsymbol{w} \tag{6.31}$$

式中:α_p、β_p 分别为 Oz' 轴在大地坐标系中的方位角和俯仰角。

对应的,根据 ox' 与 Ouv 平面平行的约定,可知

$$\boldsymbol{x}' = \sin\alpha_p\boldsymbol{u} - \cos\alpha_p\boldsymbol{v} \tag{6.32}$$

$$\boldsymbol{y}' = \boldsymbol{z}' \times \boldsymbol{x}' = \cos\alpha_p\cos\beta_p\boldsymbol{u} + \sin\alpha_p\cos\beta_p\boldsymbol{v} - \sin\beta_p\boldsymbol{w} \tag{6.33}$$

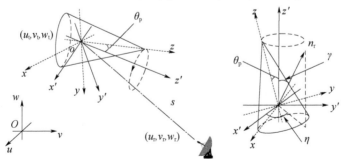

(a) 进动三维示意图 (b) 旋转对称结构进动示意图

图 6.15 目标进动的几何示意图

在进动坐标系(x',y',z')中对目标进行观测的示意图如图 6.15(b)所示,散射方向矢量$\boldsymbol{n}_r$在(x',y',z')中可表示为

$$\boldsymbol{n}_r = \cos\eta\sin\gamma \cdot \boldsymbol{x}' + \sin\eta\sin\gamma \cdot \boldsymbol{y}' + \cos\gamma \cdot \boldsymbol{z}' \tag{6.34}$$

式中:η、γ分别为$\boldsymbol{n}_r$在(x',y',z')中的方位角及俯仰角,且由于雷达总是从下往上对弹道目标进行探测,有$\eta \in [0,\pi]$。

η与γ可由下式确定:

$$\begin{cases} \cos\gamma = \boldsymbol{n}_r \cdot \boldsymbol{n}_p \\ \sin\gamma = |\boldsymbol{s} \times \boldsymbol{n}_p| \end{cases} \tag{6.35}$$

$$\cos(\eta) = \frac{(\boldsymbol{n}_p \times \boldsymbol{n}_r) \cdot (\boldsymbol{n}_p \times \boldsymbol{x}')}{|\boldsymbol{n}_p \times \boldsymbol{n}_r| \cdot |\boldsymbol{n}_p \times \boldsymbol{x}'|} = \frac{(\boldsymbol{n}_p \times \boldsymbol{n}_r) \cdot \boldsymbol{y}'}{\sin\gamma} \tag{6.36}$$

将$\boldsymbol{n}_r$与$\boldsymbol{n}_p$代入式(6.35)、式(6.36),可得

$$\cos\gamma = \sin\beta_p\sin\beta_r\cos(\alpha_p - \alpha_r) + \cos\beta_p \cdot \cos\beta_r \tag{6.37}$$

$$\cos(\eta) = \frac{\sin\beta_r\sin(\alpha_p - \alpha_r)}{\sin\gamma} \tag{6.38}$$

从而可得

$$\gamma = \mathrm{acos}(\sin\beta_p\sin\beta_r\cos(\alpha_p - \alpha_r) + \cos\beta_p \cdot \cos\beta_r) \tag{6.39}$$

$$\eta = \arccos\left(\frac{\sin\beta_r\sin(\alpha_p - \alpha_r)}{\sqrt{1 - (\sin\beta_p\sin\beta_r\cos(\alpha_p - \alpha_r) + \cos\beta_p \cdot \cos\beta_r)^2}}\right) \tag{6.40}$$

在(x',y',z')坐标系中,锥体目标旋转对称轴对应单位矢量$\boldsymbol{z}$随时间的变化可表示为

$$\boldsymbol{z} = \cos(\omega_p t + \varphi_0)\sin\theta_p\boldsymbol{x}' + \sin(\omega_p t + \varphi_0)\sin\theta_p\boldsymbol{y}' + \cos\theta_p\boldsymbol{z} \tag{6.41}$$

式中:φ_0为初始相位角。

锥体弹头目标具有旋转对称特性,其回波只与雷达入射方向与旋转对称轴对应矢量$\boldsymbol{z}$的夹角有关,可知

$$\cos\phi(t) = \frac{\boldsymbol{n}_r \cdot \boldsymbol{z}}{|\boldsymbol{n}_r||\boldsymbol{z}|} = \sin\gamma\sin\theta_p\cos(\omega_p t + \varphi_0 - \eta) + \cos\gamma \cdot \cos\theta_p \tag{6.42}$$

$$\begin{aligned}
\sin\phi(t) &= \sqrt{1 - (\sin\gamma\sin\theta_p\cos(\omega_p t + \varphi_0 - \eta) + \cos\gamma \cdot \cos\theta_p)^2} \\
&= \sqrt{(\sin\gamma \cdot \cos\theta_p - \cos\gamma\sin\theta_p\cos(\omega_p t + \varphi_0 - \eta))^2 + \sin^2\theta_p \cdot \cos^2(\omega_p t + \varphi_0 - \eta)} \\
&\approx \sin\gamma \cdot \cos\theta_p - \cos\gamma\sin\theta_p\cos(\omega_p t + \varphi_0 - \eta)
\end{aligned} \tag{6.43}$$

将式(6.41)、式(6.42)代入式(6.12),可得目标在雷达视线上的投影长度为

$$\begin{aligned}
l(t) &\approx L\cos\theta_p\cos(\xi + \gamma) + L\sin(\xi + \gamma)\sin\theta_p\cos(\omega_p t + \varphi_0 - \eta) \\
&= l_B + l_A\cos(\omega_p t + \varphi)
\end{aligned} \tag{6.44}$$

上式表明,锥体目标在雷达视线上的投影长度可近似为正弦变化的,正弦曲线参数与进动参数及目标结构参数有关,而 l_B、l_A、ω_p、φ 分别表示正弦曲线的基线位置、振幅、角速度及初始相位。

上述信号是一个正弦信号加一个直流分量,共包含 7 个未知参数:目标参数 L、ξ;进动参数的 θ_p、ω_p、α_p、β_p、φ_0。在对一维距离像目标长度进行提取后通过参数拟合可得到 l_B、l_A、ω_p、φ 这 4 个参数,其中 ω_p 直接对应了进动角速度,通过单个雷达观测就可得到;进动角 θ_p 与目标参数 L、ξ 主要对 l_B、l_A 产生影响;进动轴线方向参数 α_p、β_p 对 l_B、l_A、φ 产生影响;φ_0 主要影响 φ。除 ω_p 外,剩余 3 个中间量包含了 6 个未知数,难以通过单基地观测结果进行求解。当利用 N 部雷达从不同视角对目标进行观测时,可得到关于这 6 个未知量参数的 $3N$ 个观测量,当 $N \geqslant 2$ 时可对这 6 个未知量进行求解。6.2 节利用多视角观测下所获得 l_B、l_A 对进动角 θ_p 与目标参数 l 进行估计,得到了较好的参数估计性能。但从上述分析可以看出,6.2 节并没有充分利用所获得信息,既未利用所获得的初始相位 φ 对参数进行估计,也没有对目标半锥角、进动轴方向这些参数进行估计。

6.3.2 基本实现流程

基于高分辨距离向序列的距离像序列投影长度变化信息提取可见 6.2.2 节,在提取投影长度信息 l_C、l_A 基础上,还可得到初始相位 φ。假设已从高分辨组网雷达中提取了各个 $(\hat{l}_{Ci}, \hat{l}_{Ai}, \hat{\omega}_{Pi}, \hat{\varphi}_i)$,其中

$$\begin{cases} l_{Ci} = L\cos\theta_p\cos(\xi + \gamma_i) \\ l_{Ai} = L\sin\theta_p\sin(\xi + \gamma_i) \end{cases} \tag{6.45}$$

根据 6.2 节的分析,可进一步得到进动角 $\hat{\theta}_p$ 及锥面长度的估计值 $\hat{L}$。将其代入式(6.45),可得

$$\hat{\psi}_i = \arccos\left(\frac{l_{Ci}}{\hat{L}\cos\hat{\theta}_p}\right) \tag{6.46}$$

根据式(6.45)可知,$\hat{\psi}_i$ 的理想值为

$$\psi_i = \xi + \gamma_i \tag{6.47}$$

在 6.2.2 节对正弦曲线参数进行估计时,在得到 l_{Ci}、l_{Ai} 的同时,还可得到初始相位估计 $\hat{\varphi}_i$,其理想值为

$$\varphi_i = \varphi_0 - \eta_i \tag{6.48}$$

式(6.47)和式(6.48)中,γ_i、η_i 由 n_i 及 n_p 确定,具体关系可参考式(6.39)、式(6.40),当雷达视线方向 n_i 已知时,只与进动轴的方位角及俯仰角 α_p、β_p 有关。

联立式(6.47)、式(6.48)可知,ψ_i、φ_i 包含了四个未知参数,分别为半锥角 ξ、

进动轴方向参数 α_p、β_p 及初始相位 φ_0，当观察雷达数大于或等于 2 时，可对进动轴方向及半锥角进行估计。由于 $\hat{\psi}_i$、φ_i 与 α_p、β_p 对应关系复杂，下面通过对目标函数的优化对进动轴方向及半锥角进行估计。

设未知参数 $\boldsymbol{\theta} = [\xi, \alpha_p, \beta_p, \varphi_0]$，$\boldsymbol{Y} = [\hat{\psi}_1, \hat{\varphi}_1, \cdots, \hat{\psi}_N, \hat{\varphi}_N]$，$\boldsymbol{Y}$ 对应的理想值 $\boldsymbol{F}(\boldsymbol{\theta}) = [\psi_1, \varphi_1, \cdots, \psi_N, \varphi_N]$，$\boldsymbol{\theta}$ 的估计为

$$\hat{\boldsymbol{\theta}} = \arg\min_{\theta}\left\{\sum (\boldsymbol{F}(\boldsymbol{\theta}) - \boldsymbol{Y})^2\right\} \tag{6.49}$$

式中：$\boldsymbol{F}(\boldsymbol{\theta})$ 中的 ψ_i 及 φ_i 可通过式(6.46)、式(6.47)计算，$\boldsymbol{\theta}$ 的下限为 $[0,0,0,0]$，上限为 $[0.5\pi, \pi, 2\pi, 2\pi]$。

式(6.49)中所示目标函数的优化是一个带约束的优化问题，在仿真中利用遗传算法进行估计，遗传算法是借鉴生物界自然选择和群体进化机制形成的一种全局寻优算法，它从任意初始种群出发，通过选择、交叉和变异操作，产生一群更适应环境的个体，使群体进化到搜索空间中越来越好的区域，通过多代繁衍进化，最后得到问题的近似最优解。遗传算法是一种模拟自然选择的全局概率搜索算法，其全局搜索能力强、鲁棒性、可靠性好。目前，该算法已渗透到许多领域，并成为解决各领域复杂问题的有力工具。遗传算法的基本原理及实现方式可文献[116]。

基于上述描述，可确定利用多视角一维距离像序列估计进动参数步骤如下：

(1)多部高分辨雷达从不同视角对目标进行观测，获得多视角下的一维距离像序列。

(2)从各距离像中提取强散射中心，从而得到每一视角下每一幅距离像中对应目标长度，即 $L_i(t)$。

(3)利用 GHT 对 $L_i(t)$ 参数进行估计，得到 $[\hat{l}_{Bi}, \hat{l}_{Ai}, \hat{\varphi}_i]$。

(4)将 $\hat{l}_{Bi}$、$\hat{l}_{Ai}$ 代入式(6.21)，得到 $\hat{x}$、$\hat{y}$，并进一步根据式(6.22)求得 $\hat{\theta}_p$ 和 $\hat{L}$；根据式(6.46)计算得到 $\hat{\psi}_i$，形成矢量 $\boldsymbol{Y} = [\hat{\psi}_1, \hat{\varphi}_1, \cdots, \hat{\psi}_N, \hat{\varphi}_N]$。

(5)利用遗传算法对目标函数 $\sum (\boldsymbol{F}(\boldsymbol{\theta}) - \boldsymbol{Y})^2$ 进行优化，得到 $\boldsymbol{\theta} = [\hat{\xi}, \hat{\alpha}_p, \hat{\beta}_p, \hat{\varphi}_0]$。

6.3.3　算法仿真验证

设定目标结构如图 6.16 所示，参数为 $R = 0.64\text{m}$，$c = 0.05\text{m}$，$b = 2.78\text{m}$，在 $10 \sim 12\text{GHz}$ 频率范围内，通过电磁计算软件计算其宽带回波并成像，得到一维距离像随在 ϕ 在 $0° \sim 180°$ 范围内变化的情况，如图 6.17 所示。

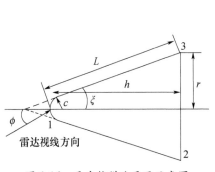
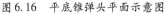

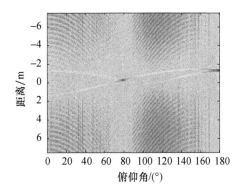

图 6.16　平底锥弹头平面示意图　　　图 6.17　平底钝头锥 180° 范围内一维距离像

在参数估计过程中,对某时刻所获得距离像对应目标长度估计方法:利用 TLS – ESPRIT 算法提取目标强散射中心的距离及幅度,所得最大距离与最小距离之差即对应了目标长度。对式(6.49)进行优化,所用遗传算法参数设置:对参数进行 20 位的二进制编码,种群数目为 20 个,遗传代数设定为 100,选用比例选择算子,单点交叉算子及一致变异算子,交叉率为 0.8,变异率为 0.05。

进行蒙特卡罗仿真时仿真次数设为 100,分析参数性能时主要考察估计结果相对真值的 RMSE。

仿真一: $N = 2$ 时估计性能分析

仿真时在电磁软件计算数据上加入噪声到一定信噪比水平。设定进动角为 8°,进动周期为 1s,雷达脉冲重复频率为 20Hz,观测时间为 2s,在大地坐标系中进动轴指向对应方位角和俯仰角分别为 90°、110°;雷达 1 的方位角和俯仰角分别为 60° 和 150°;雷达 2 的方位角和俯仰角分别为 120° 和 170°。

在不同信噪比下进行蒙特卡罗仿真,得到估计性能如图 6.18 所示。从图中可以看出,各参数估计性能随信噪比降低而减小。

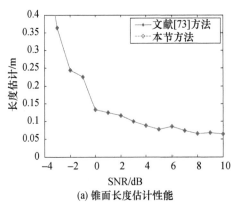

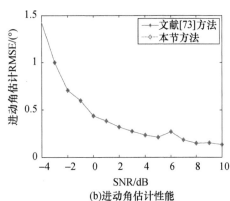

(a) 锥面长度估计性能　　　　　　　　(b)进动角估计性能

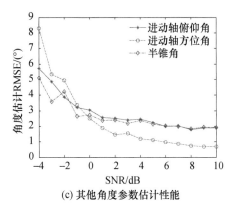

(c) 其他角度参数估计性能

图 6.18　雷达 2 俯仰角为 30° 时参数估计性能

从图 6.18(a)、(b)可以看出,在观测雷达数目为 2 时,本节方法对进动角及进动参数的估计性能与文献[73]方法一致。这是由于利用两部雷达对目标进行观察时,本节方法与文献[73]方法都是利用正弦曲线拟合后的基线位置与周期对进动角及锥面长度进行估计,利用信息一致,因此估计性能一致。从图 6.18(c)可以看出,本节方法能有效对进动轴的方位角、俯仰角及锥体目标的半锥角进行估计,估计精度在 1°~3° 之间。

设定信噪比为 5dB,进动角在 3°~14° 范围内遍历,得到各参数估计性能如图 6.19 所示。从图可以看出,各参数估计性能与进动角关系不大。总体而言,进动角估计 RMSE 随进动角增大而增大;其他参数估计的 RMSE 随进动角增大而减小。

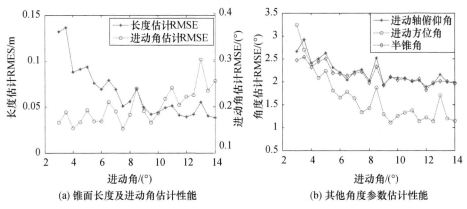

(a) 锥面长度及进动角估计性能　　　　(b) 其他角度参数估计性能

图 6.19　进动角对估计性能的影响

仿真二:$N > 2$ 时估计性能分析

进动角设为 8°,其他进动参数与仿真一相同。3 部雷达对目标进行观测,雷达 1 的方位角和俯仰角分别为 60° 和 150°、雷达 2 的方位角和俯仰角分别为 120° 和

170°、雷达3的方位角和俯仰角分别为98°和155°。在不同信噪比下进行蒙特卡罗仿真,得到估计结果如图6.20所示。从上述结果可以看出,当利用3部雷达对目标进行观察时,文献[73]方法根据评价因子选择2部雷达的观测结果对锥面长度及进动角进行联合估计,而本节方法则利用3部雷达观测结果同时对进动参数进行估计,提高了参数估计精度。

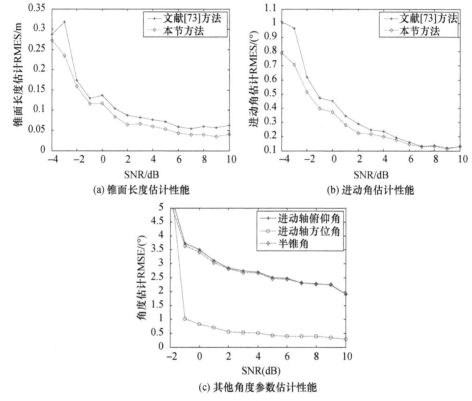

(a) 锥面长度估计性能　　　　　　(b) 进动角估计性能

(c) 其他角度参数估计性能

图6.20　3部雷达观测参数估计性能分析

本节以锥体弹头目标为研究对象,在分析进动参数及结构参数对高分辨雷达回波影响的基础上,提出了弹道目标的进动参数及结构参数估计的新方法,该方法可对目标进动角、进动周期、进动轴方向及锥体目标半锥角、锥面长度参数进行估计,为目标识别提供了更多的信息。仿真结果验证了算法的有效性。

6.4　弹道目标三维空间重构

根据不同视角下弹道目标获取的信息,如投影长度的变化信息、进动初始相位角等,可实现目标结构尺寸、进动角、旋转轴三维矢量、旋转三维矢量的联合估计,进而实现目标空间位置的重构。本节重点研究弹道进动目标、旋转目标在窄带雷达网和宽带雷达网条件下的空间位置重构技术。

6.4.1　窄带雷达网中目标微动三维重构

本节在 6.1.1 节研究的基础上,进一步对窄带雷达网中的锥体目标三维进动特征提取展开研究。在详细分析锥体进动引发的微多普勒频率调制特性的基础上,利用锥顶微多普勒频率调制系数比,实现不同视角下散射中心匹配关联,并获取了目标的三维锥旋矢量,进而利用锥顶和底面边缘散射中心微多普勒频率相关性,结合频率补偿的方法对锥体特征参数进行提取,在此基础上解算出每一时刻锥顶坐标,从而实现目标空间位置的三维重构。最后,仿真分析本节方法的有效性。

6.4.1.1　三维锥旋矢量提取

在 6.1.1 节的模型分析基础上,可以得到进动锥体三个散射中心到雷达的距离分别为

$$\begin{cases} R_D = h_1 \cos\beta(t) \\ R_p = -h_2 \cos\beta(t) + r\sin\beta(t) \\ R_q = -h_2 \cos\beta(t) - r\sin\beta(t) \end{cases} \tag{6.50}$$

考虑到锥体目标在实际运动中各部分之间存在相互遮挡,目标上各散射中心不能始终保持同时可见,使得式(6.1)的使用范围受到限制。但锥顶 D 和近散射点 p 在大部分情况下都能被观测到[55],并能够获得两者的稳定连续观测信息,因此本节主要利用 D、p 的微动信息展开研究。假设雷达波长为 λ,由式(6.1)可得,进动引发的 D、p 两点的微多普勒调制为

$$\begin{cases} f_{d-D} = 2\omega_c h_1 \sin\theta\sin\alpha\cos(w_c t + \varphi)/\lambda \\ f_{d-p} = 2\omega_c(-h_2 - r/\tan\beta(t))\sin\theta\sin\alpha\cos(w_c t + \varphi)/\lambda \end{cases} \tag{6.51}$$

由式(6.51)可知,f_{d-D} 服从正弦规律,而 f_{d-p} 由两部分之和组成,不再服从简单的正弦调制规律,且两点微多普勒频率均与目标的进动和结构特征有关,共包含 ω_c、h_1、h_2、r、θ、α、φ 这 7 个未知参数,其中 ω_c、φ 可通过提取正弦曲线特征得到,而 θ、α 两者之间存在耦合,仅通过单部雷达,仍无法实现对目标进动角及尺寸大小的求解。考虑到多视角观测能获得更加丰富的目标信息,具有较好的解耦合性能,因此本节将采用雷达组网方式对目标特征进行提取,并进一步实现三维重构。

首先建立窄带雷达网系统观测模型,如图 6.21 所示,图中 $OXYZ$ 为全局坐标系,与参考坐标系 $oxyz$ 平行,假定系统中共有 N 部窄带雷达同时进行观测,并都已满足时空同步要求,各雷达视线在 $OXYZ$ 坐标系中的方位角和俯仰角为 (ε_i, χ_i),$n_i(i = 1, 2, \cdots, N)$ 为雷达视线方向,满足

$$\boldsymbol{n}_i = \left[\cos\chi_i\cos\varepsilon_i, \cos\chi_i\sin\varepsilon_i, \sin\chi_i\right]^{\mathrm{T}} \tag{6.52}$$

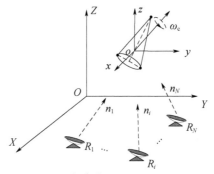

图 6.21　窄带雷达网系统观测模型

由上述分析可知,当采用多部雷达同时进行观测时,由于各雷达观测视角不同,同一时刻目标各散射中心在雷达视线上的投影位置排列顺序将存在差异,相对应地,同一时刻各散射中心的微多普勒频率也会不同。因此,在利用组网雷达进行特征提取之前,首先得实现不同视角散射中心的匹配关联。

由式(6.51)可以看出,对于同一观测目标而言,锥顶 D 的微多普勒频率调制系数 A 仅与雷达观测视角有关,任取雷达网中两部雷达,其调制系数比满足

$$k_{ij} = \frac{A_i}{A_j} = \frac{\sin\alpha_i}{\sin\alpha_j} \tag{6.53}$$

而 p 点调制规律更为复杂,不具备上述比例关系。因此,通过比较观察不同雷达间的调制系数比即可实现散射中心的匹配关联。文献[119]采用频谱分析的方法,通过计算不同散射中心的频谱熵来实现散射中心的匹配关联,然而在两个散射中心回波信号无法分离的情况下,散射中心无法与各自频谱一一对应起来,因此该方法存在较大的局限性。相比而言,本节方法则更加简单实用。

为更好地实现对锥体目标的三维重构,首先对锥旋轴方向进行估计。采用 Viterbi 算法提取锥顶微多普勒曲线振幅得到

$$A_i = 2\omega_c h_1 \sin\theta\sin\alpha_i/\lambda \tag{6.54}$$

Viterbi 算法[48]作为信号隐状态估计的有效手段之一,能够依据各信号成分强度对信号进行逐次分离,因此常用来对多目标信号瞬时频率进行估计。此外,雷达观测视角 α_i 还满足

$$\sin\alpha_i = \left\|\frac{\hat{\boldsymbol{\omega}}}{\omega_c} \times \boldsymbol{n}_i\right\|$$
$$\omega_c = \|\hat{\boldsymbol{\omega}}\| \tag{6.55}$$

式中:$\hat{\boldsymbol{\omega}} = (\omega_x, \omega_y, \omega_z)^{\mathrm{T}}$。

联立式(6.52)、式(6.54)、式(6.55)，令 $B = h_1 \sin\theta$，此时方程组中共包含 B、ω_x、ω_y、ω_z 四个未知参数，因此，至少需要 3 部雷达同时进行观测才能实现对上述参数的求解。进一步将求得的参数回代入方程组，还可以确定 $\sin\alpha_i$ 的大小。

6.4.1.2　进动和结构参数估计

在上述分析的基础上，若要提取锥体弹头参数，还需对 p 点的微多普勒频率进行充分利用，由式(6.51)可知，f_{d-p} 由正弦部分和非正弦部分组成，且正弦部分 $f_k = -2\omega_c h_2 \sin\theta\sin\alpha\cos(\omega_c t + \varphi)/\lambda$ 满足 $f_k = (-h_2/h_1) \cdot f_{d-D}$，而非正弦部分此时仅包含 r、θ 两个未知参数。若能将正弦部分完全补偿，便可利用多视角观测对 r、θ 联立求解。考虑锥体目标尺寸信息仍然未知，假设补偿系数为 η，且 $\eta_0 = h_2/h_1$，当 $\eta = \eta_0$ 时，便可实现完全补偿，于是 p 点补偿后的微多普勒频率满足

$$f_{d-B}(\alpha_i \,|\, \eta) = f_{d-p}(\alpha_i) + \eta f_{d-D}(\alpha_i) \tag{6.56}$$

对 η 进行遍历，利用补偿后的频率两两联立方程可求得

$$(\hat{r}_\xi, \hat{\theta}_\xi) \,|\, \eta = \arg\min \sum_{i=\tau,\kappa} \left| f_{d-B}(\alpha_i \,|\, \eta) - f_{d-B}(\alpha_i \,|\, \eta_0) \right|$$
$$\tau, \kappa \in 1, 2, \cdots, N, \ \tau \neq \kappa, \xi = 1, 2, \cdots, C_N^2 \tag{6.57}$$

对每个 η 取值所对应求得的所有结果 $(\hat{r}_\xi \,|\, \eta, \hat{\theta}_\xi \,|\, \eta)$ 做进一步处理，并定义归一化标准差为

$$\sigma = \frac{1}{C_N^2} \left(\frac{\|\Delta r\|}{\bar{r}} + \frac{\|\Delta\theta\|}{\bar{\theta}} \right) \tag{6.58}$$

式中

$$\Delta r = (\hat{r}_1 - \bar{r}, \hat{r}_2 - \bar{r}, \cdots, \hat{r}_{C_N^2} - \bar{r}), \Delta\theta = (\hat{\theta}_1 - \bar{\theta}, \hat{\theta}_2 - \bar{\theta}, \cdots, \hat{\theta}_{C_N^2} - \bar{\theta})$$

其中：$\bar{r}$、$\bar{\theta}$ 为平均值，按照上述归一化标准差定义，对于每一个 η 取值均能得到对应的 σ。若 $\eta = \eta_1$，σ 取得最小值，则说明此时 f_k 被补偿得最完全，补偿系数 η_1 也越接近 η_0。由此可求得

$$\begin{cases} \hat{r} = \bar{r} \,|\, \eta_1 \\ \hat{\theta} = \bar{\theta} \,|\, \eta_1 \\ \dfrac{h_2}{h_1} = \eta_1 \end{cases} \tag{6.59}$$

结合 6.4.1.1 节分析，将 $\hat{\theta}$ 代入 $B = h_1 \sin\theta$ 中，于是求得 $h_1 = B/\sin\hat{\theta}$，$h_2 = h_1 \cdot \eta_1$。

6.4.1.3　锥顶空间位置估计

在求得锥体目标结构参数及旋转轴方向的基础上，为实现对目标空间位置的三维重构，还需确定各散射中心的相对位置，由于底面边缘两个散射中心会随雷达视线方向改变产生滑动，位置坐标不易确定，因而本节从锥顶散射中心入手，在锥体目标结构参数已知的条件下，只要能够求得每一时刻锥顶坐标，同样

能实现对目标空间位置的三维重构。由于窄带雷达距离分辨力较低,难以直接从目标回波中获得各散射中心的径向距离变化规律,因此考虑在已知各散射中心运动形式和参数基础上,通过微多普勒频率反推每一时刻各散射中心相对应的径向距离变化。

令 $d = R_D - R_0$,由式(6.50)可得

$$d_i = h_1\cos\theta\cos\alpha_i + h_1\sin\theta\sin\alpha_i\sin(\omega_c t + \varphi_i) \tag{6.60}$$

式中: $\varphi_i = \phi_0 - \chi_i$。

由于每一时刻 D 点的微多普勒频率 f_{d-D} 均已获得,且 f_{d-D} 与 R_D 满足导数关系,因而 d_i 在每一时刻的值也能求解得到。此外,结合图6.1可知, d_i 为 $\overrightarrow{oD}$ 在第 i 部雷达视线上的投影,同时还应满足

$$d_i = \boldsymbol{n}_i^{\mathrm{T}} \cdot \overrightarrow{oD} \tag{6.61}$$

若令 $\overrightarrow{oD} = (D_x, D_y, D_z)^{\mathrm{T}}$,通过3部雷达同时进行观测可以解算出 $\overrightarrow{oD}$ 为

$$\overrightarrow{oD} = \begin{bmatrix} \boldsymbol{n}_1^{\mathrm{T}} \\ \boldsymbol{n}_2^{\mathrm{T}} \\ \boldsymbol{n}_3^{\mathrm{T}} \end{bmatrix}^{-1} \cdot \begin{bmatrix} d_1 \\ d_2 \\ d_3 \end{bmatrix} \tag{6.62}$$

综上所述,基于窄带雷达组网的弹道目标三维微动特征提取及重构步骤如下:

(1)建立弹道目标进动模型,分析各散射中心微多普勒调制规律。

(2)对目标回波进行时频分析,采用Viterbi算法提取各散射中心微多普勒曲线。

(3)基于锥顶微多普勒频率调制系数比,实现不同视角下散射中心匹配关联。

(4)提取三维锥旋矢量和目标结构参数,在此基础上解算出每一时刻锥顶坐标,从而实现锥体目标空间三维重构。

6.4.1.4　仿真分析

在下述仿真中设定目标为锥体,目标参数设置: $h_1 = 2\mathrm{m}$, $h_2 = 0.5\mathrm{m}$, $r = 0.5\mathrm{m}$, $h = 2.5\mathrm{m}$, $\theta = 13°$,目标对称轴初始方位角 $\phi_0 = 60°$,目标的锥旋频率 $f_c = 4\mathrm{Hz}$,锥旋矢量为 $(2\sqrt{3}\,\pi, 4\sqrt{3}\,\pi, 2\pi)$。雷达参数设置:载频 $f = 8\mathrm{GHz}$,信号带宽为5MHz,雷达脉冲重复频率为2000Hz,积累时间为1s。在全局坐标系中3部雷达测得的目标方位角和俯仰角 (ε_i, χ_i) 分别为 $(40°,84°)$、$(45°,48°)$、$(30°,17°)$。图6.22分别为3部雷达获得的目标回波Cohen类时频分布重排结果。可以看出,重排后的谱图不仅具有更好的时频聚集性,而且有效抑制了各分量之间的交叉项[12]。进一步采用Viterbi算法提取各散射中心瞬时频率,借助Matlab中的曲线拟合工具箱对瞬时频率曲线进行平滑,得到各雷达散射中心IFE估计结果,并依据6.4.1.1节匹配关联准则对各散射中心进行区分,如图6.23所示。由各雷达锥顶瞬时频率变化振幅可得三维锥旋矢量 $\hat{\boldsymbol{\omega}} = (10.8598, 21.7937, 6.2545)^{\mathrm{T}}$, $\|\hat{\boldsymbol{\omega}}\| = 25.14\mathrm{rad/s}$,与理论值

基本吻合,采用 6.4.1.2 节中方法对 (r,θ) 进行估计,图 6.24 为 η 遍历时归一化标准差 σ 随之变化的结果,可以看出当 $\eta=0.253$ 时,σ 取得最小值,于是得到各参数估计结果如表 6.2 所列。

在求得目标进动和结构参数的基础上,进一步按照 6.4.1.3 节所提方法对锥顶坐标进行求解,当 $t=0.25\text{s}$ 时,求得锥顶坐标 $(\hat{D}_x,\hat{D}_y,\hat{D}_z)=(1.1739,1.1888,0.5895)$,与理论值 $(D_x,D_y,D_z)=(1.2050,1.2495,0.6093)$ 基本相符,并最终得到在观测时间 $0\sim0.25\text{s}$ 内锥顶散射中心的轨迹如图 6.25 所示,可以看出锥顶坐标得到了准确估计,从而更加充分地说明了本节重构方法的准确性和有效性。

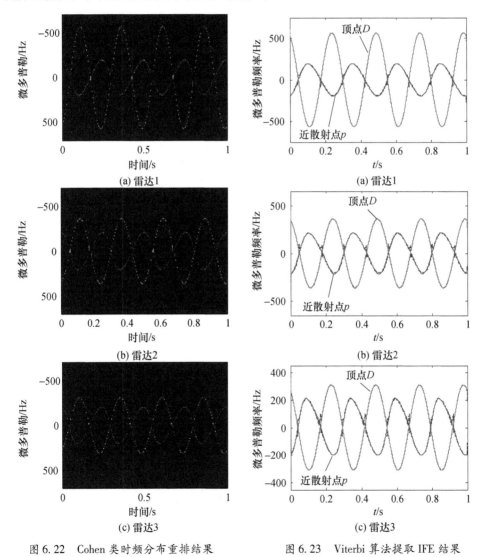

图 6.22 Cohen 类时频分布重排结果　　　图 6.23 Viterbi 算法提取 IFE 结果

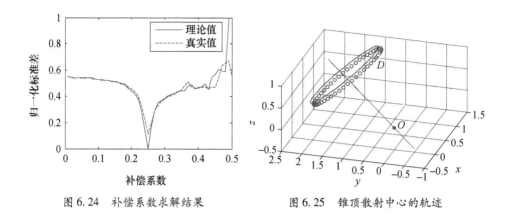

图 6.24 补偿系数求解结果 图 6.25 锥顶散射中心的轨迹

表 6.2 锥体弹头进动及结构参数估计结果

参数	理论值	估计值	相对误差/%
$\alpha_1/(°)$	70.7288	70.7025	0.30
$\alpha_2/(°)$	36.8974	36.9851	0.037
$\alpha_3/(°)$	30.8829	30.7848	0.32
$\theta/(°)$	13	13.5579	4.29
r/m	0.5	0.5237	4.74
h_1/m	2	1.9132	4.43
h_2/m	0.5	0.4811	3.20

　　本节对基于窄带雷达网的锥体目标三维进动特征提取问题展开了研究。依据目标的多视角微多普勒频率调制特性,利用 3 部雷达获取了目标的三维锥旋矢量及特征参数,并进一步解算出每一时刻锥顶坐标,实现了目标空间位置的三维重构。仿真结果表明,本节方法目标参数估计精度高,重构性能好,能够有效克服目标散射中心遮挡和姿态敏感性的不利影响,为基于窄带雷达的空间目标准确识别提供了解决方案。

6.4.2　基于多站的旋转目标三维重构

　　利用单站对旋转目标进行三维重构需要有雷达视线与旋转轴夹角 α 的先验信息,且重构的精度受 α 误差的影响较大。多站雷达组网可以获取目标在立体空间中的信息,即雷达网是从三维的角度观察目标,决定了多站组网的目标信息获取能力比单部雷达有很大的提高。理论上,只需要三个雷达站的一维距离像数据就可实现目标的三维重构,因此本节研究基于多站的旋转目标三维重构方法。首先分析多站组网条件下旋转目标三维重构的可行性,给出了多站距离像匹配的流程,进而利用三个雷达站的时间—距离像数据实现了旋转目标散射点三维空间位置的重构。

6.4.2.1　旋转目标多站距离像的匹配

不同雷达站得到的目标距离像中,各个散射点对应峰值的位置、强弱及排列顺序均不相同[120,121],因此利用多站距离像的信息,首先要确定各雷达站距离像中属于同一散射点的峰值位置,即距离像匹配。仅凭某个时刻的一维距离像数据是无法获得足够的信息实现匹配的,考虑到距离像峰值在慢时间的变化规律与散射点本身的径向运动规律一致,通过提取距离像峰值的变化规律,进而得到与雷达视线无关的匹配参数,就可以实现多站距离像的匹配。

由于目标上各散射点在三维空间的相对位置与坐标系的建立方式无关,因此为得到更直观的旋转目标微动数学模型,建立参考坐标系(X,Y,Z),如图 6.26 所示。坐标原点 O 为目标的质心,Z 轴为旋转轴,定义雷达视线方向(LOS)与 Z 轴所在平面为 XOZ 平面,X 轴方向符合右手螺旋准则。设目标满足远场条件,坐标原点 O 与雷达的初始距离为 R_0,假设雷达在参考坐标系中的高低角和方位角分别为 α 和 β,则雷达视线在 (X,Y,Z) 中单位矢量 $\boldsymbol{n} = \left[\cos\alpha\cos\beta, \cos\alpha\sin\beta, \sin\alpha\right]^{\mathrm{T}}$。

设 P 为目标上任一散射点,P 在参考坐标系中的初始位置 $\boldsymbol{r}_p = (x_p, y_p, z_p)^{\mathrm{T}}$,则在 t 时刻,散射点 P 在参考坐标系下的位置变为 $\boldsymbol{r}_p(t) = (x_p(t), y_p(t), z_p(t))^{\mathrm{T}}$,其中

$$\begin{cases} x_p(t) = \sqrt{x_p^2 + y_p^2}\cos(\omega_{\mathrm{r}}t + \theta_{p0}) \\ y_p(t) = \sqrt{x_p^2 + y_p^2}\sin(\omega_{\mathrm{r}}t + \theta_{p0}) \\ z_p(t) = z_p \\ \theta_{p0} = \arctan(y_p/x_p) \end{cases} \tag{6.63}$$

式中:ω_{r} 为旋转角速度;θ_{p0} 为 P 点在初始时刻的方位角。

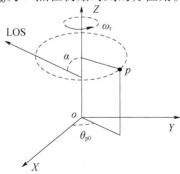

图 6.26　目标旋转微动示意图

t 时刻 P 点与雷达的径向距离为

$$R_p(t) = R_0 + r_{p0} + A_p \cos(\omega_r t + \varphi_p) \tag{6.64}$$

式中

$$\begin{cases} r_{p0} = z_p \sin\alpha \\ A_p = \sqrt{x_p^2 + y_p^2}\cos\alpha \\ \varphi_p = \theta_{p0} - \beta \end{cases} \tag{6.65}$$

可见,旋转目标上任一散射点变化的幅度 A、中值 r 和初相 φ 均与雷达视线角有关,导致在同时间段相同散射点在不同雷达视线角下得到的时间—距离像序列并不一致。假设旋转目标上有 L 个散射点,观察幅度、均值与初相的表达式可知:任意两个散射点 $i(x_i, y_i, z_i)$ 和 $j(x_j, y_j, z_j)$ $(i,j \in (1, 2, \cdots, L), i \neq j)$ 的微距离变化幅值比 k_{Aij}、中值比 k_{rij} 和初相差 $k_{\varphi ij}$ 均与雷达视线方向无关。因此,考虑分别提取不同雷达站时间—距离像中正弦曲线的幅度、中值和初相三个参数,然后求任意两条曲线的 k_A、k_r 和 k_φ:

$$k_{Aij} = A_{ci}/A_{cj} = \sqrt{(x_i^2 + y_i^2)/(x_j^2 + y_j^2)} \tag{6.66}$$

$$k_{rij} = r_{0i}/r_{0j} = z_i/z_j \tag{6.67}$$

$$k_{\varphi ij} = atan(x_j/y_j) - atan(x_i/y_i) \tag{6.68}$$

再比较不同雷达站得到的数据,就可实现一维距离像的匹配。设各雷达站满足时间同步,且雷达的参数相同,则一维距离像的匹配步骤如下:

(1)取相同时间段各雷达站获取的时间—距离像数据 $S(m, n)$(m 为脉冲数,n 为距离单元),利用扩展 Hough 变换估计每幅时间—距离像中正弦曲线的幅度、中值和初相。

(2)求每幅时间—距离像中任意两条正弦曲线的幅度比 k_A、均值比 k_r 和初相差 k_φ,定义 $\boldsymbol{K} = (k_A, k_r, k_\varphi)$ 为这两条曲线的匹配变量。

(3)比较各雷达站所得的匹配变量,若每个雷达站时间—距离像中存在两条曲线的匹配变量,同时满足

$$\begin{cases} \left| \dfrac{k_{A\max} - k_{A\min}}{k_{A\max}} \right| \leq \eta_A \\[3mm] \left| \dfrac{k_{r\max} - k_{r\min}}{k_{r\max}} \right| \leq \eta_r \\[3mm] \left| \dfrac{k_{\varphi\max} - k_{\varphi\min}}{k_{\varphi\max}} \right| \leq \eta_\varphi \end{cases} \tag{6.69}$$

则认为对应的两条曲线匹配。η_A、η_r、η_φ 为相应的误差阈值,考虑到利用扩展 Hough 变换进行参数估计引起的误差,本节取 $\eta_A = \eta_r = \eta_\varphi = 5\%$。

（4）从各站时间—距离像中取同一时刻的一维距离像,根据匹配的曲线在该时刻的位置顺序,对各站一维距离像进行匹配。

6.4.2.2　旋转轴方向估计

假设有 3 部同类型雷达 M_1、M_2、M_3 观测同一旋转微动目标,且目标的平动已被补偿,这里仅考虑目标的微动,(x,y,z) 为全局坐标系,与各雷达坐标系平行。3 部雷达与目标在全局坐标系下的关系如图 6.27 所示。3 部雷达测得目标的高低角和方位角分别为 (ε_1,β_1)、(ε_2,β_2)、(ε_3,β_3),则各雷达视线方向在 (x,y,z) 中的单位方向矢量分别为

$$\begin{cases} \boldsymbol{n}_1 = \left[\cos\varepsilon_1\cos\beta_1 , \sin\varepsilon_1\cos\beta_1 , \sin\beta_1 \right]^{\mathrm{T}} \\ \boldsymbol{n}_2 = \left[\cos\varepsilon_2\cos\beta_2 , \sin\varepsilon_2\cos\beta_2 , \sin\beta_2 \right]^{\mathrm{T}} \\ \boldsymbol{n}_3 = \left[\cos\varepsilon_3\cos\beta_3 , \sin\varepsilon_3\cos\beta_3 , \sin\beta_3 \right]^{\mathrm{T}} \end{cases} \tag{6.70}$$

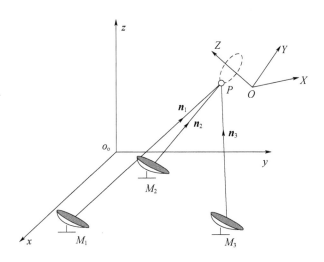

图 6.27　三部雷达与目标相对位置关系示意图

由前面的分析可知,参考坐标系的 Z 轴为旋转轴,不随目标的微动而运动。假设经过距离像匹配后,共匹配出 L 个散射点,Z 轴上存在一虚拟点 Q,其坐标为 $\left(0,0,\sum\limits_{i=1}^{L}z_i\right)$($z_i$ 为目标上第 i 个散射点在参考坐标系下的 z 轴坐标),3 部雷达视线与旋转轴的夹角为角分别为 α_1、α_2 和 α_3,则矢量 $\overrightarrow{OQ}$(O 为参考坐标系原点)在三个雷达视线方向的投影长度分别为 $\sum\limits_{i=1}^{L}z_i\cos\alpha_1$、$\sum\limits_{i=1}^{L}z_i\cos\alpha_2$ 和 $\sum\limits_{i=1}^{L}z_i\cos\alpha_3$。假设矢量 $\overrightarrow{OQ}$ 在雷达坐标系下可表示为

$\boldsymbol{r}_Q = (x_Q, y_Q, z_Q)^{\mathrm{T}}$ 则有

$$
\begin{cases}
\boldsymbol{n}_1^{\mathrm{T}} \cdot \boldsymbol{r}_Q = \sum_{i=1}^{L} z_i \cos\alpha_1 = \sum_{i=1}^{L} d_{1i} \\[3mm]
\boldsymbol{n}_2^{\mathrm{T}} \cdot \boldsymbol{r}_Q = \sum_{i=1}^{L} z_i \cos\alpha_2 = \sum_{i=1}^{L} d_{2i} \\[3mm]
\boldsymbol{n}_3^{\mathrm{T}} \cdot \boldsymbol{r}_Q = \sum_{i=1}^{L} z_i \cos\alpha_3 = \sum_{i=1}^{L} d_{3i}
\end{cases}
\tag{6.71}
$$

式中：$\sum_{i=1}^{L} d_{1i}$、$\sum_{i=1}^{L} d_{2i}$ 和 $\sum_{i=1}^{L} d_{3i}$ 分别为 3 部雷达时间—距离像经扩展 Hough 变换后得到的 L 个中值参数 d 之和。

则 $\boldsymbol{r}_Q$ 可表示为

$$
\boldsymbol{r}_Q = \begin{bmatrix}
\cos\varepsilon_1\cos\beta_1 & \sin\varepsilon_1\cos\beta_1 & \sin\beta_1 \\
\cos\varepsilon_2\cos\beta_2 & \sin\varepsilon_2\cos\beta_2 & \sin\beta_2 \\
\cos\varepsilon_3\cos\beta_3 & \sin\varepsilon_3\cos\beta_3 & \sin\beta_3
\end{bmatrix}^{-1}
\cdot
\begin{bmatrix}
\sum_{i=1}^{L} d_{1i} \\[3mm]
\sum_{i=1}^{L} d_{2i} \\[3mm]
\sum_{i=1}^{L} d_{3i}
\end{bmatrix}
\tag{6.72}
$$

旋转轴方向为 $\boldsymbol{n}_Q = \boldsymbol{r}_Q / |\boldsymbol{r}_Q|$，进而可求得 α_1、α_2、α_3，即

$$
\begin{cases}
\alpha_1 = \arccos\left(\dfrac{\boldsymbol{n}_1^{\mathrm{T}} \cdot \boldsymbol{r}_Q}{\| \boldsymbol{r}_Q \|} \right) \\[4mm]
\alpha_2 = \arccos\left(\dfrac{\boldsymbol{n}_2^{\mathrm{T}} \cdot \boldsymbol{r}_Q}{\| \boldsymbol{r}_Q \|} \right) \\[4mm]
\alpha_3 = \arccos\left(\dfrac{\boldsymbol{n}_3^{\mathrm{T}} \cdot \boldsymbol{r}_Q}{\| \boldsymbol{r}_Q \|} \right)
\end{cases}
\tag{6.73}
$$

6.4.2.3　旋转散射点空间相对位置重构

假设已经满足时间同步的条件，从 3 部雷达时间—距离像中取同一时刻的一维距离像，根据距离像匹配的结果找出同一散射点在各幅距离像中的峰值位置，以其中一个散射点 a 为参考点，设点 a 在所取的 3 部雷达距离像中的峰值位置分别为 r_{1a}、r_{2a} 和 r_{3a}，估计出其他散射点与 a 点峰值位置之差为

$$
\begin{cases}
\delta_{1ia} = r_{1i} - r_{1a} \\
\delta_{2ia} = r_{2i} - r_{3a} \quad (i \in [1, L], i \neq a) \\
\delta_{3ia} = r_{3i} - r_{3a}
\end{cases}
\tag{6.74}
$$

在总体坐标系 (x,y,z) 下,散射点 a 与 i 连线组成的矢量为 $\overrightarrow{ai} = (x_i,y_i,z_i)$,则可得到

$$\begin{cases} \boldsymbol{n}_1^{\mathrm{T}} \cdot (x_i,y_i,z_i)^{\mathrm{T}} = \delta_{1ia} \\ \boldsymbol{n}_2^{\mathrm{T}} \cdot (x_i,y_i,z_i)^{\mathrm{T}} = \delta_{2ia} \\ \boldsymbol{n}_3^{\mathrm{T}} \cdot (x_i,y_i,z_i)^{\mathrm{T}} = \delta_{3ia} \end{cases} \tag{6.75}$$

则矢量 $\overrightarrow{ai}$ 的坐标可表示为

$$(x_i,y_i,z_i)^{\mathrm{T}} = \begin{bmatrix} \cos\varepsilon_1\cos\beta_1 & \sin\varepsilon_1\cos\beta & \sin\beta_1 \\ \cos\varepsilon_2\cos\beta_2 & \sin\varepsilon_2\cos\beta_2 & \sin\beta_2 \\ \cos\varepsilon_3\cos\beta_3 & \sin\varepsilon_3\cos\beta_3 & \sin\beta_3 \end{bmatrix}^{-1} \cdot \begin{bmatrix} \delta_{1ia} \\ \delta_{2ia} \\ \delta_{2ia} \end{bmatrix} \tag{6.76}$$

以 a 为原点建立与雷达坐标系平行的参考坐标系,(x_i,y_i,z_i) 即为散射点 i 在该坐标系中的坐标位置。将目标所有散射点的坐标位置求出,即实现了该目标散射点的三维空间位置重构。

综合以上分析,可以得出基于多站一维距离像的旋转目标三维重构方法的流程图如图 6.28 所示。

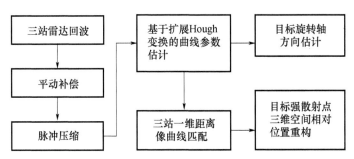

图 6.28 基于多站一维距离像的旋转目标三维重构方法流程图

6.4.2.4 仿真验证与分析

仿真参数设置:雷达载频为 10GHz,脉冲重复频率为 1kHz,脉冲宽度为 0.1ms,带宽为 1GHz;目标上有三个旋转散射点,在参考坐标系中的坐标分别为 $(0.5303, -0.9186, 1.0607)$、$(0.608, 0.3459, -0.1036)$、$(-0.2544, 02665, -0.6036)$,单位为 m。目标旋转角速度 $\omega_r = 6\pi$ rad/s;三个雷达站测得目标的高低角和方位角分别为 $(30°,60°)$、$(60°,30°)$、$(45°,45°)$。

图 6.29 为三站测得目标的时间—距离像,从图中可以看出,同一散射点在不同雷达观测角度下微距离变化的幅度、中值和相位均不相同。图 6.30 为三个雷达站在 0.32s 时得到的目标一维距离像。以散射点 a 为坐标原点,建立坐标系 (x_1, y_1, z_1),(x_1, y_1, z_1) 与雷达坐标系平行,参考坐标系 (X,Y,Z) 到 (x_1, y_1, z_1) 的初始旋

转欧拉角为(30°,45°,45°),则目标上三个散射点的相对位置的真实值与估计值(估计值取 50 次仿真结果的均值)如图 6.31 所示。图中估计值与真实值很接近,但还存在一定的误差。引起误差的主要原因是由雷达一维距离像峰值位置估计散射点之间的间距产生的误差,这一误差与雷达的距离分辨率有关,误差大小的理论值为半个距离分辨单元。

在多个雷达站组网的条件,可以实现旋转目标瞬时空间位置的三维重构,不需要先验信息,且重构的精度只与雷达本身的性能有关,因此,基于多站的旋转目标三维重构方法稳定有效。

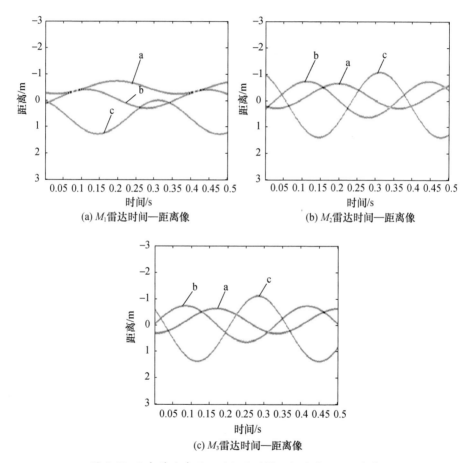

(a) M_1 雷达时间—距离像

(b) M_2 雷达时间—距离像

(c) M_3 雷达时间—距离像

图 6.29　3 部雷达在同一时间段测得目标的时间—距离像

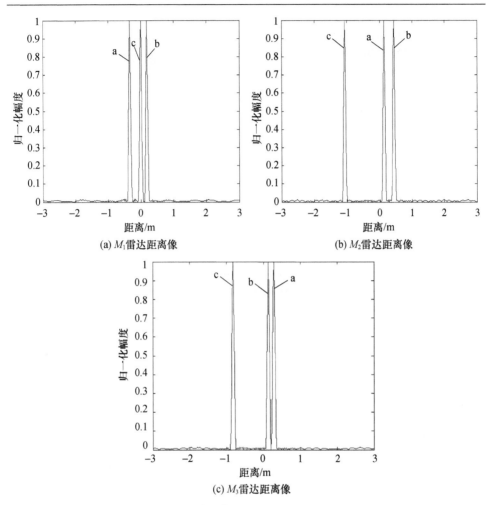

(a) M_1雷达距离像　　　　　　　(b) M_2雷达距离像

(c) M_3雷达距离像

图 6.30　3 部雷达在 0.32s 时测得的目标距离像

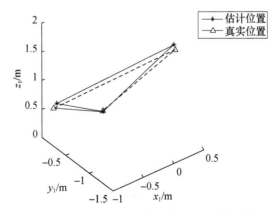

图 6.31　目标上 3 个散射点空间位置重构结果

通过 6.2 节的分析可知，雷达获取的一维距离像姿态敏感性较强。为了有效克服雷达姿态敏感性问题，进一步挖掘组网雷达参数估计潜能，本节综合利用进动目标导致的多种信息，如投影长度的变化信息、进动初始相位角等，实现了锥体目标结构尺寸、进动角、进动轴三维指向的联合估计。

6.4.3　弹道目标三维空间位置重构

由于进动锥体目标参数存在耦合，因此单部雷达不易获取参数，估计误差较大。针对这一问题，本节提出了一种联合多部雷达不同视角微动信息进行参数提取与融合的新方法。首先，对进动目标进行了建模和散射点距离像分析，并利用 Hough 变换实现了锥顶散射点的关联。然后，联立两部雷达的微动信息作为求解单元来对耦合参数进行解耦，求出相应的参数。同时以进动角为例进行了误差方差分析，以融合后误差方差最小为原则对权系数进行了求解，并对其余参数进行了相同的处理。最后，在一个进动周期内，根据求出的锥体顶点坐标和锥旋轴矢量实现了锥体目标空间位置的重构。仿真结果表明，该融合方法能够提高参数精度并能对锥体空间位置进行重构。

6.4.3.1　进动目标距离像分析

参照 6.1.1 节建立进动锥体目标模型如图 6.32 所示，参数设置与 6.1.1 节一样。当满足 $\beta \in (0, \varepsilon) \cup (\pi/2, \pi - \varepsilon)$ 时，锥体目标上可观测到 A、B、C 三个强散射点。由于 ε 较小[117]，因此本节主要对 $\beta \in (\pi/2, \pi - \varepsilon)$ 进行锥体进动分析。

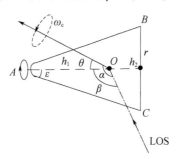

图 6.32　锥体进动模型示意图

雷达视线角 $\beta(t)$ 满足。

$$\cos\beta(t) = \cos\theta\cos\alpha + \sin\theta\sin\alpha\cos(\omega_c t + \varphi_0) \qquad (6.77)$$

式中：φ_0 为初相

假设平动分量已补偿，设初始时刻雷达距 O 点的距离为 R_0 且满足远场条件。散射点 A、B、C 到雷达视线的径向距离变化表达式为

$$\begin{cases} R_A = h_1\cos\beta(t) \\ R_B = -h_2\cos\beta(t) + r\sin\beta(t) \\ R_C = -h_2\cos\beta(t) - r\sin\beta(t) \end{cases} \tag{6.78}$$

分析式(6.78)可知,散射点 A 满足正弦变化,散射点 B、C 由于进动,径向距离变化存在着非正弦变化的分量 $r\sin\beta(t)$。进动角 θ 与雷达视角 α 存在耦合,仅依靠单一视角不易获取参数。所以考虑利用组网雷达多视角的优点,从满足正弦变化的散射点 A 进行参数提取。

组网雷达中每部雷达由于观测视角不同,得到的距离像也不同。利用组网雷达多视角信息,首先要确定各雷达站距离像中属于同一散射点的峰值位置,即距离像匹配。由式(6.78)可知,A、B、C 三个散射点的径向距离变化之和满足正弦变化,与 A 点有相同的频率 ω 和初相 φ_0。

$$\frac{R_A + R_B + R_C}{R_A} = \frac{h_1 - 2h_2}{h_1} \tag{6.79}$$

在一个周期内,利用相同时间间隔对三个散射点径向距离和进行采样,通过最小二乘拟合,可估计出频率 ω_c 和初相 φ_0。此时,可采用二参数 Hough 变换提取距离像中散射点 A 的振幅和中值参数,由此便可利用组网雷达散射点 A 的信息。

6.4.3.2　参数求解

由式(6.78)和式(6.79)可得,第 i 部雷达观测得到的散射点 A 的振幅 l_{Ai} 和中值 l_{Ci} 表达式为

$$\begin{cases} l_{Ai} = h_1\sin\theta\sin\alpha_i \\ l_{Ci} = h_1\cos\theta\cos\alpha_i \end{cases} \tag{6.80}$$

为解决进动角 θ 与雷达视角 α_i 之间的耦合,对式(6.80)进行变形,可得

$$\frac{l_{Ai}^{\,2}}{h_1^{\,2}\sin^2\theta} + \frac{l_{Ci}^{\,2}}{h_1^{\,2}\cos^2\theta} = 1 \tag{6.81}$$

上式有两个未知参数 h_1 和 θ,可通过第 i 部和第 j 部雷达联立两个方程组进行求解,即

$$\theta = \arctan\sqrt{\frac{l_{Ai}^2 - l_{Aj}^2}{l_{Cj}^2 - l_{Ci}^2}} \tag{6.82}$$

$$h_1 = \sqrt{\left(\frac{l_{Ci}^2}{\cos^2\theta} + \frac{l_{Ai}^2}{\sin^2\theta}\right)} \tag{6.83}$$

$$\alpha_i = \arccos\left(\frac{l_{Ci}}{h_1\cos\theta}\right) \tag{6.84}$$

联立式(6.79)和式(6.83)即可求出结构参数 h_2。当 $\cos(\omega t + \varphi_0) = 0$ 时,由

式(6.78)可得

$$|R_B - R_C| = 2r \cdot \sqrt{1 - (\cos\theta\cos\alpha)^2} \tag{6.85}$$

在提取出散射点 A 信息时条件下,利用 CLEAN 算法减去雷达回波中散射点 A 的分量,再运用峰值法提取散射点 B、C 某个时间上的距离值,求出 $|R_B - R_C|$ 的值,此时联立式(6.81)、式(6.84)和式(6.85)可求出 r 的值。

6.4.3.3 进动角自适应融合

1. 进动角加权系数矩阵求解

在 6.4.2 节参数求解的公式中可以看出,进动角与雷达视角和结构参数均有关系,一定程度上进动角的估计精度影响着雷达视角和结构参数的估计精度。同时可知,利用两部不同视角的雷达即可求出进动角等参数。现以组网雷达中任意两部雷达作为参数求解单元,则 n 个单元求得的矩阵 $\boldsymbol{U} = (\hat{\theta}_1, \hat{\theta}_2, \cdots, \hat{\theta}_n)^\mathrm{T}$,满足

$$\boldsymbol{U} = (\boldsymbol{\theta} + \boldsymbol{V}) \tag{6.86}$$

式中:$\boldsymbol{\theta} = (\theta_1, \theta_2, \cdots, \theta_n)^\mathrm{T}$,$\theta$ 为进动角真实值;$V = (v_1, v_2, \cdots, v_n)^\mathrm{T}$,$v_k$ 为第 k 个单元求出进动角产生的误差,满足 $(0, \sigma_k^2)$ 的高斯分布且进动角误差之间相互独立 $(k = 1, 2, \cdots, n)$。

令进动角估计值 $\hat{\theta} = AU$,其中 $\boldsymbol{A} = (a_1, a_2, \cdots, a_n)$ 为权系数矩阵,系数满足 $\sum_{i=1}^{n} a_i = 1$。令进动角估计值误差为 $\widetilde{\theta}$,满足 $\widetilde{\theta} = \theta - \hat{\theta}$,以 $\widetilde{\theta}$ 方差最小为最佳权系数求取准则,则 $\widetilde{\theta}$ 方差满足

$$D(\widetilde{\theta}) = E(\widetilde{\theta}^2) - [E(\widetilde{\theta})]^2 \tag{6.87}$$

式中

$$E(\widetilde{\theta}^2) = E((\boldsymbol{AV})^\mathrm{T}(\boldsymbol{AV})), E(v_k v_{i \neq k}) = 0, E(v_k^2) = (\sigma_k^2), E(\widetilde{\theta}) = E[\theta - \hat{\theta}] = 0$$

运用多元函数求极值法可得到加权系数矩阵为

$$A = \frac{1}{\displaystyle\sum_{k=1}^{n} \frac{1}{\sigma_k^2}} \left(\frac{1}{\sigma_1^2}, \frac{1}{\sigma_2^2}, \cdots, \frac{1}{\sigma_n^2} \right) \tag{6.88}$$

2. 进动角误差方差分析

由式(6.88)和式(6.82)可知,加权系数与进动角误差的方差有关,而进动角与散射点 A 距离像的振幅 l_A 和中值 l_C 有关。

以第 k 求解单元中雷达 1 与雷达 2 为例进行分析,提取散射点 A 距离像的中值与振幅。为简化分析,令 $x_1 = l_{A1}, x_2 = l_{C1}, x_3 = l_{A2}, x_4 = l_{C2}, \theta_k = f(x), x = (x_1, x_2, x_3, x_4)$。对 θ_k 进行全微分,可得

$$
\begin{cases}
\hat{\theta}_k \approx \theta_k + \mathrm{d}\theta_k \\
\mathrm{d}\theta_k = \displaystyle\sum_{i=1}^{4} \frac{\partial f(x)}{\partial x_i}\mathrm{d}x_i
\end{cases}
\tag{6.89}
$$

根据误差的传递性，θ_k 的估计方差为

$$
D(\mathrm{d}\theta_k) = \sum_{i=1}^{4}\left[\left(\frac{\partial f(x)}{\partial x_i}\right)^2 \cdot D(\mathrm{d}x_i)\right]
\tag{6.90}
$$

由式(6.90)可知，$\hat{\theta}_k = \theta + v_k$。与式(6.89)对比发现：$v_k(0,\sigma_k^2)$ 与 $\mathrm{d}\theta_k$ 是相对应的，可通过求解 $D(\mathrm{d}\theta_k)$ 来确定 σ_k^2。

在相同观测时间内，同部雷达同一散射点距离像幅值与中值的微分是一致的，仅与雷达分辨力相关，所以 $\mathrm{d}x_i$ 满足 $\mathrm{d}x_1 = \mathrm{d}x_2$，$\mathrm{d}x_3 = \mathrm{d}x_4$。在多数情况下锥体目标散射点之间是稀疏的，散射点 B、C 对散射点 A 的影响可以忽略。在雷达达到其理想分辨力的情况下，可得 $D(\mathrm{d}x_i)$ 满足[122]

$$
D(x_i) = D(\mathrm{d}x_i) = \frac{3}{2\pi^2} \cdot \frac{\delta_r^2}{\mathrm{SNR}}
\tag{6.91}
$$

式中：SNR 为散射点 A 在距离像上的峰值信噪比；δ_r 为距离分辨率，即为 $\dfrac{c}{2B}$。

综上分析可知，加权系数矩阵满足的表达式为

$$
A = \frac{1}{\displaystyle\sum_{k=1}^{n}\frac{1}{\sigma_k^2}}\left(\frac{1}{\sigma_1^2},\frac{1}{\sigma_2^2},\cdots,\frac{1}{\sigma_n^2}\right),\quad \sigma_k^2 = \Lambda f(x)
\tag{6.92}
$$

式中

$$
\begin{cases}
\Lambda = \left(\dfrac{\partial}{\partial x_1} + \dfrac{\partial}{\partial x_2}\right) \cdot \dfrac{3}{2\pi^2} \cdot \dfrac{\delta_{r1}^2}{\mathrm{SNR}_1} + \left(\dfrac{\partial}{\partial x_3} + \dfrac{\partial}{\partial x_4}\right) \cdot \dfrac{3}{2\pi^2} \cdot \dfrac{\delta_{r2}^2}{\mathrm{SNR}_1} \\[3mm]
f(x) = \arctan\sqrt{\dfrac{x_1^2 - x_3^2}{x_4^2 - x_2^2}},\quad x = (x_1,x_2,x_3,x_4)
\end{cases}
\tag{6.93}
$$

由此可看出，进动角权系数矩阵与雷达带宽和回波信噪比有关，而这两个因素也正是判断雷达性能指标的依据之一。当雷达带宽确定时，可通过提高回波的信噪比来提高提取数据的精度。

3. 参数自适应融合

经过上述推导，进动角 θ 可通过每个求解单元求出的进动角通过加权系数矩阵进行融合来提高估计精度，表达式为

$$
\hat{\theta} = AU
\tag{6.94}
$$

对于结构参数，可以运用同样的方法进行融合处理，在此不具体阐述。雷达视

角 α_i 仅与雷达和目标之间的空间位置有关,无法进行融合,可利用融合后的结构参数 θ 和 h_1 对 α_i 进行求解来提高 α_i 的估计精度。

6.4.3.4 锥体目标三维空间位置重构

1. 组网雷达模型

图 6.33 为组网雷达观测锥体目标示意图,N 部雷达均可达到时间上和空间上的同步要求。以 O 为原点建立参考坐标系 $O-XYZ$,其中 OZ 为锥旋轴,初始时刻锥体对称轴与 Z 轴所在平面为 YOZ 面,XYZ 满足右手坐标系,同时建立全局坐标系 $O_o-X_0Y_0Z_0$。参考坐标系与全局坐标系之间的坐标转换可参考文献[123]。设 N 部雷达视线在 $O_o-X_0Y_0Z_0$ 全局坐标系中的俯仰角和方位角分别为 (γ_i,χ_i),则雷达视线方向矢量 $\boldsymbol{n}_i=\left[\cos\gamma_i\cos\chi_i,\cos\gamma_i\sin\chi_i,\sin\gamma_i\right]$。

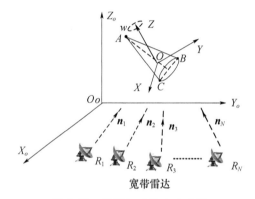

图 6.33 宽带组网雷达示意图

2. 三维矢量求解

文献[124]中指出,三维微动特征为旋转矢量 $\boldsymbol{\omega}$ 及旋转轴的单位矢量 $\boldsymbol{e}$。在结构参数已知的条件下,可利用旋转矢量 $\boldsymbol{\omega}$ 和旋转轴的单位矢量 $\boldsymbol{e}$ 对锥体目标进行空间位置重构。由图 6.33 可知,$\overrightarrow{OA}$ 的单位矢量、$\boldsymbol{\omega}$ 的单位矢量和 $\boldsymbol{e}$ 构成三角关系,所以可通过矢量 $\overrightarrow{OA}$ 和 $\boldsymbol{e}$ 对锥体空间位置进行重构。

在全局坐标系下,令 $\overrightarrow{OA}=(x_A,y_A,z_A)^{\mathrm{T}}$,$R_{Ai}$ 即为 $\overrightarrow{OA}$ 在第 i 部雷达视线上的投影长度,即为每一时刻散射点 A 的径向距离的值。联立第 k 个求解单元中第 1 部雷达和第 2 部雷达散射点 A 的径向距离值,可得

$$\begin{cases} R_{A1}=\boldsymbol{n}_1\cdot\overrightarrow{OA} \\ R_{A2}=\boldsymbol{n}_2\cdot\overrightarrow{OA} \\ x_A^2+y_A^2+z_A^2=h_1^2 \end{cases} \tag{6.95}$$

式中:R_{A1}、R_{A2} 为同一时刻获得的散射点径向距离值。

不同时刻获得的 R_{Ai} 不同,求解得到的锥顶坐标也不同。在一个进动周期内,在等间隔时间对锥顶坐标进行求取,可重构出锥顶在空间中位置。

令旋转轴矢量 $\boldsymbol{e} = (e_x, e_y, e_z)^{\mathrm{T}}$,根据全局坐标系下雷达视线方向矢量 $\boldsymbol{n}_i$、参考坐标系下雷达视角 α_i 和进动角 θ,在一个求解单元中,可联立如下方程组:

$$\begin{cases} \cos\theta = \boldsymbol{e} \cdot \dfrac{\overrightarrow{OA}}{|OA|} \\ \cos\alpha_1 = \boldsymbol{e} \cdot \boldsymbol{n}_1 \\ \cos\alpha_2 = \boldsymbol{e} \cdot \boldsymbol{n}_2 \end{cases} \tag{6.96}$$

利用式(6.95)和式(6.96)解出的旋转矢量 $\boldsymbol{\omega}$ 和旋转轴的单位矢量 $\boldsymbol{e}$ 即可重构出锥体顶点的空间位置。锥体底面两个散射点由于具有滑动性,不同的雷达视角观测得到的位置不同,不易进行重构。在结构参数已知的条件下,通过锥顶的空间位置,即可确定出锥体目标的位置。

弹道目标空间位置重构具体步骤如下:

(1)建立锥体进动模型,由几何关系求出散射点径向距离表达式。通过分析三个散射点径向距离和与锥顶散射点径向距离的关系实现锥顶散射点匹配关联。

(2)利用 Hough 变换提取出锥顶散射点的中值与幅值,联立两部雷达解出进动角、雷达视角和结构参数。

(3)以进动角误差方差最小来求解最佳权系数矩阵,再根据系数矩阵求出融合后进动角的估计值。对于结构参数也上述融合算法进行了处理。

(4)建立组网雷达模型,在利用融合的估计值求出锥顶坐标和锥旋轴矢量的基础上,实现了锥体目标空间位置的重构。

6.4.3.5　仿真分析

1. 仿真结果

雷达参数设置:组网雷达系统中有 3 部雷达,均发射线性调频信号,载频分别为 10GHz、20GHz、20GHz,信号带宽分别为 2GHz、3GHz、3GHz。3 部雷达编号分别为 1、2、3。3 部雷达观测时间均为 2s,脉宽均为 50μs,重复频率为 500Hz,在全局坐标系下的俯仰角和方位角分别为 $(\pi/8, \pi/4)\mathrm{rad}$、$(\pi/6, \pi/8)\mathrm{rad}$、$(\pi/8, \pi/4)\mathrm{rad}$,回波信噪比分别为 10dB、8dB、10dB。

目标参数设置:目标为旋转对称锥体,$h = 2.5\mathrm{m}$,$h_1 = 2\mathrm{m}$,$h_2 = 0.5\mathrm{m}$,$r = 0.5\mathrm{m}$,$\theta = 10°$,锥旋角速度 $\omega_c = 4\pi\mathrm{rad/s}$,锥旋轴在全局坐标系下的视角为 $(\pi/2, \pi/4)\mathrm{rad}$,初始 $\varphi_0 = -45°$。根据设置的雷达视角和锥旋轴视角参数,由式(6.96)可解出 3 部雷达在参考坐标下的理论值分别为 $\alpha_1 = 145.34°$,$\alpha_2 = 167.53°$ 和 $\alpha_3 =$

177.04°,满足锥体目标三个散射点可见的条件。

组网雷达中的 3 部雷达,以雷达 1 和雷达 2 为求解单元 1,雷达 1 和雷达 3 为求解单元 2,雷达 2 和雷达 3 为求解单元 3。图 6.34 为单元 1 中的两部雷达得到的距离像序列。图 6.35(a) 为雷达 2 散射点距离和序列。由 6.4.3.1 节分析可知,通过距离和序列可求出锥旋频率 ω_c 和初相 φ_0。利用已知的锥旋频率 ω_c 和初相 φ_0 对雷达 2 散射点进行二参数 Hough 变换,如图 6.35(b) 所示,可提取出散射点 A 的中值和幅值。运用上述方法均可提取得到 3 部雷达散射点 A 的中值和幅值。

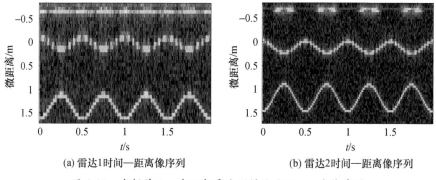

(a) 雷达 1 时间—距离像序列　　　　　(b) 雷达 2 时间—距离像序列

图 6.34　求解单元 1 中两部雷达测得的时间—距离像序列

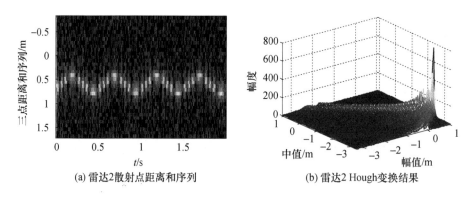

(a) 雷达 2 散射点距离和序列　　　　　(b) 雷达 2 Hough 变换结果

图 6.35　提取雷达 2 散射点 A 中值和幅值过程

表 6.3 为三个求解单元得到的进动角、锥体顶点坐标($t = 0.25\mathrm{s}$)和锥旋轴矢量。在一个锥旋周期内($t = 0 \sim 0.5\mathrm{s}$),以 0.025s 为一个时间步长,确定出相应时刻 R_A 的值,通过式(6.95)可求出对应的锥顶坐标。求锥顶坐标时利用到了散射点 A 的距离值,可按照进动角的融合法则进行融合。对旋转轴矢量的融合是将三个单元求出的结果取平均。表 6.4 为提取出的相关参数。

表6.3　求解单元估计结果

参数	理论值	单元1	误差/%	单元2	误差/%	单元3	误差/%	数据融合	误差/%
$\theta/(°)$	10	10.332	3.32	10.317	3.17	9.774	2.26	10.184	1.84
x_A/m	−0.275	−0.282	2.54	−0.268	2.54	−0.271	1.45	0.272	1.10
y_A/m	1.286	1.318	2.49	1.307	1.63	1.305	1.48	1.310	1.87
z_A/m	1.262	1.292	2.38	1.288	2.06	1.284	1.74	1.286	1.90
e_x/m	0	0.0001	0.01	0.0001	0.01	0.0001	0.01	0.0001	0.01
e_y/m	0.707	0.724	2.40	0.720	2.16	0.721	1.98	0.722	2.18
e_z/m	0.707	0.723	2.26	0.720	1.84	0.719	1.70	0.721	1.98

表6.4　参数估计结果

参数	理论值	雷达1	误差/%	雷达2	误差/%	雷达3	误差/%	数据融合	误差/%
h_1/m	2	2.053	2.65	1.968	1.60	1.972	1.40	1.977	1.25
h_2/m	0.5	0.514	2.80	0.512	2.40	0.507	1.40	0.511	1.80
r/m	0.5	0.492	1.60	0.507	1.40	0.507	1.40	0.506	1.20
$\alpha_1/(°)$	145	146.58	1.09	—	—	—	—	—	—
$\alpha_2/(°)$	167	—	—	165.74	0.75	—	—	—	—
$\alpha_3/(°)$	177	—	—	—	—	176.15	0.48	—	—

由表6.3和表6.4的数据可看出,融合后的参数整体上比未融合的数据误差小。利用融合后的参数和在一个锥旋周期求出的锥顶坐标($t=0.025\mathrm{s}$为步长)对锥顶散射点进行了空间位置重构,如图6.36所示。由图可看出重构后的轨迹与理论值几乎重合,从而验证了重构方法的准确性和数据融合算法的精确性。

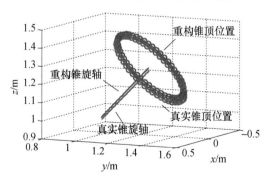

图6.36　锥体顶点的三维重构

2. 算法性能分析

为了有效的分析参数的整体估计性能,定义一个整体参数误差来分析不同数量单元融合后整体数据的误差大小。由于参数的类型不同对目标姿态和微动特性影响程度也不同,现对所有估计出的参数按照影响大小设定不同的权值。定义参数误差矩阵 $\boldsymbol{P} = (\tilde{\theta}, \tilde{B}, \tilde{E}, \tilde{h}_1, \tilde{h}_2, \tilde{r})$,其中 $B = (x_A + y_A + z_A)/3$,$E = (e_x + e_y + e_z)/3$,权值矩阵为 $\boldsymbol{Q} = (0.3, 0.2, 0.2, 0.1, 0.1, 0.1)$,则平均误差可表示为

$$\eta = \boldsymbol{P}\boldsymbol{Q}^{\mathrm{T}} \tag{6.97}$$

以本节 1. 中雷达参数的设置进行分析,设组网中有 3 部雷达,按照每两部雷达作为一个求解单元,一共有三种求解单元。图 6.37 为不同求解单元数在不同信噪比条件下得到的平均误差示意图。横坐标表示的是在原来雷达回波信噪比的基础上进行提高信噪比和降低信噪比。为了验证本节算法的适用性,减少由于雷达参数不同而引入的系统误差。其中一个单元的结果是由单元 1、2、3 的结果平均得到的。两个单元的结果是单元 1 与单元 2 融合得到的。三个单元的结果是单元 1、2、3 平均得到的。

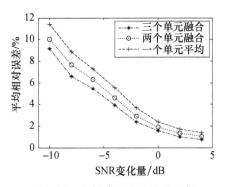

图 6.37　求解单元误差性能分析

6.4.3.6　结论

通过对进动目标距离像进行分析实现了参数求解,并以各个单元(雷达)所求参数误差方差最小为准则对参数进行了融合求解。通过理论分析和仿真实验表明,进动角和结构参数误差的大小与雷达性能是相关的。可通过组网雷达的不同性能进行融合处理,降低参数误差;锥顶坐标和锥旋矢量可以实现锥体目标空间位置的重构,利用融合的参数重构出的目标位置与理论位置接近;所有单元求出参数进行融合估计与直接将所有参数进行平均估计相比,参数整体误差要小;进动目标空间位置重构可以为目标识别和目标二维成像提供一定参考。

第7章 异构组网雷达微动特征提取

随着分导弹头和诱饵技术的发展[7],反导预警系统面临着越来越严峻的挑战。微动特征识别是弹道目标识别的关键技术之一[33],组网雷达作为弹道目标微动识别的倍增器,是解决弹道群目标突防、有源无源干扰以及单基地雷达搜索区域限制的有效途径。反导预警雷达一般由高性能窄带低分辨雷达和宽带高分辨雷达组成。需要指出的是,高性能窄带低分辨雷达已大量应用于截获、跟踪雷达,而宽带高分辨雷达主要用于舰船、空天目标的精细监视与成像识别,目前多停留在实验阶段,短时间内难以大量装备。因此,有效发挥现有低分辨雷达的优势,可以更好地解决当前弹道目标的识别问题。这就需要综合窄带低分辨雷达和宽带高分辨雷达,联合构造混合体制雷达网,以获取弹道目标的多种微动特征,增强弹道目标识别的准确性与可靠性。美国林肯实验室利用 Millstone 雷达获取的窄带 RCS 特征去评估宽带高分辨 Haystack 雷达和 HAX 雷达得到的 ISAR 像(包括有效负载、旋转频率等参数),实现了高/低分辨雷达的融合识别。

7.1 基于 Hough 变换的旋转目标三维重构

旋转是微动目标最主要的微动形式之一,本节研究旋转微动目标的三维重构方法。旋转目标的微动特征在时频图和时间—距离像中均表现为多条正弦曲线,这些正弦曲线的参数与目标上散射点的空间位置分布密切相关,这一关系为旋转目标三维空间位置重构提供了新的思路。其中,时频图中的正弦曲线只包幅值和相位两个参数,不足以解算出三维的空间参数;而时间—距离像中的正弦曲线包含了幅度、相位和均值三个参数,若能建立对应的关系,则有可能实现目标的三维重构。

7.1.1 雷达网系统模型分析

建立全局坐标系(U,V,W)如图 7.1 所示,由于 3 部不同方位雷达便可确定目标旋转轴方向,为便于分析,假设该雷达网系统中共包含 1 部宽带雷达 M_1 和 2 部窄带雷达 M_2、M_3,n_1、n_2、n_3 分别表示其雷达视线单位方向矢量,$OXYZ$ 为 6.4.2 节中图 6.27 建立的参考坐标系,各坐标轴之间满足右手螺旋定则,其他参数设置与

6.4.2 节保持不变。

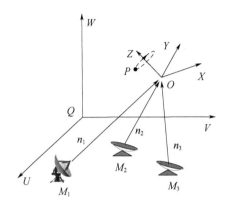

图 7.1 宽、窄带雷达混合组网模型

假设各雷达视线在参考坐标系中的方位角和与旋转轴的夹角分别为 (β_i, α_i) $(i=1,2,3)$，根据 6.4.1 的推导分析可知 P 点在不同雷达视角下的微距离可表示为

$$R_{Pi}(t) = d_{Pi} + A_{Pi}\cos(\omega_Z t + \psi_{Pi}) \tag{7.1}$$

式中

$$\begin{cases} d_{Pi} = z_P\cos\alpha_i \\ A_{Pi} = \sqrt{x_P^2 + y_P^2}\sin\alpha_i \\ \psi_{Pi} = \varphi_{P0} - \beta_i \end{cases} \tag{7.2}$$

进一步根据，$f_D = \dfrac{2}{\lambda}\dfrac{\mathrm{d}R(t)}{\mathrm{d}t}$

可以求得 P 点的微多普勒频率满足

$$\begin{aligned} f_{Pi} &= \frac{2}{\lambda}\frac{\mathrm{d}R_{Pi}(t)}{\mathrm{d}t} \\ &= -2\omega_Z A_{Pi}\sin(\omega_Z t + \psi_{Pi})/\lambda \end{aligned} \tag{7.3}$$

式中：λ 为雷达工作波长。

由式(7.3)可以看出，旋转所产生的微多普勒频率仍然随时间呈正弦规律变化，且变化幅度与目标的旋转频率、雷达视角、散射点空间分布位置等有关。因此，结合式(7.1)、式(7.3)，通过对宽带和窄带雷达回波各散射中心微多普勒曲线参数进行提取，进一步构建多视角联合方程组，可以实现目标的三维重构。然而，当目标上存在多个强散射中心时，由于目标做旋转运动，同一雷达观测视角下各散射中心在雷达视线上的投影顺序将随时间发生改变，不同观测视角下同一时刻各散射中心的排列顺序也会有所不同。因此,为实现各散射中心空间分布及目标特征的准确求解,先要对各散射中心进行匹配关联。

7.1.2　匹配度矩阵构建

假设目标上共有 N 个散射中心,且第 j 和第 k 个散射中心在参考坐标系 $OXYZ$ 中的坐标分别为 (x_j, y_j, z_j)、(x_k, y_k, z_k)（$j, k \in (1, 2 \cdots N)$, $j \neq k$）,根据式（7.1）~ 式（7.3）分析可知,同一视角下 j、k 两个散射中心微多普勒曲线的中值比 W_{d-jk}、振幅比 W_{A-jk} 和初相差 $W_{\psi-jk}$ 分别满足

$$W_{d-jk} = z_j / z_k \tag{7.4}$$

$$W_{A-jk} = \sqrt{(x_j^2 + y_j^2) / (x_k^2 + y_k^2)} \tag{7.5}$$

$$W_{\psi-jk} = arctan(y_j / x_j) - arctan(y_k / x_k) \tag{7.6}$$

由此可见,W_{d-jk}、W_{A-jk}、$W_{\psi-jk}$ 均与雷达视角无关,若对同一雷达获得的各散射中心微多普勒信息两两进行上述处理,并对不同雷达获得的处理结果进行逐一比较,便可实现各散射中心匹配关联。考虑曲线参数提取误差的影响,定义第 i（$i = 1, 2, 3$）部雷达中 j、k 两个散射中心之间的匹配因子为 $W_{i-j \times k} = (W_{d-jk}, W_{A-jk}, W_{\psi-jk})$,以第 1 部雷达和第 2 部雷达为例进行分析说明,引入匹配度函数 $W(m, n, w, l) = \| W_{1-m \times n} - W_{2-w \times l} \|$,其中 $m, n, w, l \in (1, 2, \cdots, N)$, $m \neq n$, $w \neq l$。因此,由匹配度函数构成的匹配度矩阵具体如下:

$$W = \begin{pmatrix} \| W_{1-1 \times 2} - W_{2-1 \times 2} \| & \cdots & \| W_{1-1 \times 2} - W_{2-N \times (N-1)} \| \\ \vdots & & \vdots \\ \| W_{1-N \times (N-1)} - W_{2-1 \times 2} \| & \cdots & \| W_{1-N \times (N-1)} - W_{2-N \times (N-1)} \| \end{pmatrix} \tag{7.7}$$

令 $W_s(s \in (1, 2, \cdots, S), S = A_N^2)$ 表示矩阵第 s 行元素所组成的矢量,若求得其中 $W_{s'} = \| W_{1-m'n'} - W_{2-w'l'} \| = \min W_s$, $W_{s'} \in W_s$ 成立,则此时第 1 部雷达中的第 m' 个散射中心和第 2 部雷达中第 w' 个散射中心分别对应目标上同一散射中心,同理 n' 和 l' 也对应同一散射中心。因而可以实现不同视角下各散射中心的匹配。

7.1.3　三维重构

7.1.3.1　微多普勒曲线参数提取

由上述分析可知,目标各散射中心的匹配关联和三维重构均需要估计出散射中心的微多普勒曲线参数。考虑到各曲线均满足正弦调制规律,因而采用广义 Hough 变换对其参数进行提取。Hough 变换原本只能检测图像中存在的直线,广义 Hough 变换作为其改进型,现已适用于各类具有特定解析式曲线的检测,并且能实现多分量信号曲线参数的分别积累[125]。然而,当各分量信号能量差异较大时,

强信号旁瓣容易造成对弱信号的掩盖,致使弱信号参数难以被检测提取,对此本节提出通过 CLEAN 算法和广义 Hough 变换相结合来提取各曲线参数,具体算法步骤如下:

(1)对回波信号进行自相关处理得到目标旋转角频率 ω_z,分别获取宽带雷达回波时间距离像平面 $TR(\mu,\nu)$ 和窄带雷达回波时频面 $TF(\eta,\kappa)$,其中 $\mu,\nu,\eta,\kappa \in N^+$ 分别表示平面内节点的坐标,两个平面大小分别为 $U \times V$ 维和 $M \times K$ 维,令 $\rho=1$,$TR_\rho(\mu,\nu)=TR(\mu,\nu)$,$TF_\rho(\eta,\kappa)=TF(\eta,\kappa)$。

(2)采用 $s=A \cdot \sin(\omega_z t+\psi)+d$(其中,$A$ 为振幅,ψ 为初相,d 为均值)描述平面内各正弦曲线,进而利用广义 Hough 变换对各正弦曲线进行检测得到参数空间 (A,ψ,d),由于时频面内各曲线均值 $d=0$,因而对应的参数空间为 (A,ψ)。

(3)通过峰值检测分别获取 $TR_\rho(\mu,\nu)$ 和 $TF_\rho(\eta,\kappa)$ 中最强信号分量曲线参数,进而得到各自对应的微距离序列 $\boldsymbol{R}_\rho$ 和微多普勒频率序列 $\boldsymbol{F}_\rho$。

(4)以点序列 $\boldsymbol{R}_\rho$ 和 $\boldsymbol{F}_\rho$ 为中心分别构建带状阻域,借助 CLEAN 算法清除平面内最强信号分量。以点序列 $\boldsymbol{R}_\rho$ 和 $\boldsymbol{F}_\rho$ 为中心分别构建微距离带状阻域 S_R 和频率带状阻域 S_F:

式中:μ_ν 为点序列 $\boldsymbol{R}_\rho$ 上第 ν 个时间采样单元所对应的距离单元数,δ 为距离分辨单元的个数,在此取经验值 $\delta=1$。

$$S_R = \left\{(\mu,\nu) \,\middle|\, \max[1,\mu_\nu-\delta] \leqslant \mu \leqslant \min[U,\mu_\nu+\delta],\nu=1,2,\cdots,V\right\} \quad (7.8)$$

$$S_F = \left\{(\eta,\kappa) \,\middle|\, \max\left[1,\eta_\kappa-\left\lceil\frac{\sigma M}{2F_r}\right\rceil\right] \leqslant \eta \leqslant \min\left[M,\eta_\kappa+\left\lceil\frac{\sigma M}{2F_r}\right\rceil\right],\kappa=1,2,\cdots,K\right\}$$
$$(7.9)$$

式中:η_κ 为点序列 $\boldsymbol{F}_\rho$ 上第 κ 个时间采样单元所对应的频率单元数;σ 为经时频分析所能得到的频率分辨率;F_r 为脉冲重复频率,可求得频率间隔为 F_r/M。

在此基础上,分别构建滤波函数 $H_R(\mu,\nu)$、$H_F(\eta,\kappa)$:

$$H_R(\mu,\nu) = \begin{cases} \varepsilon_R, & (\mu,\nu) \in S_R \\ 1, & (\mu,\nu) \notin S_R \end{cases} \quad (7.10)$$

$$H_F(\eta,\kappa) = \begin{cases} \varepsilon_F, & (\eta,\kappa) \in S_F \\ 1, & (\eta,\kappa) \notin S_F \end{cases} \quad (7.11)$$

式中:ε_R、ε_F 为滤波函数阻域幅度响应,$\varepsilon_R<1$,$\varepsilon_F<1$。

进一步,通过滤波函数对 $TR_\rho(\mu,\nu)$ 和 $TF_\rho(\eta,\kappa)$ 平面内最强信号分量进行清除可得

$$\begin{cases} TR'(\mu,\nu) = TR_\rho(\mu,\nu) \cdot H_R(\mu,\nu) \\ TF'(\eta,\kappa) = TF_\rho(\eta,\kappa) \cdot H_F(\eta,\kappa) \end{cases} \quad (7.12)$$

（5）令 $\rho = \rho + 1$，$\mathrm{TR}_\rho(\mu,\nu) = \mathrm{TR}'(\mu,\nu)$，$\mathrm{TF}_\rho(\eta,\kappa) = \mathrm{TF}'(\eta,\kappa)$，返回步骤（2），直到平面内所有分量均检测完毕。

7.1.3.2　旋转轴方向估计

在实现散射中心匹配的基础上，选取目标上任意点 P 为例进行分析，假设 7.1.1 节中 3 部雷达测得目标在全局坐标系 (U,V,W) 中的方位角和高低角分别为 (ε_1,γ_1)、(ε_2,γ_2)、(ε_3,γ_3)，因此各雷达视线单位方向矢量可以表示为

$$\begin{cases} \boldsymbol{n}_1 = \left[\cos\varepsilon_1\cos\gamma_1, \sin\varepsilon_1\cos\gamma_1, \sin\gamma_1\right]^{\mathrm{T}} \\ \boldsymbol{n}_2 = \left[\cos\varepsilon_2\cos\gamma_2, \sin\varepsilon_2\cos\gamma_2, \sin\gamma_2\right]^{\mathrm{T}} \\ \boldsymbol{n}_3 = \left[\cos\varepsilon_3\cos\gamma_3, \sin\varepsilon_3\cos\gamma_3, \sin\gamma_3\right]^{\mathrm{T}} \end{cases} \tag{7.13}$$

3 部雷达与旋转轴的夹角分别为 α_1、α_2、α_3，假设旋转轴在全局坐系中的单位方向矢量 $\boldsymbol{\Omega} = (\Omega_x, \Omega_y, \Omega_z)^{\mathrm{T}}$，采用 CLEAN 算法和广义 Hough 变换相结合分别对雷达 1 获得的时间距离像中微距离曲线和雷达 2、雷达 3 获得的时频图中微多普勒频率曲线进行提取，得到 P 点曲线周期 $T_z = 2\pi/\omega_z$，振幅分别为 $A_1 = A_{P1}$，$A_2 = 2\omega_z A_{P2}/\lambda$、$A_3 = 2\omega_z A_{P3}/\lambda$，其中 λ 已知，令 $r_P = \sqrt{x_P^2 + y_P^2}$，根据矢量夹角公式可建立方程组如下：

$$\begin{cases} A_1 = r_P \parallel \boldsymbol{\Omega} \times \boldsymbol{n}_1 \parallel \\ A_2 = 2\omega_z r_P \parallel \boldsymbol{\Omega} \times \boldsymbol{n}_2 \parallel /\lambda \\ A_3 = 2\omega_z r_P \parallel \boldsymbol{\Omega} \times \boldsymbol{n}_3 \parallel /\lambda \\ \Omega_x^2 + \Omega_y^2 + \Omega_z^2 = 1 \end{cases} \tag{7.14}$$

通过上述方程组便可实现旋转轴单位方向矢量 $\boldsymbol{\Omega}$ 和参数 r_P 的求解。进而根据 $\sin\alpha_i = \parallel \boldsymbol{\Omega} \times \boldsymbol{n}_i \parallel$ 和 $\cos\alpha_i = \boldsymbol{\Omega} \cdot \boldsymbol{n}_i$ 便可求得 $\sin\alpha_i$ 和 $\cos\alpha_i$。

7.1.3.3　散射点空间相对位置估计

在上一节求解的基础上，根据式（7.2）可进一步求得 z_P，然而此时仍无法实现对各散射点坐标的精确估计，只能考虑通过对空间各散射点相对位置的三维重构解决旋转目标在空间的姿态和形状估计问题。在图 7.2 中，P、q 分别表示目标上两个散射中心，r_P、r_q 为两者的旋转半径，z_P、z_q 为两者在参考坐标系中的 Z 轴坐标值，$W_{\psi - Pq}$ 表示 P、q 之间的初相差。根据式（7.6）可知，$W_{\psi - Pq}$ 与雷达视角无关，且容易通过对散射点曲线初相位提取并作差求得，选取其中一个散射点的初相位作为参考相位，便能进一步确定其他散射点所处方位，在旋转半径和 Z 轴分量已知的基础上，因而可以实现目标上所有散射中心相对位置的求解。

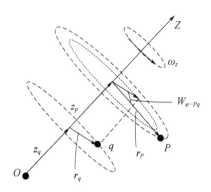

图 7.2　散射点空间相对位置关系

7.1.4　仿真分析

7.1.4.1　算法有效性验证

在下述仿真中,假设目标上共包含三个强散射中心 P、q、D,目标参数设置:P 点满足$(z_P,r_P,\varphi_P)=(0.8,0.3,0°)$,$q$ 点满足$(z_q,r_q,\Delta\varphi_{Pq})=(0.6,0.7,25°)$,$D$ 点满足$(z_D,r_D,\Delta\varphi_{PD})=(0.4,0.5,105°)$,$\Delta\varphi_{Pq}$、$\Delta\varphi_{PD}$ 分别表示以 P 点相位为参考相位时 q、D 两点与 P 点的相位差,三个散射中心的散射系数分别 $\sigma_1=1.3$、$\sigma_2=1.1$、$\sigma_3=0.7$,目标的旋转频率 $f_z=3\mathrm{Hz}$,旋转轴单位方向矢量 $\boldsymbol{\Omega}=(1/3,2/3,2/3)^{\mathrm{T}}$。雷达参数设置为:三部雷达在全局坐标系中的方位角和高低角分别满足$(\varepsilon_1,\gamma_1)=(40°,84°)$,$(\varepsilon_2,\gamma_2)=(45°,48°)$,$(\varepsilon_3,\gamma_3)=(30°,30°)$,雷达 1 发射的线性调频信号载频 $f=10\mathrm{GHz}$,信号带宽为 $2\mathrm{GHz}$,雷达脉冲重复频率为 $1000\mathrm{Hz}$,积累时间为 $1\mathrm{s}$,雷达视线与旋转轴的夹角 $\alpha_1=42.7351°$;雷达 2 和雷达 3 发射的单频信号载频 $f=8\mathrm{GHz}$,雷达脉冲重复频率为 $2000\mathrm{Hz}$,积累时间为 $1\mathrm{s}$,雷达视线与旋转轴的夹角分别为 $\alpha_2=14.4015°$、$\alpha_3=29.3071°$,雷达信噪比 SNR 均为 $5\mathrm{dB}$。图 7.3 为雷达 1 获得的目标回波时间距离像,图 7.4 和图 7.5 分别为雷达 2 和雷达 3 回波经 Gabor 变换获得的时频分布结果,相比较而言,雷达 1 中各散射点的微距离曲线正弦形式更为完整。下面以雷达 1 为例,对各散射中心的微距离曲线参数进行提取分析。采用三参数 Hough 变换对图 7.3(a)中最强散射中心曲线参数进行提取,为便于显示分析,只作出了其振幅—均值二维分布图如图 7.6(a)所示;图 7.3(b)为通过 CLEAN 算法清除图 7.3(a)中最强信号分量结果,进而采用 Hough 变换可以得到次强信号分量参数提取结果如图 7.6(b)所示;图 7.3(c)和图 7.6(c)则分别为剩余弱信号分量分布及参数提取结果图。进一步运用 7.1.2 节中的散射中心匹配准则完成散射中心匹配,可以得到 Hough 变换提取到的各散射中心的微多普勒曲线参数值,如表 7.1 所列。结合表 7.1,将提取结果代入式(7.14)和式(7.2)中,利用 7.1.3 节中算法可求得目标旋转轴单位方向矢量 $\boldsymbol{\Omega} = (0.3224, 0.6686, 0.6702)^{\mathrm{T}}$,雷达视线与旋转轴的夹角分别为 $\alpha_1 = 42.5052°$、$\alpha_2 = 14.7890°$、$\alpha_3 = 29.9639°$,均非常接近理论值。进而得到各散射中心相对位置的重构结果如图 7.7 所示,可以看出重构精度较高,充分说明了本节重构算法的准确性。

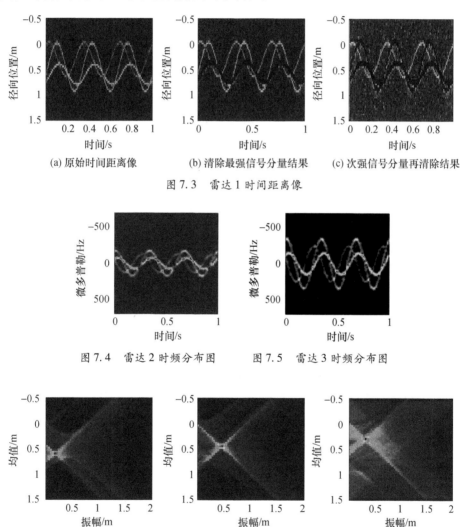

(a) 原始时间距离像　(b) 清除最强信号分量结果　(c) 次强信号分量再清除结果

图 7.3　雷达 1 时间距离像

图 7.4　雷达 2 时频分布图　　图 7.5　雷达 3 时频分布图

(a) 最强信号分量参数提取结果　(b) 次强信号分量参数提取结果　(c) 剩余分量参数提取结果

图 7.6　Hough 变换提取结果

表 7.1　各雷达获得的散射中心曲线参数值

雷达序号	散射点	均值/m	振幅/m	相位差/rad
雷达 1	P	0.5850	0.1975	0
	q	0.4370	0.4765	0.44
	D	0.2895	0.3379	1.84
雷达 2	P	0	75.3982	0
	q	0	175.9292	0.43
	D	0	125.6637	1.83
雷达 3	P	0	146.7699	0
	q	0	343.8053	0.43
	D	0	246.3009	1.84

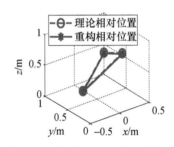

图 7.7　散射中心相对位置重构图

7.1.4.2　鲁棒性分析

为了进一步分析本节重构算法的鲁棒性,分别设置不同曲线参数估计精度对重构精度进行验证。为便于分析,考虑各散射中心重构算法的一致性,仅以散射点 P 的重构为例进行说明。对于雷达 1 而言,由于受雷达带宽的限制及一维距离像旁瓣的影响,在采用广义 Hough 变换提取距离像曲线参数时必然会引入误差;对于雷达 2 和雷达 3 而言,时频分辨率同样会影响微多普勒频率曲线参数的提取精度。由于本节重构算法的实现关键在于方程组(7.14)的求解,微距离曲线振幅和中值以及时频曲线的振幅均会影响到最终求解精度,因此主要分析它们对重构精度的影响。定义归一化误差如下:

$$\xi = \frac{\hat{X} - X}{X} \tag{7.15}$$

式中:$\hat{X}$ 为估计值;X 为真实值。

进一步定义 $|\xi|$ 为归一化绝对误差。假设曲线振幅、中值和时频曲线的振幅提取归一化误差服从 $[-a\ a]$ 上的均匀分布,当 a 在区间 $[0, 0.2]$ 变化时,考察

目标重构精度随之变化的规律。采用蒙特卡罗方法进行分析,仿真 100 次,可以得到目标旋转轴单位矢量各方向分量和散射点的旋转半径、Z 轴坐标的归一化绝对误差平均值的变化如图 7.8 所示。图 7.8(a)、(b)分别为微距离曲线参数和时频曲线参数提取值对目标重构影响的误差分析。可以看出,随着提取值归一化误差的增大,各参数估计误差基本上呈线性增加趋势,其中旋转矢量 x 轴分量估计精度变化最为敏感,而其他几个参数估计精度变化则相对较为平和。总的来说,当提取值归一化误差小于 0.1 时,目标参数估计精度仍较高。若要进一步提高估计精度,则需最大限度地增加雷达 1 发射信号带宽和雷达 2 的时频分辨率。

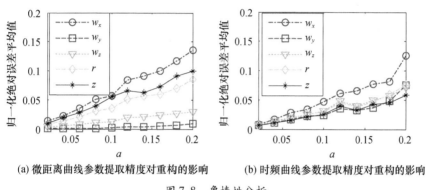

(a) 微距离曲线参数提取精度对重构的影响　　(b) 时频曲线参数提取精度对重构的影响

图 7.8　鲁棒性分析

本节对基于宽带和窄带雷达混合组网的旋转目标三维重构问题展开了研究。通过充分利用在不同视角下雷达所获得的目标的一维距离像序列和窄带时频域特征,构建匹配度矩阵和微多普勒信息融合方程组,实现了目标旋转轴方向矢量的估计和各散射中心相对位置的三维重构。仿真结果表明,本节所提重构算法精度高,且具有较好的鲁棒性,同时也为基于宽带和窄带微多普勒信息综合利用的空间目标识别提供了可行的解决方案。

7.2　基于微动信息矩阵的三维微动特征提取

本节分析了宽、窄带信号对应的微动特征,运用 Viterbi 算法分离并提取出各散射中心的微动曲线。在此基础上,根据宽、窄带微动特征的相关性,结合改进自相关法和最小二乘估计方法,构建并解算出目标最强散射中心对应的微动信息矩阵。最后利用散射中心关联和一致性匹配融合方法,构建多元方程组并求解,得到目标的微动特征和结构参数。

7.2.1　混合体制组网雷达系统构建

锥体弹头一般为旋转对称体,可以忽略弹头的自旋运动对其自身电磁散射特性的影响,仅考虑弹体各散射中心的滑动对弹头电磁散射特性的影响。在光学区,锥体弹头可以等效为由锥顶散射中心和两个底面圆环边缘滑动散射中心构成的散射源,且其部分强散射中心随观测雷达视角的不同而产生变化。针对旋转对称锥体弹头,本节构建了宽、窄带混合体制组网雷达系统,如图 7.9 所示。假设组网雷达由 I 部低分辨雷达和 I' 部高分辨雷达构成,且各部子雷达均为单基地雷达。$O-VUW$ 为全局坐标系,$O-XYZ$ 为进动坐标系,$o-x'y'z'$ 为相对坐标系,且 $ox'y'z'$ 平行于 $O-VUW$。

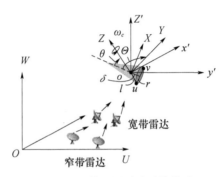

图 7.9　三维组网雷达系统构成

7.2.2　多分量微动特征分析与分离

宽、窄带信号对应的微动特征之间具有一定的相关性。低分辨雷达获取的时频微多普勒曲线可以等效为高分辨成像雷达获取的距离像曲线的导函数,这就给混合体制雷达中的数据关联提供了理论依据。本节考虑在载频 f_1、带宽 B_1 的高性能窄带反导预警雷达中加装宽带收/发设备及配套信号处理设备,且宽带发射信号设置为载频 f_2、带宽 B_2 的 LFM 信号。由于窄带雷达的带宽有限,这里忽略窄带信号脉内调制的影响。为了避免宽、窄信号之间相互干扰,宽、窄发射信号需设置在不同的工作频段。

设雷达在进动坐标系 $o-XYZ$、相对坐标系 $o-x'y'z'$ 中的视角可分别表示为 (α,β)、(α_c,β_c),目标进动角为 θ,锥旋角速度为 ω_c。雷达视线方向与弹头旋转对称轴构成的平面与弹头底面边缘圆环结构相较于近视点 u 和远视点 v 两点。对于滑动散射模型,由文献[126]可知,锥体弹头的三个最强散射中心 A、u、v 的微距离可以近似为

$$
\begin{cases}
r_A(t) = a_A + b_A\sin(\omega_c t - \alpha_c) \\
r_u(t) \approx a_u + b_u\sin(\omega_c t - \alpha_c) + c\cos(2\omega_c t - 2\alpha_c) \\
r_v(t) \approx a_v + b_v\sin(\omega_c t - \alpha_c) - c\cos(2\omega_c t - 2\alpha_c)
\end{cases}
\tag{7.16}
$$

式中：$r_A(t)$、$r_u(t)$、$r_v(t)$分别为顶点A、近视点u、远视点v在t时刻的微距离,此时平动分量已完全补偿；a_A、b_A、a_u、b_u、a_v、b_v、c均为调制系数,且只与弹道目标尺寸、进动参数有关,不难推导出

$$
\begin{cases}
a_A = (H - l\cos\delta)\chi_1, \ b_A = (H - l\cos\delta)\chi_2 \\[2mm]
a_u = \chi_1 l\cos\delta + r\sqrt{1-\chi_1^2}\left[1 - \dfrac{1}{16}\dfrac{\chi_2^2(3-\chi_3)}{1-\chi_1^2(1-\chi_3)}\right] \\[3mm]
b_u = \chi_2 l\cos\delta - r\dfrac{\chi_1\chi_2}{\sqrt{1-\chi_1^2}} \\[3mm]
a_v = \chi_1 l\cos\delta - r\sqrt{1-\chi_1^2}\left[1 - \dfrac{1}{16}\dfrac{\chi_2^2(3-\chi_3)}{1-\chi_1^2(1-\chi_3)}\right] \\[3mm]
b_v = \chi_2 l\cos\delta + r\dfrac{\chi_1\chi_2}{\sqrt{1-\chi_1^2}} \\[3mm]
c = \dfrac{r}{16}\dfrac{\chi_2^2(3-\chi_3)}{1-\chi_1^2(1-\chi_3)}\sqrt{1-\chi_1^2}
\end{cases}
\tag{7.17}
$$

其中：χ_1、χ_2、χ_3均为与β_c、θ有关的函数,且满足

$$
\chi_1(\beta_c,\theta) = \cos\beta_c\cos\theta,\ \chi_2(\beta_c,\theta) = \sin\beta_c\sin\theta,\ \chi_3(\beta_c,\theta) = \sin\beta_c\cos\theta
$$

由于弹头一般是旋转对称的,可以暂时不考虑弹头的自旋运动对电磁波散射特性的影响,因此,滑动结构的微距离可以近似为由多个正弦分量叠加而成,且与目标的结构参数以及锥旋频率有关。此时弹头的锥顶散射中心的微运动规律与进动目标对应的锥顶散射中心一致。

对于窄带发射设备而言,由于距离分辨率有限,难以获取目标的距离像信息,但依然可在多普勒谱中观测到微多普勒调制。假设平动分量已补偿,在光学区,弹头的回波可以等效为几个强散射中心的回波之和,则某个脉冲采样后窄带回波对应的基带信号为

$$
s_n(t) = \sum_k \sigma_k \exp(\mathrm{j}4\pi f_1 r_k(t)/c)
\tag{7.18}
$$

式中：$\mathrm{j} = \sqrt{-1}$；k为等效散射中心的个数；σ_k对应各散射中心的散射系数；$r_k(t)$对应t时刻各散射中心对应的微距离分量；c为电磁波在空间中的传播速度,即为光速。

经相位求导,得到各散射中心的微多普勒为

$$f_{\text{doppler}} = 4\pi f_1 \bigcup_k r_k(t)/c \tag{7.19}$$

式中:$\cup(\cdot)$ 表示包含关系。

对于宽带发射设备而言,其距离分辨率较高,因而可以得到目标的距离像信息。宽带回波信号可以表示为

$$s_w(t_q, t_s) = \sum_k \sigma_k \text{rect}((t_q - t_r)/\tau) \cdot \exp(\text{j}2\pi(f_2(t - t_r) + 0.5\mu(t_q - t_r)^2)) \tag{7.20}$$

式中:τ 为脉宽;$\mu = B_2/\tau$ 为调频率;$t_q = t - t_s$ 为快时间,$t_s = \overline{m}T_r$ 为慢时间,$\overline{m}$ 为脉冲数,$t_r \approx 2R_0(t)/c$;$\text{rect}(\cdot)$ 为矩形函数,且定义为 $\text{rect}(t) = 1(0 < t \leqslant \tau)$。

然后对回波进行线性解调处理,再通过傅里叶变换并消除包络斜置项和残余视频相位后,得到目标 HRRP 为

$$S_w(r, t_m) = \bigcup_k \sigma_k \tau \text{sinc}(2B_2(r - \Delta R(t_s))/c) \cdot \exp(-\text{j}4\pi f_2 \Delta R(t_s)/c) \tag{7.21}$$

式中:$\text{sinc}(\cdot)$ 为辛克函数;ΔR 为脉压处理后得到的微距离。

此时弹道目标 HRRP 的峰值点位于

$$r = \bigcup_{m'} \Delta R(t_s) \approx \bigcup_{m'} r_k(t_s) \tag{7.22}$$

采用 Gabor 变换的时频分析方法抽取式(7.19)的时变信号特征,Gabor 变换是一种计算量较小、交叉项抑制较好的时频分析方法。然后采用小波图像消噪处理,重构出消噪后的时频图。由于消噪后的微多普勒特征是交织在一起的,因而本节采用 Viterbi 算法来抽取信号的瞬时微多普勒频率,得到的频率估计路径的最小化表达式为

$$\hat{f}(n) = \arg\min_{k'(n) \in K} \Big[\sum_{n=1}^{N-1} g(k'(n), k'(n+1)) + \sum_{n=1}^{N} h(\text{GWD}(n, k'(n))) \Big] \tag{7.23}$$

式中:K 为 $1 \sim N-1$ 的所有路径的集合;$k'(n)$ 为 K 的元素;$g(x, y) = g(|x - y|)$ 为单调非增的相对于 $|x - y|$ 的惩罚函数;$h(\cdot)$ 为单调非减的定义在 Gabor 变换 $\text{GWD}(n, k'(n))$ 的惩罚函数。

根据前面的分析,采用 dechirp 得到的 HRRP 在进行消噪处理后,重构出的 HRRP 也是由多条不同散射点所对应的 HRRP 组合而成,且随雷达俯仰角的不同而呈现出不同程度的交叠现象。此时也可通过 Viterbi 算法来抽取目标的微运动信息,得到的微距离估计路径的最小化表达式为

$$\hat{r}(n) = \arg\min_{k(n) \in K} \Big[\sum_{n=1}^{N-1} g(k'(n), k'(n+1)) + \sum_{n=1}^{N} h(S_w(n, k'(n))) \Big] \tag{7.24}$$

此时 $h(\cdot)$ 则为定义在距离像 $S_w(n,k'(n))$ 的惩罚函数。Viterbi 算法是一种依据能量大小逐次抽取信号信息的方法,一般适用于提取交叉项较少的信号或信号中能量较强的部分。这样,各散射中心对应的微多普勒特征或距离像被有效分离并提取出。Viterbi 算法已在 4.5.2 节提及,这里不再赘述。

7.2.3　微动信息矩阵构建及解算

由于弹头一般是旋转对称的,因此暂时不考虑弹头的自旋运动对电磁波散射特性的影响。采用 4.3.1 节引用的自相关函数凸包算法,求取回波信号中目标对应的微动周期 T,具体求解过程见 4.3.1 节。通过该方法,可以获得目标对应的高精度角频率 $\omega_c = 2\pi/T$。若宽、窄带回波得到的角频率分别为 $\hat{\omega}_{cw}$、$\hat{\omega}_{cn}$,则目标的微动角频率可以表示为

$$\hat{\omega}_c = \zeta_1 \hat{\omega}_{cn} + \zeta_2 \hat{\omega}_{cw} \tag{7.25}$$

式中:ζ_1、ζ_2 为权值系数,与信噪比、带宽有关,且 $\zeta_1 + \zeta_2 = 1$。一般情况下以 $\hat{\omega}_{cw}$ 为准,即 $0.5 < \zeta_2 \leqslant 1$。

设 $\boldsymbol{J} = [a_A, b_A, a_u, b_u, c]^T$,$\boldsymbol{a} = [H, r, l, \delta, \beta_c, \theta]^T$,则式(7.17)可变形为

$$\boldsymbol{J} = p(\boldsymbol{a}) \tag{7.26}$$

通过 Viterbi 算法,可得到窄带设备获取的最强散射中心在不同时刻 n 处的散射中心 k 的微动频率 $f_{dk}(n)$ 以及宽带设备获取的在不同慢时刻 t_s 处的微动距离 $r_k(t_s)$。令 $\xi = 4\pi f_1 \hat{\omega}_c / c$,联立式(7.16)、式(7.19)和式(7.22),得目标最强散射中心的微动信息矩阵为

$$\begin{cases} \boldsymbol{V}_1 = \boldsymbol{V}_{ph1} \boldsymbol{J}_1 \\ \boldsymbol{V}_2 = \boldsymbol{V}_{ph2} \boldsymbol{J}_2 \end{cases} \tag{7.27}$$

式中:$\boldsymbol{V}_1 = [f_{du}/\xi, r_A]^T$,$\boldsymbol{V}_2 = [f_{dA}/\xi, r_u]^T$ 为 Viterbi 的值域;$\boldsymbol{J}_1 = [0, b_u, -2c; a_A, b_A, 0]^T$,$\boldsymbol{J}_2 = [0, -b_A, 0; a_u, b_u, c]^T$ 均为 $\boldsymbol{J}$ 的变形;$\boldsymbol{V}_{ph1}$、$\boldsymbol{V}_{ph2}$ 为相位空间,且满足

$$\boldsymbol{V}_{ph1} = \begin{bmatrix} 1 & \cos(0 - \alpha_c) & \sin(0 - \alpha_c) \\ 1 & \cos(\omega_c t_s - \alpha_c) & \sin(\omega_c t_s - \alpha_c) \\ \vdots & \vdots & \vdots \\ 1 & \cos(\omega_c t_s(N-1) - \alpha_c) & \sin(\omega_c t_s(N-1) - \alpha_c) \end{bmatrix}$$

$$\boldsymbol{V}_{ph2} = \begin{bmatrix} 1 & \sin(0 - \alpha_c) & \cos(0 - \alpha_c) \\ 1 & \sin(\omega_c t_s - \alpha_c) & \cos(\omega_c t_s - \alpha_c) \\ \vdots & \vdots & \vdots \\ 1 & \sin(\omega_c t_s(N-1) - \alpha_c) & \cos(\omega_c t_s(N-1) - \alpha_c) \end{bmatrix}$$

其中:f_{dA}、f_{du} 分别对应顶点 A、近视点 u 的微多普勒。

由最小二乘估计可得

$$\begin{cases} \hat{\boldsymbol{J}}_1 = (\boldsymbol{V}_{\text{ph1}}^{\text{T}} \boldsymbol{V}_{\text{ph1}})^{-1} \boldsymbol{V}_{\text{ph1}}^{\text{T}} \boldsymbol{V}_1 \\ \hat{\boldsymbol{J}}_2 = (\boldsymbol{V}_{\text{ph2}}^{\text{T}} \boldsymbol{V}_{\text{ph2}})^{-1} \boldsymbol{V}_{\text{ph2}}^{\text{T}} \boldsymbol{V}_2 \end{cases} \tag{7.28}$$

7.2.4 微动特征及结构参数估计

7.2.4.1 散射中心关联处理

根据弹头目标的散射特性可知,弹头的锥顶散射中心位于自旋轴上,它仅受锥旋频率的影响,满足正弦规律;而其他散射中心还受到自旋频率的影响,呈非正弦规律。由式(7.17)可知,锥顶 A 的调制系数满足

$$\frac{a_A}{b_A} = \frac{\chi_1}{\chi_2} = \cot\beta_c \cot\theta \tag{7.29}$$

联立式(7.19)和式(7.22)可知,无论发射信号为宽带信号,还是窄带信号,锥顶散射中心的微动特征对应的调制系数之比与目标的结构特征无关,仅与 β_c、θ 有关。一般情况下,自旋轴与锥旋轴的夹角保持相对不变,即进动角具有相对稳定性。因此,通过式(7.29)可以判断出散射中心为锥顶 A 或近视点 u。

7.2.4.2 宽、窄带数据匹配融合处理

当目标方位角变化量 $\Delta\alpha_c < \Delta r/L$ 或 $\Delta\alpha_c < \lambda/4L$(其中,$\Delta r = c/2B_1$ 或 $c/2B_2$ 为距离分辨率,λ 为雷达波长,L 为目标横向尺寸,且 $2r \leqslant L \leqslant H$)时,可以忽略目标的方位变化或起伏对目标微动特征的影响。由于弹道目标到雷达站的距离远大于目标的尺寸,在较短时间内对目标进行多次观测时,假设各散射中心的相对距离不会发生改变或起伏,此时可以估计出多组差别忽略不计的参数调制系数。根据式(7.26)中 $\boldsymbol{J}$ 的构造规则,结合散射中心关联处理方法,宽、窄带设备得到的参数调制系数可分别为

$$\begin{cases} \boldsymbol{J}_{\text{w}}^m = [\hat{\boldsymbol{J}}_1^m(2,1), \hat{\boldsymbol{J}}_1^m(2,2), \hat{\boldsymbol{J}}_2^m(2,1), \hat{\boldsymbol{J}}_2^m(2,2), \hat{\boldsymbol{J}}_2^m(2,3)]^{\text{T}} \\ \boldsymbol{J}_{\text{n}}^m = [\hat{\boldsymbol{J}}_1^m(2,1), -\hat{\boldsymbol{J}}_2^m(1,2), \hat{\boldsymbol{J}}_2^m(2,1), \hat{\boldsymbol{J}}_1^m(1,2), -\hat{\boldsymbol{J}}_1^m(1,3)/2]^{\text{T}} \end{cases} \tag{7.30}$$

式中:上标 m 表示第 m 次观测得到的数据。

然后,根据特征参数的一致性原则,对调制系数 $\boldsymbol{J}_{\text{w}}^m$、$\boldsymbol{J}_{\text{n}}^m$ 进行匹配处理。具体过程如下:

(1)计算 $\boldsymbol{J}_{\text{w}}^m$、$\boldsymbol{J}_{\text{n}}^m$ 的均值和方差,且满足

$$\boldsymbol{E}_{\text{n}} = \frac{1}{M} \sum_m \boldsymbol{J}_{\text{n}}^m, \boldsymbol{E}_{\text{w}} = \frac{1}{M} \sum_m \boldsymbol{J}_{\text{w}}^m \tag{7.31}$$

$$\boldsymbol{D}_{\text{n}} = \frac{1}{M} \sum_m (\boldsymbol{J}_{\text{n}}^m - \boldsymbol{E}_{\text{n}})^2, \boldsymbol{D}_{\text{w}} = \frac{1}{M} \sum_m (\boldsymbol{J}_{\text{w}}^m - \boldsymbol{E}_{\text{w}})^2 \tag{7.32}$$

式中:M 为总观测次数。

（2）确定宽、窄带数据之间的匹配度为 γ。引入 Matlab 中的求平均函数 mean（·），以表征矢量的平均值，用以表征宽、窄带数据之间的匹配程度，且满足

$$\gamma = 2\frac{\sum_m \left| \boldsymbol{J}_w^m - \boldsymbol{E}_w \right|^{\mathrm{T}} \left| \boldsymbol{J}_w^m - \boldsymbol{E}_w \right|}{\mathrm{mean}(\boldsymbol{D}_n + \boldsymbol{D}_w)} \tag{7.33}$$

（3）融合规则。设匹配度阈值 $T_2 = q$，且 $0.5 < q < 1$。

当 $\gamma < T_2$ 时，采用选择融合策略为

$$\hat{\boldsymbol{J}} = \begin{cases} \boldsymbol{E}_n, \mathrm{mean}(\boldsymbol{D}_n) \geqslant \mathrm{mean}(\boldsymbol{D}_w) \\ \boldsymbol{E}_w, \mathrm{mean}(\boldsymbol{D}_n) < \mathrm{mean}(\boldsymbol{D}_w) \end{cases} \tag{7.34}$$

当 $\gamma \geqslant T_2$ 时，采用平均融合策略为

$$\hat{\boldsymbol{J}} = \begin{cases} W_{\max}\boldsymbol{E}_n + W_{\min}\boldsymbol{E}_w, \mathrm{mean}(\boldsymbol{D}_n) \geqslant \mathrm{mean}(\boldsymbol{D}_w) \\ W_{\min}\boldsymbol{E}_n + W_{\max}\boldsymbol{E}_w, \mathrm{mean}(\boldsymbol{D}_n) < \mathrm{mean}(\boldsymbol{D}_w) \end{cases} \tag{7.35}$$

式中

$W_{\max} = 0.5(\gamma - T_2)/(1 - T_2)$，$W_{\min} = 1 - W_{\max}$。

通过上述数据匹配处理，有效地解决了宽、窄带数据精度差异较大以及难以有效融合识别的问题。全局坐标系与进动坐标系的坐标转换公式满足

$$\begin{bmatrix} X \\ Y \\ Z \end{bmatrix} = \begin{bmatrix} \sin\beta_e & -\cos\beta_e & 0 \\ \cos\alpha_e\cos\beta_e & \sin\alpha_e\cos\beta_e & \sin\beta_e \\ \cos\alpha_e\sin\beta_e & \sin\alpha_e\sin\beta_e & \cos\beta_e \end{bmatrix} \begin{bmatrix} N \\ P \\ Q \end{bmatrix} \tag{7.36}$$

式中：(α_e, β_e) 为进动轴在雷达全局坐标系中的视角。

联立式（7.26）、式（7.29）、式（7.35）和式（7.36），可得多元方程组为

$$\begin{cases} \hat{\boldsymbol{J}} = p(\boldsymbol{a}) \\ a_A/b_A = \cot\beta_c\cot\theta \\ \cos\beta_c = \sin\beta_e\sin\beta\cos(\alpha_e - \alpha) + \cos\beta_e\cos\beta \\ \cos\alpha_c = \sin\beta\sin(\alpha_e - \alpha)/\sin\beta_c \end{cases} \tag{7.37}$$

最后利用 Matlab 中 fsolve 函数，求解出目标的微动参数及结构参数。

7.2.5　仿真分析

假设宽、窄带混合体制雷达中，窄带发射设备发射 PD 信号，工作频率为 6GHz，带宽为 5MHz；宽带发射设备发射 LFM 信号，工作频率为 10GHz，带宽为 1GHz。它们的采样率均为 1kHz，在雷达全局坐标系中的视角为（45°，15°）。锥体高为 3.5m，底面半径为 1m，质心到底面的距离为 1m，进动角为 12°，进动频率 $f_c = 2.4\mathrm{Hz}$，进动轴在全局坐标系中的视角为（45°，60°），$\zeta_2 = 0.8$，$p = 0.6$。假设顶点 A、

近视点 u 的散射系数之比为 $1:0.8$。假设平动分量已完全补偿。

假设宽、窄带设备在 1s 内均连续观测两次,时间间隔为 0.2s。首先分析改进自相关法的周期估计误差的影响。这里引入了失配误差的概念,且失配误差 $\delta_i = |\hat{T}_i - T_i|/T_i$,$(i=1,2)$,其中,$\hat{T}_1$、$\hat{T}_2$ 分别为宽带回波、窄带回波对应微动周期的估计值,T_1、T_2 为对应的理论值。设 SNR 在 $0\sim20\mathrm{dB}$ 的范围内变化,其对应的微动周期的失配误差如图 7.10 所示。可以看出,微动周期的失配误差随着信噪比的增高而逐步降低。当信噪比大于或等于 0dB 时,微动周期的失配误差 $\delta_i \leqslant 1 \times 10^{-3}$,此时暂时不考虑失配误差对调制系数估计的影响。

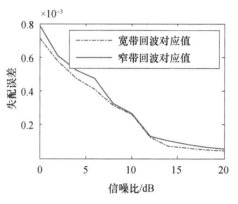

图 7.10 失配误差随时间变化的关系

当混合体制雷达的信噪比为 0dB 时,经过 Gabor 变换处理,窄带微多普勒的时频分布如图 7.11 所示。图 7.11(a)、(b) 分别为 $0\sim0.4\mathrm{s}$、$0.6\sim1\mathrm{s}$ 观测时间段内目标对应的微多普勒。图 7.11(c) 为 $0\sim0.4\mathrm{s}$ 观测时间段内运用 Viterbi 算法提取出的微多普勒信息图。可以看出,Viterbi 算法在较强噪声条件下可较为准确地提取出目标信号的瞬时微多普勒频率。

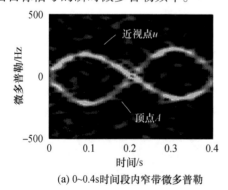

(a) 0~0.4s 时间段内窄带微多普勒   (b) 0.6~1s 时间段内窄带微多普勒

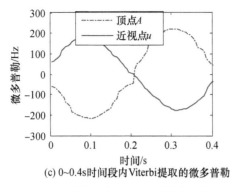

(c) 0~0.4s时间段内Viterbi提取的微多普勒

图7.11 窄带设备获取的微多普勒特征

宽带回波在完成 dechirp 处理和相位补偿后,得到目标的一维距离像序列。图7.12为宽带设备测得的距离像序列。图7.12(a)、(b)分别为 $0 \sim 0.4s$、$0.6 \sim 1s$ 观测时间段内目标对应的距离像序列。图7.12(c)为 $0 \sim 0.4s$ 观测时间段内运用 Viterbi 算法提取出的距离像序列信息图及其拟合后的表现形式。不难看出,Viterbi 算法在较强噪声条件下同样可以较为准确地提取出目标信号的距离像序列。在估计出微动周期的基础上,经拟合处理,可以得到更加平滑的曲线。

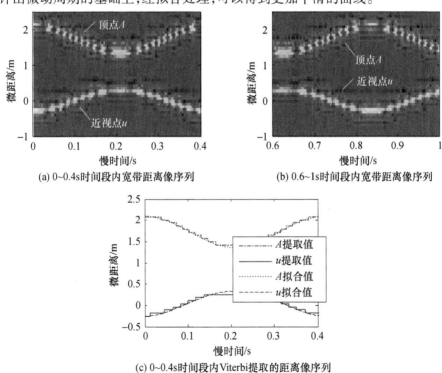

(a) 0~0.4s时间段内宽带距离像序列   (b) 0.6~1s时间段内宽带距离像序列

(c) 0~0.4s时间段内Viterbi提取的距离像序列

图7.12 宽带设备获取的距离像序列

187

　　然后利用最小二乘估计构建并解算出目标各散射中心在不同信号形式下对应的调制系数。经散射中心关联及匹配融合处理,结合式(7.37)可以求出所需要的目标微动参数。表7.2为信噪比在0~12dB的范围内雷达所测目标微动参数的估计值。可以看出,在信噪比较低时本方法也能获得接近于理论值的目标微动参数。

表7.2　三维进动参数提取(雷达精度取1cm)

	SNR/dB						
	0	2	4	6	8	10	12
$\alpha_e/(°)$	54.3	51.8	49.5	48.9	48.4	47.0	44.3
$\beta_e/(°)$	68.9	67.4	66.5	65.9	64.3	62.5	61.3
$\theta/(°)$	15.8	14.6	14.2	14.2	13.4	12.8	11.2
f_e/Hz	2.46	2.45	2.44	2.44	2.44	2.44	2.43

　　为了进一步分析目标结构参数的估计精度,这里利用均方根误差函数表征测量值与理论值之间的偏离程度,则不同信噪比下雷达所测目标结构参数的均方根误差如表7.3所列。

表7.3　不同信噪比下结构参数的均方根误差

SNR/dB	H	r	l
0	0.0642	0.0454	0.0472
2	0.0418	0.0247	0.0274
4	0.0382	0.0138	0.0142
6	0.0219	0.0098	0.0104
8	0.0192	0.0070	0.0074
10	0.0126	0.0061	0.0058
12	0.0102	0.0030	0.0032

　　从表7.3可以看出,提取的结构参数估计精度较高,且一致性好。当信噪比大于或等于0dB时,目标结构参数的均方根误差的量级均为10^{-2},所提方法有效解决了宽、窄带数据精度差别大、难以有效融合的问题。

　　微动特征是弹道目标识别的重要特征。在本节中立足现有反导雷达的现状,提出了一种宽、窄带融合特征提取的方法。①利用改进自相关法估计出弹道目标的微动周期,当信噪比大于0dB时,该微动周期的失配误差小于10^{-3}。②根据宽、窄带微动特征的相关性,利用最小二乘估计,构建并解算出目标最强散射中心对应的微动信息矩阵。③根据特征参数的一致性原则,结合散射中心关联和一致性匹配融合方法,构建多元方程组并求解,得到目标的微动特征和结构参数。当信噪比大于 0dB 时,估计得到的目标微动特征和结构参数的均方根误差均小于 0.08。④该方法没有考虑自旋运动对电磁波散射特性的影响,但对于旋转不对称目标,需要考虑自旋运动对回波的调制作用。

7.3 基于微多普勒相关性的进动目标微动特征提取

本节对宽、窄带混合体制雷达网中的进动目标参数提取进行研究。首先建立锥体目标进动模型,详细分析宽带、窄带体制下进动对回波的调制特性;然后利用微多普勒和差比实现不同体制下散射中心的匹配关联,并提出通过一部宽带雷达和一部窄带雷达联合提取目标参数的新方法;最后仿真分析本节方法的有效性,并对目标参数提取精度随曲线提取误差变化的关系做比较研究。

7.3.1 微多普勒相关性分析

以进动锥体为例,建立如图 7.13 所示的宽、窄带混合体制雷达网系统模型,参数设置与 6.4.1 节一致。

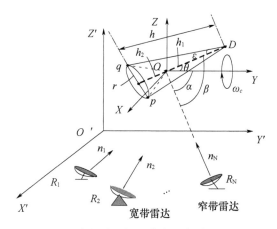

图 7.13 组网雷达示意图

根据 6.4.1 分析可知,对于单部雷达而言,三个散射点同时可见的雷达观测视角范围为 $\beta \in (0,\varepsilon) \cup (\pi/2, \pi-\varepsilon)$,而通常情况下,半锥角 ε 较小,因此本节主要就 $\beta \in (\pi/2, \pi-\varepsilon)$ 这一范围内的目标微动特征进行分析提取。

设雷达网中第 i 部雷达的视线方向矢量为 $\overrightarrow{OR_i}$,则

$$\overrightarrow{OR_i} = [\sin\alpha_i, \cos\alpha_i, 0]^{\mathrm{T}} \tag{7.38}$$

式中:α_i 为第 i 部雷达视线与锥旋轴的夹角。

进一步可得雷达视线与对称轴的夹角 β,满足

189

$$\cos\beta(t) = \overrightarrow{OD} \cdot \overrightarrow{OR_i}/(|\overrightarrow{OD}||\overrightarrow{OR_i}|)$$

$$= \cos\theta\cos\alpha_i + \sin\theta\sin\alpha_i\sin(\omega_c t + \varphi_i) \tag{7.39}$$

对各散射中心在雷达视线上的投影关系分析可知,锥体三个散射中心的微距离分别为

$$\begin{cases} R_D = h_1\cos\beta(t) \\ R_p = -h_2\cos\beta(t) + r\sin\beta(t) \\ R_q = -h_2\cos\beta(t) - r\sin\beta(t) \end{cases} \tag{7.40}$$

在 6.4.1 节分析的基础上,结合式(7.40)可得各散射中心的微多普勒频率表达式为

$$\begin{cases} f_{d-D} = 2\omega_c h_1\sin\theta\sin\alpha_i\cos(\omega_c t + \varphi_i)/\lambda \\ f_{d-p} = 2\omega_c(-h_2 - r/\tan\beta(t))\sin\theta\sin\alpha_i\cos(\omega_c t + \varphi_i)/\lambda \\ f_{d-q} = 2\omega_c(-h_2 + r/\tan\beta(t))\sin\theta\sin\alpha_i\cos(\omega_c t + \varphi_i)/\lambda \end{cases} \tag{7.41}$$

进一步比较式(7.40)和式(7.41)发现,底面两个散射中心的微距离及微多普勒变化均存在对称性。两者均可表示为正弦项和非正弦项两部分之和,且两点的微距离正弦项同为 $R_1 = -h_2\cos\beta(t)$,微多普勒正弦项部分同为 $f_{d1} = -2\omega_c h_2\sin\theta\sin\alpha\cos(\omega_c t + \varphi_i)/\lambda$

而非正弦项部分则仅存在符号差异,本节考虑利用这一性质来简化参数求解过程。

7.3.2 基于微多普勒和差比的宽窄带匹配关联

根据上述分析可知,若利用宽带雷达和窄带雷达分别从不同视角对锥体目标进行观测,在得到的距离像和时频分布图中均将包含三个微动调制分量,且不能通过观察直接对各分量进行识别,因此在进行宽窄带融合前,首先要对三个散射中心的微多普勒进行匹配关联。观察式(7.40)、式(7.41)可知,令 $k_1 = (R_p + R_q)/R_D, k_2 = (f_{d-p} + f_{d-q})/f_{d-D}$ 两者满足

$$k_1 = k_2 = -2h_2/h_1 \tag{7.42}$$

可以看出,k_1、k_2 均不受观测时间及雷达观测视角的影响,仅与目标的结构参数 h_1、h_2 有关。因此,考虑提取距离像中某一时刻三个散射中心径向位置,求得其中任意两点径向距离之和与第三点径向距离的比值,并对时频图做同类处理,再比较两者得到的数据便可实现锥顶散射中心的关联。对式(7.40)和式(7.41)做进一步分析,令 $R_k = (R_p + R_q)/(R_p - R_q)$,$f_{dk} = (f_{d-p} + f_{d-q})/(f_{d-p} - f_{d-q})$

推导可得

$$R_k = -\frac{h_2}{r\tan\beta(t)} \tag{7.43}$$

$$f_{dk} = \frac{h_2\tan\beta(t)}{r} \tag{7.44}$$

由于选取的 $\beta \in (\pi/2, \pi - \varepsilon)$，于是 $\tan\beta(t) < 0$，且 r、h_1 为目标结构参数均大于零。因此，在观测时间内 R_k、f_{dk} 分别满足 $R_k > 0$，$f_{dk} < 0$。若调换 R_k、f_{dk} 假设式中 p、q 的顺序，结果刚好相反。由此便可实现 p、q 两点的关联识别。

7.3.3 微动特征与结构参数估计

在 7.3.2 节散射中心关联的基础上，对目标的进动和结构特征参数进行两部雷达的宽窄带联合提取。假设雷达 1 发射线性调频信号，雷达 2 发射单频脉冲信号，雷达视线角分别为 α_1 和 α_2，为进一步简化计算过程，可分别选取雷达 1 距离像中时刻 t_1 对应的散射中心径向距离，雷达 2 时频图中 t_2 时刻对应的散射中心瞬时频率进行计算，此时存在 $\cos(\omega_c t_1 + \varphi_1) = 1$，$\cos(\omega_c t_2 + \varphi_2) = 1$。由式(7.40)、式(7.41)可知，此时锥顶散射中心径向位置取得均值，瞬时频率取得极值为

$$f_{d-D}(t_2) = 2\omega_c h_1 \sin\theta\sin\alpha_2 \tag{7.45}$$

R_k、f_{dk} 的瞬时值分别为

$$R_k(t_1) = -\frac{h_2\cos\theta\cos\alpha_1}{r\sqrt{1 - \cos^2\theta\cos^2\alpha_1}} \tag{7.46}$$

$$f_{dk}(t_2) = \frac{h_2\sqrt{1 - (\cos^2\theta\cos^2\alpha_2)}}{r\cos\theta\cos\alpha_2} \tag{7.47}$$

将式(7.46)、式(7.47)与式(7.40)、式(7.41)进行比较，可以发现化简后的表达式组成更加单一，更适合采用宽窄带结合的方法对目标参数进行联合求解。现采用扩展 Hough 变换提取雷达 1 获得的距离像中锥顶散射中心径向距离变化曲线参数，由式(7.40)可知曲线幅度 $A_D = h_1\sin\theta\sin\alpha_1$，令

$$m_1 = A_D/f_{d-D}(t_2), \quad m_2 = R_k(t_1)/f_{dk}(t_2)$$

于是得到

$$\begin{cases} m_1 = \dfrac{\lambda\sin\alpha_1}{2\omega_c\sin\alpha_2} \\ m_2 = -\dfrac{\cos^2\theta\cos\alpha_1\cos\alpha_2}{\sqrt{1 - \cos^2\theta\cos^2\alpha_1}\sqrt{1 - \cos^2\theta\cos^2\alpha_2}} \end{cases} \tag{7.48}$$

式(7.48)中包含 α_1、α_2、θ、ω_c 四个未知量，其中锥旋角频率 ω_c 可采用文献[127]中的自相关函数凸包算法求得，这种改进的自相关法对先验信息的要求不高，且适用范围

广,对宽、窄带回波分别得到的角频率求平均即可获得角频率的精确估计值 $\hat{\omega}_c$。

然而,在减少一个未知量的基础上,常规条件仍难以实现其他几个参数的求解。文献[88]提出可以利用 θ 在 $5°\sim 15°$ 变化时, $\cos^2\theta$ 的取值区间为 $0.99\sim 0.94$,对方程组求解影响不大这一先验信息进行参数估计。具体算法步骤如下:

(1)对 α_1、α_2 进行粗估计。令 θ 在 $5°\sim 15°$ 范围内取值,步长为 $0.5°$,由式(7.48)计算得到每一 θ 取值所对应的 α_1、α_2,并对所有求解结果取平均分别得到粗估计值 $\hat{\alpha}_1$、$\hat{\alpha}_2$。

(2)对 r、θ 进行粗估计。令 $A = R_p(t_1) - R_q(t_1)$,$B = f_{d-p}(t_2) - f_{d-q}(t_2)$,将粗估计值 $\hat{\alpha}_1$、$\hat{\alpha}_2$ 分别代入 A、B 中,采用最小二乘优化可求得 r、θ 的估计值 $\hat{r}$、$\hat{\theta}$,且由此得到的 $\hat{\theta}$ 更接近真实值。$\hat{r}$、$\hat{\theta}$ 的表达式为

$$(\hat{r},\hat{\theta}) = \arg\min \left\{ \left(A - 2r\sqrt{1 - \cos^2\theta\cos^2\alpha_1} \right)^2 \right.$$
$$\left. + \left(B + 4\omega_c r\sin\theta\cos\theta\sin\alpha_2\cos\alpha_2/\lambda \sqrt{1 - \cos^2\theta\cos^2\alpha_2} \right)^2 \right\} \tag{7.49}$$

(3)采用循环迭代的方法对 α_1、α_2、r、θ 进行精估计。根据步骤(2)中求得的 $\hat{\theta}$ 缩小 θ 取值范围,并将取值步长减小为 $0.05°$,返回步骤(1)中,从而进一步提高 α_1、α_2 的估计精度。重复步骤(2),即可实现 r、θ 的高精度估计。

(4)对 h_1、h_2、h 进行估计。将 $\hat{\alpha}_1$、$\hat{\alpha}_2$、$\hat{r}$、$\hat{\theta}$ 代入式(7.46)、式(7.47)中,可以得到 h_2 的两组不同估计值,对其取平均,则 $\hat{h}_2$ 的表达式为

$$\hat{h}_2 = \frac{1}{2}\left(\frac{\hat{r}\cos\hat{\theta}\cos\hat{\alpha}_2 f_{dk}(t_2)}{\sqrt{1 - (\cos^2\hat{\theta}\cos^2\hat{\alpha}_2)}} - \frac{\hat{r}R_k(t_1)\sqrt{1 - (\cos^2\hat{\theta}\cos^2\hat{\alpha}_1)}}{\cos\hat{\theta}\cos\hat{\alpha}_1} \right) \tag{7.50}$$

结合式(7.42),令 $k = (k_1 + k_2)/2$,可以求得 $\hat{h}_1 = -2\hat{h}_2/k$,进一步得到 h 的估计值为

$$\hat{h} = \hat{h}_2 - 2\hat{h}_2/k \tag{7.51}$$

7.3.4 仿真分析

7.3.4.1 算法有效性分析

仿真中设定目标为锥体,目标参数设置: $h_1 = 2\text{m}$,$h_2 = 0.5\text{m}$,$r = 0.5\text{m}$,$h = 2.5\text{m}$,$\theta = 13°$,目标的锥旋频率 $f_c = 4\text{Hz}$。雷达参数设置:雷达1发射的线性调频信号载频 $f = 10\text{GHz}$,信号带宽为 4GHz,雷达脉冲重复频率为 1000Hz,积累时间为 1s,雷达视线与旋转轴的夹角 $\alpha_1 = 120°$;雷达2发射的单频信号载频为 $f = 8\text{GHz}$,雷达脉冲重复频率为 2000Hz,积累时间为 1s,雷达视线与旋转轴的夹角 $\alpha_2 = 135°$。图7.14分别为两部雷达获得的目标微多普勒调制结果,图7.14(a)为雷达1获得的目标回波时间距离像,图7.14(b)为雷达2获得的重排谱图,它有效地改善了信

号分量的时频聚集性,对于提高瞬时频率估计精度具有很大帮助。对图7.14进行采样,并分别借助 ESPRIT 算法和峰值法提取出雷达 1 的散射中心径向位置和雷达 2 的散射中心瞬时频率值,进一步运用7.3.2节中的散射中心关联匹配准则完成散射中心匹配如图7.15所示。表7.4 为此时提取的各散射中心对应径向位置和瞬时频率值。图7.16 为采用扩展 Hough 变换检测图7.14(a)中锥顶散射中心径向位置变化曲线所得二维参数空间,提取得到曲线幅度为 0.4125m,相对误差为 2.44%。结合表7.4,将提取结果代入式(7.48)中,利用 7.3.3 节中算法可求得目标参数值如表7.5 所列,其中 α_1、α_2、r、θ 的估计精度较高,而 h、h_1、h_2 的估计精度相对较低,这主要是由于后三者的估计方法中用到了其他估计参数,产生了误差积累。此外,在相同仿真条件下,文献[117]中基于时间—距离像分布的目标参数估计精度比本节的目标参数估计精度略高,而文献[119]中基于窄带雷达组网的参数估计平均相对误差高达 15%,则明显低于本节参数估计精度,这也充分说明了本节目标特征提取算法的有效性和可行性。在现有高分辨雷达装备不足的情况下,利用宽带雷达和窄带雷达对目标特征进行联合提取,既能充分发挥窄带雷达的优势,又能保证目标特征提取精度,是一种更为实用的组网方式。

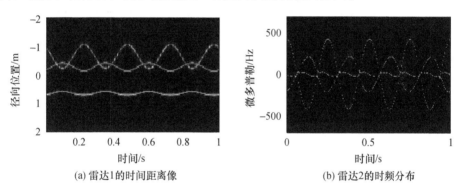

图 7.14 不同视角观测结果

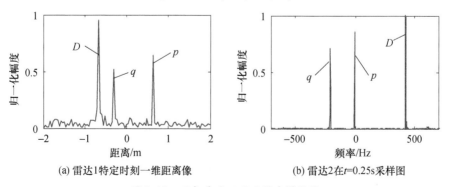

图 7.15 两部雷达不同时刻采样结果

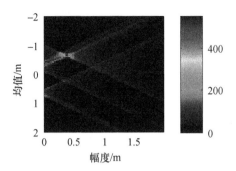

图 7.16 扩展 Hough 变换二维参数空间

表 7.4 不同雷达回波散射中心采样结果

散射中心	雷达 1		雷达 2	
	理论值/m	估计值/m	理论值/Hz	估计值/Hz
D	−0.6665	−0.6532	426.4240	423.8281
p	0.6380	0.6270	−5.2647	−3.9063
q	−0.3048	−0.2914	−207.9472	−205.0781

表 7.5 锥体弹头进动及结构参数估计结果

参数	理论值	估计值	相对误差/%
$\alpha_1/(°)$	110	111.2509	0.23
$\alpha_2/(°)$	135	134.4057	0.44
$\theta/(°)$	13	13.3098	2.38
r/m	0.5	0.4907	1.86
h_1/m	2	1.8864	5.68
h_2/m	0.5	0.4748	5.04
h/m	2.5	2.3612	5.55

7.3.4.2 算法鲁棒性分析

为了验证本节目标参数提取算法的鲁棒性,分别设置不同曲线参数估计精度对目标特征参数提取精度进行验证。对雷达 1 而言,由于受雷达发射信号带宽的限制及一维距离像旁瓣的影响,在提取距离像曲线幅度及某一时刻散射点径向位置时必然会引入误差;对于雷达 2 而言,时频分辨率的不足同样会影响瞬时频率提取精度。而上述误差均会制约方程式(7.48)的求解精度,因此本节主要分析它们对目标参数估计的影响。为便于分析,定义归一化误差如下:

$$\eta = \frac{\hat{X} - X}{X} \tag{7.52}$$

194

式中: $\hat{X}$ 为估计值; X 为真实值。

　　进一步定义 $|\eta|$ 为归一化绝对误差。假设曲线幅度 A_D、径向位置、瞬时频率的提取值归一化误差服从 $[-a\ a]$ 上的均匀分布,当 a 在区间 $[0,0.1]$ 变化时,考察目标参数估计精度随之变化的规律。采用蒙特卡罗方法进行分析,仿真 100 次,可以得到目标特征参数归一化绝对误差平均值的变化如图 7.17 所示。图 7.17(a)~(c)分别为径向位置、瞬时频率、曲线幅度 A_D 提取值对目标参数估计结果影响的误差分析图,可以看出当提取值归一化误差上升时,参数估计误差基本上呈线性增加趋势,其中 θ 值的估计精度变化最为敏感,而其他几个参数估计精度变化则相对较为平和。总的来说,当提取值归一化误差小于 0.1 时,目标参数估计精度仍然较高。若要进一步提高估计精度,需最大限度地增加雷达 1 发射信号带宽和雷达 2 的时频分辨率。

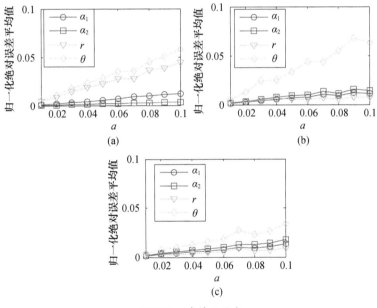

图 7.17　鲁棒性分析

　　本节对基于宽窄带混合体制雷达网的锥体进动目标特征参数联合提取问题展开了研究。在三个散射中心同时可见范围内,首先充分利用各散射中心之间的微多普勒相关性,通过微多普勒和差比分别完成了宽带和窄带体制下各散射中心的匹配,并在仅使用一部宽带雷达和一部窄带雷达观测的条件下实现了对目标进动和结构参数的联合提取。

7.4 基于散射中心融合关联特性的三维微动特征提取

对于无翼弹头由于满足旋转对称性,因而仅受到锥旋调制,并且一般不受遮挡的影响。本节提出了一种基于散射中心融合关联特性的滑动目标特征提取算法。该算法通过窄带自相关处理,获得锥体弹头的进动周期。并结合非线性最小二乘估计,分别估计出组网雷达中各散射中心的幅相参数。然后根据宽、窄带雷达微多普勒特征的融合特性和关联特性,利用加权平均和散射中心关联相结合的方法,提取出锥体弹头的三维进动特征及结构参数,从而实现了宽、窄带混合组网雷达的数据融合。

7.4.1 混合体制组网雷达特性分析

根据 7.2.2 节的分析,经相位求导、泰勒近似展开后,窄带雷达得到的回波微多普勒可以表示为

$$f_{\mathrm{dn1}} = \bigcup_m \frac{2f_{n_1}}{c} \frac{\mathrm{d}r_{n_1m}(t_k)}{\mathrm{d}t} \approx \frac{2f_{n_1}}{c} \bigcup_m \boldsymbol{H}_1(\boldsymbol{\omega})\boldsymbol{a}_{n_1m} \qquad (7.53)$$

式中,f_{n_1} 为第 n_1 部窄带雷达的发射载频,$r_{n_1m}(t)$ 表示该雷达测得的第 m 个散射中心的相对于 o 点的径向距离;c 为光速;$\boldsymbol{\omega} = (\omega_c, 2\omega_c)$ 为频率信息;$\boldsymbol{a}_{n_1m}$、$\boldsymbol{H}_1$ 分别为第 m 个散射中心对应的幅度信息和相位信息,且满足

$$\begin{cases} \boldsymbol{a}_{n_1A}(1) = \omega_c b_A \sin(\alpha_{cn_1}), \boldsymbol{a}_{n_1A}(2) = 0 \\ \boldsymbol{a}_{n_1A}(3) = -\omega_c b_A \cos(\alpha_{cn_1}), \boldsymbol{a}_{n_1A}(4) = 0 \\ \boldsymbol{a}_{n_1u}(1) = \omega_c b_u \cos(\alpha_{cn_1}), \boldsymbol{a}_{n_1u}(2) = 2\omega_c c \sin(2\alpha_{cn_1}) \\ \boldsymbol{a}_{n_1u}(3) = \omega_c b_u \sin(\alpha_{cn_1}), \boldsymbol{a}_{n_1u}(4) = -2\omega_c c \cos(2\alpha_{cn_1}) \\ \boldsymbol{a}_{n_1v}(1) = \omega_c b_v \cos(\alpha_{cn_1}), \boldsymbol{a}_{n_1v}(2) = -2\omega_c c \sin(2\alpha_{cn_1}) \\ \boldsymbol{a}_{n_1v}(3) = \omega_c b_v \sin(\alpha_{cn_1}), \boldsymbol{a}_{n_1v}(4) = 2\omega_c c \cos(2\alpha_{cn_1}) \end{cases} \qquad (7.54)$$

$$\boldsymbol{H}_1 = \begin{bmatrix} \boldsymbol{E}_{2\times1} & \cos\boldsymbol{\omega}^{\mathrm{T}}\Delta t & \cdots & \cos\boldsymbol{\omega}^{\mathrm{T}}(N-1)\Delta t \\ \boldsymbol{E}_{2\times1} & \sin\boldsymbol{\omega}^{\mathrm{T}}\Delta t & \cdots & \sin\boldsymbol{\omega}^{\mathrm{T}}(N-1)\Delta t \end{bmatrix}^{\mathrm{T}} \qquad (7.55)$$

式中:E 为单位矩阵;N 为雷达采样次数;Δt 为采样时间间隔;$(\alpha_{cn_1}, \beta_{cn_1})$ 为第 n_1 部窄带雷达在 $O-XYZ$ 中的视角。

为了方便表述,$\boldsymbol{a}_{n_1m}$ 可以简写为

$$\boldsymbol{a}_{n_1m} = \boldsymbol{\rho}(\Lambda), \Lambda = (\omega_c, h_c, d_c, \delta, \theta, \alpha_n, \beta_n)^{\mathrm{T}} \qquad (7.56)$$

式中:Λ 为 $\boldsymbol{a}_{n_1m}$ 的参量空间;$\boldsymbol{a}_{n_1m}$ 的具体表达式见 2.2.3 节的分析。

不难看出，弹头的微多普勒 f_{dn_1} 可以等效为几个正弦分量的叠加，$\boldsymbol{a}_{n_1m}$ 与弹头进动参数、结构参数以及雷达视角有关。

对于发射大带宽 LFM 信号的宽带雷达而言，目标的尺寸一般大于雷达的距离分辨单元，此时可以观测到目标各散射中心对应的高分辨距离像。根据 7.2.2 节的分析，经线性解调处理、傅里叶变换处理，并消除包络斜置项和残余视频相位后，得到目标的 HRRP 为

$$S_{n_2}(r,t_m) = \bigcup_{m_2}\sigma_{n_2m}\tau'\mathrm{sinc}\left(\frac{2B}{c}(r - \Delta R(t_s))\right)\exp\left(-\mathrm{j}4\pi\frac{f_{n_2}}{c}\Delta R(t_s)\right) \quad (7.57)$$

式中：$j = \sqrt{-1}$；σ_{n_2m} 为由第 n_2 部低分辨雷达获取的第 m 个散射中心的散射系数；τ' 为脉宽，B 为带宽；$t_q = t - t_s$ 为快时间，$t_s = m'T_r$ 为慢时间，m' 为脉冲数；ΔR 表示脉压处理后得到的微距离。

不难看出，弹道目标 HRRP 的峰值点位于 $\Delta R(t_s)$ 处，则微距离可以表示为

$$\boldsymbol{r}_{n_2} = \bigcup_m \boldsymbol{r}_{n_2m} \approx \bigcup_m \boldsymbol{H}_2(\boldsymbol{\omega})\boldsymbol{b}_{n_2m}$$

$$\boldsymbol{H}_2 = \begin{bmatrix} \boldsymbol{E}_{N\times 1} & \boldsymbol{H}_1 \end{bmatrix}, \boldsymbol{b}_{n_2m} = \boldsymbol{\sigma}(\Lambda') \quad (7.58)$$

$$\Lambda' = (h,r,l,\delta,\theta,\alpha_{cn_2},\beta_{cn_2})^{\mathrm{T}}$$

式中：$\boldsymbol{r}_{n_2m}$ 为第 m 个散射中心对应的微多普勒信息；$\boldsymbol{b}_{n_2m}$、$\boldsymbol{H}_2$ 分别为第 m 个散射中心对应的幅度信息和相位信息；Λ' 为 $\boldsymbol{b}_{n_2m}$ 的参量空间，$\boldsymbol{b}_{n_2m}$ 的具体表达式为

$$\begin{cases} \boldsymbol{b}_{n_2A}(1) = a_A, \boldsymbol{b}_{n_2A}(2) = \boldsymbol{b}_A\cos(\alpha_{cn_2}), \boldsymbol{b}_{n_2A}(3) = 0 \\ \boldsymbol{b}_{n_2A}(4) = \boldsymbol{b}_A\sin(\alpha_{cn_2}), \boldsymbol{b}_{n_2A}(5) = 0 \\ \boldsymbol{b}_{n_2u}(1) = a_u, \boldsymbol{b}_{n_2u}(2) = \boldsymbol{b}_u\sin(\alpha_{cn_2}), \boldsymbol{b}_{n_2u}(3) = c\cos(2\alpha_{cn_2}) \\ \boldsymbol{b}_{n_2u}(4) = \boldsymbol{b}_u\cos(\alpha_{cn_2}), \boldsymbol{b}_{n_2u}(5) = c\sin(2\alpha_{cn_2}) \\ \boldsymbol{b}_{n_2v}(1) = a_v, \boldsymbol{b}_{n_2v}(2) = -\boldsymbol{b}_v\sin(\alpha_{cn_2}), \boldsymbol{b}_{n_2v}(3) = -c\cos(2\alpha_{cn_2}) \\ \boldsymbol{b}_{n_2v}(4) = \boldsymbol{b}_v\cos(\alpha_{cn_2}), \boldsymbol{b}_{n_2v}(5) = -c\sin(2\alpha_{cn_2}) \end{cases} \quad (7.59)$$

式中：$(\alpha_{cn_2},\beta_{cn_2})$ 为第 n_2 部宽带雷达在 $O-XYZ$ 中的视角。

7.4.2　基于系数加权的三维锥旋矢量提取

进动周期是锥体弹头的的重要指标，也常是获取其他微动参数的前提。对于窄带雷达而言，由于底面两散射中心的散射强度较弱，其非线性调制项难以影响锥顶强散射中心的周期性变化特性。本节采用 4.3.1 节引用的自相关函数凸包算法，求取回波信号中目标对应的微动周期 T_c。

由式(7.53)和式(7.59)可知，各散射中心对应的微多普勒信息 $f_{dn_1m} = \boldsymbol{H}_1\boldsymbol{a}_{n_1m}$

或 $r_{n_2m} = H_2 b_{n_2m}$ 均呈线性关系。因此,在缺乏先验信息的条件下,可以利用非线性最小二乘法来估计微多普勒曲线的幅度信息,其估计值为

$$\begin{cases} \hat{a}_{n_1m} = (H_1^T H_1)^{-1} H_1^T f_{dn_1m} \cdot c/2f_{n_1} \\ \hat{b}_{n_2m} = (H_2^T H_2)^{-1} H_2^T r_{n_2m} \end{cases} \tag{7.60}$$

因此,只需要分离出各散射中心的微多普勒曲线分量,就可以根据式(7.60)求出锥体弹头的幅度信息。对雷达获取的多散射中心曲线进行分离,可采用第 4 章提出的微多普勒曲线分离方法,再利用式(7.60)估计出 $\hat{a}_{n_1m}$、$\hat{b}_{n_2m}$。

观察同一体制雷达获得的微多普勒的幅度信息,可以得出同一体制雷达的幅度比满足

$$\begin{cases} \alpha_{n_1} = arccot(-\hat{a}_{n_1A}(3)/\hat{a}_{n_1A}(1)) \\ \alpha_{n_2} = \arctan(\hat{b}_{n_2A}(4)/\hat{b}_{n_2A}(2)) \end{cases} \tag{7.61}$$

设第 n 部雷达在 $O - VUW$ 中的视角为 (α'_n, β'_n),锥旋轴在 $O - XYZ$ 中的视角为 (α_e, β_e),根据文献[123]的进动坐标系与参考坐标系转换公式,可以很容易得到雷达视线方向在进动坐标系的视角满足

$$\begin{cases} \cos\beta_{cn} = \sin\beta_e \sin\beta'_n \cos(\alpha_e - \alpha'_n) + \cos\beta_e \cos\beta'_n \\ \cos\alpha_{cn} = \sin\beta'_n \sin(\alpha_e - \alpha'_n)/\sin\beta_{cn} \end{cases} \tag{7.62}$$

将式(7.61)代入式(7.62),可以得到如下方程组:

$$\begin{cases} \cos\beta_{cn} = \sin\beta_e \sin\beta'_n \cos(\alpha_e - \alpha'_n) + \cos\beta_e \cos\beta'_n \\ \cos\alpha_{cn} = \sin\beta'_n \sin(\alpha_e - \alpha'_n)/\sin\beta_{cn} \\ -\hat{a}_{n_1A}(3)/\hat{a}_{n_1A}(1) = \cot\alpha_{n_1}, \hat{b}_{n_2A}(4)/\hat{b}_{n_2A}(2) = \tan\alpha_{n_2} \\ \cos^2\beta_n + \sin^2\beta_n = 1 \end{cases} \tag{7.63}$$

式(7.63)中仅包含 (α_e, β_e) 和 $(\alpha_{cn}, \beta_{cn})$ 两对未知参量,因此只需要获得锥顶散射中心的幅度信息,可以利用组网雷达任意一部雷达获取的参数构建非线性方程组,实现三维锥旋矢量提取。本节分两种情况来进行判断,具体步骤如下:

(1)若 $\hat{a}_{n_1m}(2i) \to 0$ 或 $\hat{b}_{n_2m}(2i+1) \to 0$,则判断该条曲线对应的散射中心位于自旋轴上,即该条微多普勒曲线对应于锥顶散射中心 A,单独抽取出此类曲线,利用式(7.63)求出 α_e、β_e、α_{cn} 和 β_{cn} 的值。

(2)若 $\hat{a}_{n_1m}(2i) \gg 0$ 或 $\hat{b}_{n_2m}(2i+1) \gg 0$,则该条曲线对应的散射中心不在自旋轴上。

然后利用加权平均的方法,综合组网雷达中各子雷达的估计值,得到目标的三维锥旋矢量的表达式为

$$\begin{cases} \boldsymbol{\omega}_c = \hat{\omega}_c \left(\cos\overline{\alpha}_e \cos\overline{\beta}_e, \sin\overline{\alpha}_e \cos\overline{\beta}_e, \sin\overline{\beta}_e \right)^{\mathrm{T}} \\ \overline{\alpha}_e = w_1 \alpha_{e1} + w_2 \alpha_{e2} + \cdots + w_n \alpha_{en}, \sum_{i=1}^{n} w_i = 1 \\ \overline{\beta}_e = u_1 \beta_{e1} + u_2 \beta_{e2} + \cdots + u_n \beta_{en}, \sum_{i=1}^{n} u_i = 1 \end{cases} \tag{7.64}$$

式中：$(\overline{\alpha}_e, \overline{\beta}_e)$ 为由组网雷达参数估计出的锥旋轴视角（在 $o-x'y'z'$ 中）；$(\alpha_{en}, \beta_{en})$ 为由第 n 部雷达参数估计出的锥旋轴视角（在 $o-x'y'z'$ 中）；w_i、u_i 为组网雷达中各部子雷达的权值系数，与雷达的测量精度、信噪比有关。此种加权方法可以有效地克服不同体制雷达测量精度相差较大的问题，便于宽、窄带雷达数据的融合处理。

7.4.3　基于散射中心融合关联的微动特征及结构参数解算

根据 7.2.1 节的分析，对同一散射中心而言，低分辨雷达获取的时频信息与高分辨成像雷达获取的高分辨距离像之间存在着一定的关系，即前者对应的微多普勒曲线可以等效为后者对应的微多普勒曲线的导函数，这就给宽、窄带混合体制组网雷达中的数据关联提供了理论依据。

7.4.3.1　进动特征估计

根据以上分析，可以得出宽、窄带雷达获取的微多普勒幅相信息之间存在一定的相互关系，即

$$\frac{\hat{\boldsymbol{a}}_{n_1A}(2i-1)}{\hat{\boldsymbol{b}}_{n_2A}(1)} = \hat{\omega}_c \frac{\sin\beta_{cn_1}}{\cos\beta_{cn_2}} \tan\theta \sin(\alpha_{cn_1} - 0.5\pi(i-1)), i = 1,2 \tag{7.65}$$

式中：$\hat{\boldsymbol{a}}_{n_1A}$、$\hat{\boldsymbol{b}}_{n_2A}$ 均对应于锥体弹头的强散射中心 A。

通过式（6.30），不难求出目标的进动角，即

$$\theta = \frac{1}{N_1 N_2} \sum_{n_1} \sum_{n_2} \arctan \frac{\cos\beta_{n_2}}{2\hat{\omega}_c \hat{\boldsymbol{b}}_{n_2A}(1) \sin\beta_{n_1}} \left[\frac{\hat{\boldsymbol{a}}_{n_1A}(1)}{\sin\alpha_{n_1}} - \frac{\hat{\boldsymbol{a}}_{n_1A}(3)}{\cos\alpha_{n_1}} \right] \tag{7.66}$$

7.4.3.2　散射中心关联

进一步观察宽、窄带雷达获取的微多普勒幅度信息，可以得出不同体制雷达的幅相参数满足

$$k_v'(i) = \frac{\dfrac{\pm \hat{\boldsymbol{a}}_{n_1u}(2i)}{2\sin(2\alpha_{cn_1} + 0.5\pi(i-1))} + \hat{\omega}_c(\hat{\boldsymbol{b}}_{n_2u}(1) - \hat{\boldsymbol{b}}_{n_2v}(1))}{\dfrac{\pm \hat{\boldsymbol{b}}_{n_2u}(2i+1)}{\cos(2\alpha_{cn_2} - 0.5\pi(i-1))} + \hat{\boldsymbol{b}}_{n_2u}(1) - \hat{\boldsymbol{b}}_{n_2v}(1)} \cdot$$

$$\sqrt{\frac{1 - \cos^2\theta \cos^2\beta_{cn_2}}{1 - \cos^2\theta \cos^2\beta_{cn_1}}} = \omega_c \tag{7.67}$$

式中:$\hat{a}_{n_1 u}$、$\hat{a}_{n_1 v}$分别对应于锥体弹头的两个滑动散射中心u、v;$\hat{b}_{n_2 u}$、$\hat{b}_{n_2 v}$与$\hat{a}_{n_1 u}$、$\hat{a}_{n_1 v}$的含义相同,且$i=1,2$。

由式(7.67)可知,不同体制雷达之间的幅相比k_v与雷达的视角无关。因此,通过比较不同体制雷达获取的任意两条滑动散射中心对应的曲线的k_v的搜索区间,可以实现各散射中心的关联。其具体步骤如下:

(1)初步判断散射点类型。即根据7.4.2节的两种情况来进行判别,单独抽取出锥顶散射中心A对应的微多普勒曲线,而后对剩余曲线进行处理。

(2)进行多站搜索域匹配处理。利用式(7.67)求出不同体制雷达获取的任意两条滑动散射中心对应的曲线的$k_v{}'$,判断是否满足

$$
\begin{aligned}
k_v{}' &\in U(\hat{\omega}_c, \varepsilon), \hat{\omega}_c = 2\pi / \hat{T}_c \\
\varepsilon &= \max\left\{ \left| \frac{2\pi}{\hat{T}_c} - \frac{2\pi}{T_{\max}} \right|, \left| \frac{2\pi}{\hat{T}_c} - \frac{2\pi}{T_{\min}} \right| \right\}
\end{aligned}
\tag{7.68}
$$

式中:$U(a,b)$为中心点为a、半径为b的邻域区间;ε为搜索区间的最大允许幅度;$T_{\max}$、$T_{\min}$为先验信息,分别表示T_c的上限和下限。

若$k_v{}'$满足式(7.68)的条件,则表明这两条微多普勒曲线匹配;反之,则表明这两条微多普勒曲线分属于不同的散射中心。

(3)利用组网雷达多次观测目标,重复步骤(1)和步骤(2)的操作,从而获得组网雷达在不同观测时间段内的匹配参数,用以降低宽带雷达获取的高分辨距离像对姿态角的敏感性。

7.4.3.3 锥体弹头结构参数解算

通过7.4.3.2节的方法,可以匹配出同一类的滑动散射中心。然后联立式(7.56)和式(7.58),并代入式(7.63)和式(7.65)的解,可以得到如下方程组:

$$
\begin{cases}
\hat{b}_{n_2 m} = \boldsymbol{\sigma}(\Lambda'') \\
\hat{a}_{n_1 m} = \boldsymbol{\rho}(\Lambda''), \Lambda'' = (h, r, l)^T
\end{cases}
\tag{7.69}
$$

式中:Λ''为$\hat{a}_{n_1 m}$、$\hat{b}_{n_2 m}$对应的新的参量空间,且m不包含散射中心A。

由于式(7.69)中仅包含h、r、l三个未知参量,因此可以利用gamultiobj函数进行求解,从而得到目标的尺寸信息。

通过以上分析可以看出,本节方法比较符合当前雷达的应用现状,有效地运用了宽、窄带雷达数据融合的优势,准确地估计出目标锥体高度h、锥体底面半径r、

质心 O 到底面圆环结构边缘的距离为 l、进动角 θ 以及三维锥旋矢量 $\boldsymbol{\omega}_c$。

7.4.4　仿真分析

设混合体制组网雷达中共有 1 部窄带雷达和 2 部宽带雷达,观测时间均为 2s。为了避免组网雷达中各子雷达发射的信号相互干扰,假设窄带雷达发射单频信号,载频为 6GHz,脉冲重复频率为 600Hz,编号为 1,在全局坐标系中的视角为 $(\pi/6,\pi/6)$ rad;宽带雷达发射 LFM 信号,载频分别为 10GHz、20GHz,对应的带宽分别为 1GHz、2GHz,脉宽均为 $50\mu s$,脉冲重复频率均为 500Hz,编号分别为 2、3,在全局坐标系中的视角分别为 $(\pi/4,\pi/8)$ rad、$(\pi/6,\pi/8)$ rad。常规的 PD 雷达多工作在 S 波段、C 波段,在研的高分辨宽带雷达一般工作在 X 波段、Ku 波段[99],因此本节的假设不失一般性。锥体弹头高 2m,锥体质心到底面的距离为 0.6m,底面半径为 0.6m。锥旋轴在全局坐标系中的视角为 $(\pi/2,\pi/4)$ rad,锥旋频率为 2Hz,进动角为 $\pi/10$ rad。考虑到组网雷达中各子雷达观测到的弹头各散射中心的散射系数均不相同,本节利用 randn 函数随机生成弹头各散射中心对应的散射系数。设各子雷达的信噪比 SNR 均为 10dB。

图 7.18(a)为雷达 1 观测到的原始信号的时频分析结果,可以看出锥体弹头的各散射中心混叠交织在一起,呈现周期性变化规律。对雷达 1 的信号进行自相关处理,就可以得到自相关函数在不同延迟时刻对应的归一化幅度,如图 7.18(b)所示。可以看出,0.500s 处自相关函数的归一化幅度最大,从而可以得到原始信号的进动周期为 0.5s。图 7.19(a)、(b)为雷达 2、雷达 3 获得的高分辨距离像。可以看出,不同观测视角条件下各散射中心对应的微多普勒信息的幅值存在较大差异。

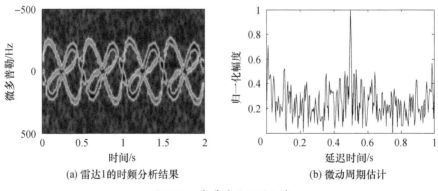

(a) 雷达1的时频分析结果　　　　(b) 微动周期估计

图 7.18　窄带雷达微动仿真

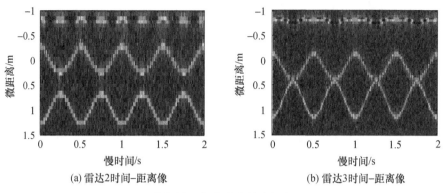

(a) 雷达2时间–距离像　　　　　　　(b) 雷达3时间–距离像

图 7.19　宽带雷达微动仿真

表 7.6　组网雷达获取的各散射中心对应的幅值

窄带雷达获取的幅值					
编号	散射中心	$\boldsymbol{a} = (a_1, a_2, a_3, a_4)\,\mathrm{mm}$			
1	1	10.2981	− 0.0106	− 0.4038	− 0.0098
	2	− 11.9662	− 1.2172	0.4023	0.1985
	3	3.3162	1.4404	− 0.1234	− 0.1862
宽带雷达获取的幅值					
编号	散射中心	$\boldsymbol{b} = (b_1, b_2, b_3, b_4, b_5)\,\mathrm{mm}$			
2	1	30.0173	8.8113	− 0.0068	− 0.2523	0.0146
	2	− 0.2098	− 7.7133	− 0.6869	0.1759	0.0296
	3	− 24.1019	0.1764	0.6112	− 0.0065	− 0.0377
3	1	12.0796	5.2015	0.0040	− 0.1278	0.0078
	2	2.1823	− 3.8648	− 0.2745	0.0948	0.0199
	3	− 12.1064	− 0.6086	0.2679	0.0140	− 0.0126

经曲线分离方法处理后,采用 7.4.2 节的非线性最小二乘估计法,就可以准确地解算出各散射中心微多普勒曲线对应的幅值信息,如表 7.6 所列。由雷达 1 获取的幅度信息可以看出,散射中心 1 对应的 a_2、a_4 的值均远小于 0 m,因此可以判断出散射中心 1 即为锥顶散射中心。同理可以判断出雷达 2、雷达 3 得到的散射中心 1 均为锥顶散射中心。然后根据 7.4.2 节的方法,可以求出锥体弹头的三维锥旋矢量 $\boldsymbol{\omega}_c = (0.5739, 9.2831, 8.9471)\,\mathrm{rad/s}$,与理论值的相对误差为 5.58%。

然后,利用搜索域匹配方法对组网雷达中不同体制的雷达进行滑动信息关联处理,匹配出不同体制雷达对应的相同类型的滑动散射中心,并运用 gamultiobj 函数求解式(7.69)的非线性方程组,得到弹头的进动特征及结构参数的估计值,具体如表 7.7 所列。可以看出,得到的估计值与理论值之间的误差较小,这有效验证了本节方法的可行性。

表 7.7　弹头的进动特征及结构参数

参量	h/m	r/m	l/rad	θ/rad
估计值	2.0814	0.6254	0.8812	0.3316
相对误差/%	4.07	4.23	3.85	5.54

考虑到窄带雷达测量精度以及宽带雷达带宽的限制,本节引入了平均相对误差的概念。设组网雷达得到的弹头对应的进动特征 $X_c = (\omega_{cx'}, \omega_{cy'}, \omega_{cz'}, \theta)$,结构特征 $X_s = (h, r, l)$,则定义平均相对误差为

$$\begin{cases} E(i) = \parallel \hat{X}(i, :) - X(i, :) \parallel / \parallel X \parallel \\ X = [X_c; X_s], i = 1, 2 \end{cases} \tag{7.70}$$

式中:$\parallel \cdot \parallel$ 为 2 - 范数;$\hat{X}$ 为估计值;X 为理论值。

图 7.19(a)、(b)分别为弹头的进动特征及结构参数对应的平均相对误差。可以看出,当仿真条件相同时,本节方法的估计精度明显优于文献[51]方法和、文献[128]方法。进一步观察图 7.20 可知,文献[51]方法抗噪性明显较弱,这是由于该方法的抗噪性仅取决于时频分析工具。文献[128]方法估计精度较高,但没有充分发挥组网雷达数据融合的优势,仅利用了分布式组网雷达的多视角特性。由于本节充分发挥了宽、窄带雷达微多普勒特征的关联特性,因此估计精度更高。

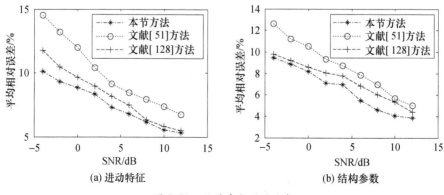

(a) 进动特征　　　　　　　(b) 结构参数

图 7.20　估计参数性能分析

7.5　多弹头目标三维微动特征提取

本节针对有翼弹头模型,首先构建组网雷达条件下的多进动弹头模型,并根据微动周期的差异,利用分布式多站微动周期匹配算法,分析群目标的微动特性,从而实现目标群的分离。针对有翼弹道目标三维重构问题,利用分布式处理和加权平均相结合的方法,结合弹道目标各散射中心的相对位置关系,实现对弹道目标的三维重构。

7.5.1　多进动弹头微多普勒分析

对于弹道目标而言,其强散射中心数量有限,本节主要对有翼锥形弹头进行分析。在光学区,有翼锥形弹头的多散射中心一般由锥顶散射中心和底面边缘尾翼散射中心构成[82],此处暂不考虑底面边缘结构产生滑动的影响。针对多散射中心目标模型,本节构建了混合体制雷达网系统,如图 7.21 所示。

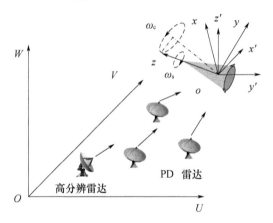

图 7.21　混合体制雷达网系统

雷达网共包含 I 部低分辨雷达和 I' 部高分辨雷达。为了方便表述,假设各部子雷达均为单基地雷达。$O-VUW$ 为雷达网坐标系,$o-xyz$ 为弹体坐标系,z 轴为目标自旋轴的指向,$o-x'y'z'$ 为相对坐标系,且 $o-x'y'z'$ 平行于 $O-VUW$。其中,o 为目标质心。目标的自旋频率、锥旋频率分别为 ω_s、ω_c。在 t 时刻,雷达网中任一雷达 i'' 与目标上第 m 个散射中心的位置矢量为 $\boldsymbol{R}_{i''t}=\boldsymbol{R}_{i''}+\Delta\boldsymbol{R}_{mt}$(其中,$\boldsymbol{R}_{i''}$ 为平动分量,$\Delta\boldsymbol{R}_{mt}$ 为微动分量),$i''=1,2,\cdots,I+I'$。则第 m 个散射中心的径向距离为[60]

$$\begin{cases} \boldsymbol{R}_{i''t} = \parallel \boldsymbol{R}_{i''} + \Delta \boldsymbol{R}_{mt} \parallel \approx (\boldsymbol{R}_{i''t} + \boldsymbol{G}_{c} \boldsymbol{G}_{s} \hat{\boldsymbol{r}}_{m})^{T} \boldsymbol{n}_{i''} \\ \boldsymbol{G}_{c} = \boldsymbol{E} + \hat{\boldsymbol{e}}_{c} \sin \omega_{c} t + \hat{\boldsymbol{e}}_{c}^{2} (1 - \cos \omega_{c} t) \\ \boldsymbol{G}_{s} = \boldsymbol{E} + \hat{\boldsymbol{e}}_{s} \sin \omega_{s} t + \hat{\boldsymbol{e}}_{s}^{2} (1 - \cos \omega_{s} t) \end{cases} \tag{7.71}$$

式中：$\parallel \cdot \parallel$ 表示 $2 - $ 范数；$\boldsymbol{n}_{i''} = \boldsymbol{R}_{i''} / \parallel \boldsymbol{R}_{i''} \parallel$ 为雷达 i'' 的视线方向；$\boldsymbol{E}$ 为 3×3 的单位矩阵；$\boldsymbol{G}_{c} 、 \boldsymbol{G}_{s}$ 分别为自旋、锥旋产生的旋转矩阵；$\hat{\boldsymbol{r}}_{m}$ 为初始时刻目标中第 m 个散射中心在 $o - x'y'z'$ 上的位置矢量（简称为位矢）；$\hat{\boldsymbol{e}}_{c} 、 \hat{\boldsymbol{e}}_{s}$ 分别为 $\boldsymbol{\omega}_{c} 、 \boldsymbol{\omega}_{s}$ 的斜对称矩阵，且 $\boldsymbol{\omega}_{c} = (\omega_{cx'} , \omega_{cy'} , \omega_{cz'})^{T} , \boldsymbol{\omega}_{s} = (\omega_{sx'} , \omega_{sy'} , \omega_{sz'})^{T}$。$\hat{\boldsymbol{e}}_{c} 、 \hat{\boldsymbol{e}}_{s}$ 的具体表达式为[60]

$$\hat{\boldsymbol{e}}_{c} = \begin{bmatrix} 0 & - \omega_{cz'} & \omega_{cy'} \\ \omega_{cz'} & 0 & - \omega_{cx'} \\ - \omega_{cy'} & \omega_{cx'} & 0 \end{bmatrix} , \hat{\boldsymbol{e}}_{s} = \begin{bmatrix} 0 & - \omega_{sz'} & \omega_{sy'} \\ \omega_{sz'} & 0 & - \omega_{sx'} \\ - \omega_{sy'} & \omega_{sx'} & 0 \end{bmatrix} \tag{7.72}$$

由于距离分辨率有限，低分辨雷达测得的目标各散射中心对应的 HRRP 就会在距离像中近似聚合为一条直线，调频率的调制作用有限。设第 i 部低分辨雷达发射载频为 f_{i} 的脉冲信号 $s_{i}(t)$，它在 $O - VUW$ 中的视线方向的单位矢量为 $\boldsymbol{n}_{i}$。第 k 个脉冲采样后的信号为

$$s_{i}(t_{k}) = \sum_{m'} \sigma_{im'} \exp(- \mathrm{j} 4 \pi f_{i} r_{im'}(t_{k}) / c) \tag{7.73}$$

式中：$\mathrm{j} = \sqrt{-1}$；$t_{k} = 2 \parallel \boldsymbol{R}_{i}(kT'_{r}) \parallel / c - kT'_{r}$；$\sigma_{im'}$ 为由第 i 部低分辨雷达获取的第 m' 个散射中心的散射系数；$r_{im'}(t)$ 为该散射中心相对于 o 点的位置随时间变化的关系；c 为光速。

经相位求导，得到回波的微多普勒为

$$f_{di} = \bigcup_{m'} \frac{2 f_{i}}{c} \frac{\mathrm{d} r_{im'}(t_{k})}{\mathrm{d} t} \approx \frac{2 f_{i}}{c} \bigcup_{m'} \left[\frac{\mathrm{d}}{\mathrm{d} t} (\boldsymbol{R}_{i} + \boldsymbol{G}_{c} \boldsymbol{G}_{s} \hat{\boldsymbol{r}}_{m'}) \right]^{T} \boldsymbol{n}_{i} \tag{7.74}$$

式中：$\cup (\cdot)$ 表示包含关系；$\hat{\boldsymbol{r}}_{m'}$ 为初始时刻目标中第 m' 个散射中心在 $o - x'y'z'$ 上的位矢。

式（7.74）写成矩阵的形式，可以表示为

$$f_{di} = \bigcup_{m} f_{im'} , f_{im'} = \frac{2 f_{i}}{c} \boldsymbol{H}_{1} (\boldsymbol{\omega}) \boldsymbol{a}_{im'} \tag{7.75}$$

式中：N 为雷达采样次数；Δt 为采样时间间隔；$\boldsymbol{\omega} = (\omega_{c} , \omega_{s} , \omega_{c} + \omega_{s} , \omega_{c} - \omega_{s})$ 为频率信息；$f_{im'}$ 为第 m' 个散射中心对应的微多普勒信息；$\boldsymbol{a}_{im'} 、 \boldsymbol{H}_{1}$ 分别为第 m' 个散射中心对应的幅度信息和相位信息，且满足

$$\boldsymbol{H}_{1} = \begin{bmatrix} \boldsymbol{E}_{4 \times 1} & \cos \boldsymbol{\omega}^{T} \Delta t & \cdots & \cos \boldsymbol{\omega}^{T} (N - 1) \Delta t \\ \boldsymbol{E}_{4 \times 1} & \sin \boldsymbol{\omega}^{T} \Delta t & \cdots & \sin \boldsymbol{\omega}^{T} (N - 1) \Delta t \end{bmatrix}^{T} \tag{7.76}$$

$$\begin{cases} \boldsymbol{a}_{im'}(1) = \hat{\boldsymbol{r}}_{m'}^{\mathrm{T}}(\omega_{\mathrm{c}}\hat{\boldsymbol{e}}_{\mathrm{c}} + \omega_{\mathrm{c}}\hat{\boldsymbol{e}}_{\mathrm{c}}\hat{\boldsymbol{e}}_{\mathrm{s}}^{2})^{\mathrm{T}}\boldsymbol{n}_{i} \\ \boldsymbol{a}_{im'}(2) = \hat{\boldsymbol{r}}_{m'}^{\mathrm{T}}(\omega_{\mathrm{s}}\hat{\boldsymbol{e}}_{\mathrm{s}} + \omega_{\mathrm{s}}\hat{\boldsymbol{e}}_{\mathrm{c}}\hat{\boldsymbol{e}}_{\mathrm{s}}^{2})^{\mathrm{T}}\boldsymbol{n}_{i} \\ \boldsymbol{a}_{im'}(3) = -\dfrac{1}{2}(\omega_{\mathrm{c}} + \omega_{\mathrm{s}})\hat{\boldsymbol{r}}_{m'}^{\mathrm{T}}(\hat{\boldsymbol{e}}_{\mathrm{c}}\hat{\boldsymbol{e}}_{\mathrm{s}}^{2} + \hat{\boldsymbol{e}}_{\mathrm{c}}^{2}\hat{\boldsymbol{e}}_{\mathrm{s}})^{\mathrm{T}}\boldsymbol{n}_{i} \\ \boldsymbol{a}_{im'}(4) = \dfrac{1}{2}(\omega_{\mathrm{s}} - \omega_{\mathrm{c}})\hat{\boldsymbol{r}}_{m'}^{\mathrm{T}}(\hat{\boldsymbol{e}}_{\mathrm{c}}\hat{\boldsymbol{e}}_{\mathrm{s}}^{2} - \hat{\boldsymbol{e}}_{\mathrm{c}}^{2}\hat{\boldsymbol{e}}_{\mathrm{s}})^{\mathrm{T}}\boldsymbol{n}_{i} \\ \boldsymbol{a}_{im'}(5) = \hat{\boldsymbol{r}}_{m'}^{\mathrm{T}}(\omega_{\mathrm{c}}\hat{\boldsymbol{e}}_{\mathrm{c}}^{2} + \omega_{\mathrm{c}}\hat{\boldsymbol{e}}_{\mathrm{c}}^{2}\hat{\boldsymbol{e}}_{\mathrm{s}}^{2})^{\mathrm{T}}\boldsymbol{n}_{i} \\ \boldsymbol{a}_{im'}(6) = \hat{\boldsymbol{r}}_{m'}^{\mathrm{T}}(\omega_{\mathrm{s}}\hat{\boldsymbol{e}}_{\mathrm{s}}^{2} + \omega_{\mathrm{s}}\hat{\boldsymbol{e}}_{\mathrm{c}}^{2}\hat{\boldsymbol{e}}_{\mathrm{s}}^{2})^{\mathrm{T}}\boldsymbol{n}_{i} \\ \boldsymbol{a}_{im'}(7) = \dfrac{1}{2}(\omega_{\mathrm{c}} + \omega_{\mathrm{s}})\hat{\boldsymbol{r}}_{m'}^{\mathrm{T}}(\hat{\boldsymbol{e}}_{\mathrm{c}}\hat{\boldsymbol{e}}_{\mathrm{s}} - \hat{\boldsymbol{e}}_{\mathrm{c}}^{2}\hat{\boldsymbol{e}}_{\mathrm{s}}^{2})^{\mathrm{T}}\boldsymbol{n}_{i} \\ \boldsymbol{a}_{im'}(8) = \dfrac{1}{2}(\omega_{\mathrm{s}} + \omega_{\mathrm{c}})\hat{\boldsymbol{r}}_{m'}^{\mathrm{T}}(\hat{\boldsymbol{e}}_{\mathrm{c}}\hat{\boldsymbol{e}}_{\mathrm{s}} + \hat{\boldsymbol{e}}_{\mathrm{c}}^{2}\hat{\boldsymbol{e}}_{\mathrm{s}}^{2})^{\mathrm{T}}\boldsymbol{n}_{i} \end{cases} \tag{7.77}$$

其中：$\boldsymbol{E}_{4\times1}$ 为 4×1 的单位矩阵。

为了方便表述，$\boldsymbol{a}_{im'}$ 可以简写为

$$\boldsymbol{a}_{im'} = \boldsymbol{\rho}(\varLambda), \varLambda = (\omega_{\mathrm{c}}, \omega_{\mathrm{s}}, \hat{\boldsymbol{e}}_{\mathrm{c}}, \hat{\boldsymbol{e}}_{\mathrm{s}}, \boldsymbol{n}_{i}, \hat{\boldsymbol{r}}_{m'})^{\mathrm{T}} \tag{7.78}$$

式中：$\varLambda$ 为 $\boldsymbol{a}_{im'}$ 的参量空间。

不难看出，弹头的微多普勒 f_{di} 可以等效为几个正弦分量的叠加，$\boldsymbol{a}_{im'}$ 与弹头进动参数、结构参数及雷达视角有关。

对于高分辨雷达，目标的尺寸一般大于高分辨雷达的距离分辨单元，此时可以观测到目标各散射中心对应的距离像曲线。设第 i' 部高分辨雷达发射载频为 $f_{i'}$ 的 LFM 信号为 $s_{i'}(t)$，它在 $O-VUW$ 中的视线方向的单位矢量为 $\boldsymbol{n}_{i'}$。第 i' 部高分辨雷达获取的目标 HRRP 为

$$S_{i'}(r, t_m) = \bigcup_{m''} \sigma_{i'm''}\tau\mathrm{sinc}\left(\frac{2B}{c}(r - \Delta R(t_s))\right) \cdot \exp\left(-\mathrm{j}4\pi\frac{f_{i'}}{c}\Delta R(t_s)\right) \tag{7.79}$$

式中：$\mathrm{sinc}(\cdot)$ 为辛克函数；τ 为脉宽；$\mu = B/\tau$ 为调频率；$t_q = t - t_s$ 为快时间；$\sigma_{i'm''}$ 为由第 i' 部高分辨雷达获取的第 m'' 个散射中心的散射系数；B 为带宽；$t_s = \overline{m}T_r$ 为慢时间，其中 $\overline{m}$ 为脉冲数，T_r 为脉冲重复周期。

弹道目标 HRRP 的峰值点位于

$$r = \bigcup_{m''} \Delta R(t_s) \approx \bigcup_{m''}[\boldsymbol{G}_{\mathrm{c}}\boldsymbol{G}_{\mathrm{s}}\hat{\boldsymbol{r}}_{m''}]^{\mathrm{T}}\boldsymbol{n}_{i'} \tag{7.80}$$

式中：$\hat{\boldsymbol{r}}_{m''}$ 为初始时刻目标中第 m'' 个散射中心在 $o-x'y'z'$ 上的位矢，其矩阵形式为

$$\begin{cases} \boldsymbol{r}_{i'} = \bigcup_{m''} \boldsymbol{r}_{i'm''}, \boldsymbol{r}_{i'm''} = \boldsymbol{H}_2(\boldsymbol{\omega})\boldsymbol{b}_{i'm''} \\ \boldsymbol{H}_2 = [\boldsymbol{E}_{N\times1} \quad \boldsymbol{H}_1], \boldsymbol{b}_{i'm''} = \boldsymbol{\sigma}(\varLambda'), \varLambda' = (\hat{\boldsymbol{e}}_{\mathrm{c}}, \hat{\boldsymbol{e}}_{\mathrm{s}}, \boldsymbol{n}_{i'}, \hat{\boldsymbol{r}}_{m''})^{\mathrm{T}} \end{cases} \tag{7.81}$$

其中：$\boldsymbol{E}_{N\times1}$ 为 $N\times1$ 的单位矩阵；$\boldsymbol{r}_{i'm''}$ 为第 m'' 个散射中心对应的微动信息；$\boldsymbol{b}_{i'm''}$、$\boldsymbol{H}_2$

分别为第 m'' 个散射中心对应的幅度信息和相位信息;Λ' 为 $b_{i'm''}$ 的参量空间。

$b_{i'm''}$ 的具体表达式为

$$
\begin{cases}
b_{i'm''}(1) = \hat{r}_{m''}^{\mathrm{T}}((E + \hat{e}_{c}^{2})(E + \hat{e}_{s}^{2}))^{\mathrm{T}}n_{i'} \\[2mm]
b_{i'm''}(2) = -\hat{r}_{m''}^{\mathrm{T}}(\hat{e}_{c}^{2} + \hat{e}_{c}^{2}\hat{e}_{s}^{2})^{\mathrm{T}}n_{i'} \\[2mm]
b_{i'm''}(3) = -\hat{r}_{m''}^{\mathrm{T}}(\hat{e}_{s}^{2} + \hat{e}_{c}^{2}\hat{e}_{s}^{2})^{\mathrm{T}}n_{i'} \\[2mm]
b_{i'm''}(4) = \dfrac{1}{2}\hat{r}_{m''}^{\mathrm{T}}(\hat{e}_{c}^{2}\hat{e}_{s}^{2} - \hat{e}_{c}\hat{e}_{s})^{\mathrm{T}}n_{i'} \\[2mm]
b_{i'm''}(5) = \dfrac{1}{2}\hat{r}_{m''}^{\mathrm{T}}(\hat{e}_{c}\hat{e}_{s} + \hat{e}_{c}^{2}\hat{e}_{s}^{2})^{\mathrm{T}}n_{i'} \\[2mm]
b_{i'm''}(6) = \hat{r}_{m''}^{\mathrm{T}}(\hat{e}_{c} + \hat{e}_{c}\hat{e}_{s}^{2})^{\mathrm{T}}n_{i'} \\[2mm]
b_{i'm''}(7) = \hat{r}_{m''}^{\mathrm{T}}(\hat{e}_{s} + \hat{e}_{c}^{2}\hat{e}_{s})^{\mathrm{T}}n_{i'} \\[2mm]
b_{i'm''}(8) = -\dfrac{1}{2}\hat{r}_{m''}^{\mathrm{T}}(\hat{e}_{c}\hat{e}_{s}^{2} + \hat{e}_{c}^{2}\hat{e}_{s})^{\mathrm{T}}n_{i'} \\[2mm]
b_{i'm''}(9) = \dfrac{1}{2}\hat{r}_{m''}^{\mathrm{T}}(\hat{e}_{c}^{2}\hat{e}_{s} - \hat{e}_{c}\hat{e}_{s}^{2})^{\mathrm{T}}n_{i'}
\end{cases} \tag{7.82}
$$

7.5.2　多弹头目标的多站微动周期匹配

7.5.2.1　微动特征幅相参数解算

微动周期是微动特征识别的重要指标,也常是获取其他微动参数的前提。微动周期不仅表征了高分辨雷达获取的 HRRP 包络的周期性变化特征,而且反映了低分辨雷达获取的微多普勒曲线的周期性变化规律,即雷达回波信号的周期性表征了中段目标的进动周期性。由于各子目标的回波分量对应的周期性变化取决于各子目标本身的结构特征及质量分布等因素,而一般情况下碎片、诱饵及弹头的形状或质量分布存在较大差异[27],所以假设不同子目标对应的自旋周期和锥旋周期均不相同。

由式(7.75)和式(7.80)可知,虽然目标的微动特征是非线性的,但是其中部分参量是线性的,因此回波的微动特征满足信号参量可分离模型。在该模型中,模型与幅度信息 a 呈线性关系,而与频率信息 ω 呈非线性关系。根据非线性最小二乘估计方法,频率信息的估计值 $\hat{\omega}$ 需满足

$$
\mathrm{argmax}\, g_{m}^{\mathrm{T}} H(\hat{\omega})(H^{\mathrm{T}}(\hat{\omega})H(\hat{\omega}))^{-1}H^{\mathrm{T}}(\hat{\omega}) g_{m} \tag{7.83}
$$

式中:g_{m}、H 分别为第 m 个散射中心对应的微多普勒分量和相位信息。

若能从回波微多普勒 g_{d} 中单独抽取出每一散射中心对应的 g_{m},就可以根据式(7.83)求解最优化问题,得到参量 ω 的非线性最小二乘估计量 $\hat{\omega}$,进而获得目标函数的幅度信息为

$$\begin{cases} \hat{\boldsymbol{a}}_m = (\boldsymbol{H}_1^{\mathrm{T}}(\hat{\boldsymbol{\omega}})\boldsymbol{H}_1(\hat{\boldsymbol{\omega}}))^{-1}\boldsymbol{H}_1^{\mathrm{T}}(\hat{\boldsymbol{\omega}})\boldsymbol{f}_m \cdot c/2f_i \\ \hat{\boldsymbol{b}}_m = (\boldsymbol{H}_2^{\mathrm{T}}(\hat{\boldsymbol{\omega}})\boldsymbol{H}_2(\hat{\boldsymbol{\omega}}))^{-1}\boldsymbol{H}_2^{\mathrm{T}}(\hat{\boldsymbol{\omega}})\boldsymbol{r}_m \end{cases} \tag{7.84}$$

式中:r_m、f_m 分别为高、低分辨雷达获得的第 m 个散射中心对应的微动信息。

本节采用4.6节提出的微多普勒曲线分离方法,对式(7.75)和式(7.80)中的多散射中心曲线进行分离,再利用式(7.83)和式(7.84)的参量 $\hat{\boldsymbol{\omega}}$ 和 $\hat{\boldsymbol{a}}_m$。然而,高分辨雷达获取的HRRP姿态敏感性较强,不利于数据的稳健处理。考虑到弹道目标强散射中心较少且分布稀疏,可以忽略同一距离单元内交叉项干扰的影响,直接利用时域抽取法抽取任意快时间 t_q 处的行信号,即对回波信号的快时间 t_q 进行赋值,然后对式中的相位项关于慢时间 t_s 进行求导,经时频变换就可以观测到目标完整的微多普勒分量,这样可以有效地降低HRRP对姿态角的敏感性,得到更稳定的微多普勒信息,即

$$\begin{cases} \boldsymbol{f}_{i'm''} = \dfrac{2}{c}(f_{i'}+\mu t'_q)\boldsymbol{H}_1(\boldsymbol{\omega})\boldsymbol{a}_{i'm''} \\ \boldsymbol{a}_{i'm''} = \boldsymbol{\rho}(\Lambda''), \Lambda'' = (\omega_c,\omega_s,\hat{\boldsymbol{e}}_c,\hat{\boldsymbol{e}}_s,\boldsymbol{n}_{i'},\hat{\boldsymbol{r}}_{m''})^{\mathrm{T}} \end{cases} \tag{7.85}$$

式中:$f_{i'm''}$ 为在快时间 t_q 处第 m'' 个散射中心对应的微多普勒信息;$a_{i'm''}$ 与 a_{im} 含义相同;Λ'' 为 $\boldsymbol{a}_{i'm''}$ 的参量空间。

当高分辨雷达的信噪比较低时,可以对不同快时间 t_q 处的 $f_{i'm''}$ 进行求和处理,再进行曲线分离处理,根据非线性最小二乘估计依次解算出 $\hat{\boldsymbol{\omega}}_{i'm''}$ 和 $\hat{\boldsymbol{a}}_{i'm''}$。

7.5.2.2 基于一致性聚类的多站微动特征分类

由于低分辨雷达和高分辨雷达的距离分辨率相差较大,若对混合体制雷达网获得的所有 $\hat{\boldsymbol{\omega}}$ 直接进行聚类分析,就发挥不出混合体制雷达网的整体优势。因此,本文先分别对不同体制雷达获取的 $\hat{\boldsymbol{\omega}}$ 值进行聚类分析,然后对不同体制雷达对应的各个类进行匹配处理。具体匹配步骤如下:

(1)判断位于自旋轴上的散射中心。建立 $O-\omega_c\omega_s$ 平面,将各部雷达获取的 $\hat{\boldsymbol{\omega}}$ 值投影到该平面内。若 $\hat{\omega}_s \to 0$,且 $\prod_j \hat{\boldsymbol{a}}_m(j) \to 0$ 或 $\prod_{j'} \hat{\boldsymbol{b}}_m(j') \to 0$(其中,$j=2,3,4,6,7,8;j'=3,4,5,7,8,9$),则判断该条曲线对应的散射中心位于自旋轴上,单独抽取出此类曲线,转步骤(2);若 $\hat{\omega}_s \gg 0$,且 $\prod_j \hat{\boldsymbol{a}}_m(j) \gg 0$ 或 $\prod_j \hat{\boldsymbol{b}}_m(j') \gg 0$,则该条曲线对应的散射中心不在自旋轴上,转步骤(2)。

(2)求取局部聚类密度。对同一时间段内同一体制雷达获得的各条微多普勒曲线进行 $\delta-\rho$ 一致性聚类分析[144]。由于不同目标具有的自旋周期和锥旋周期不同,所以不同目标在 $O-\omega_c\omega_s$ 平面的投影点分布较为稀疏。假设在 $O-\omega_c\omega_s$ 平面内任意两个投影点的距离为 d_{uw},u、w 表征平面内不同的投影点。预设两组度量:

局部聚类密度 ρ_u 和该投影点到更高密度聚类区域的最大距离 δ_u。其中,ρ_u 和 δ_u 均取决于 d_{uw} 的大小,且满足

$$\rho_u = \sum_u \chi(d_{uw} - d_c), \chi'(x) = \begin{cases} 0, x \geq 0 \\ 1, x < 0 \end{cases} \tag{7.86}$$

式中:d_c 为截止间距。

ρ_u 主要表示间距小于截止间距 d_c 的投影点的个数。由于不同聚类区域的划分仅取决于 ρ_u 的大小。因此,对于大数据域而言,该聚类问题的核心就归咎于截止间距 d_c 的选取。遍历 $O - \omega_c \omega_s$ 平面内任意两个投影点的距离 d_{uw},取其中值为 d_c。待 d_c 选取完成后,各聚类区域也就基本划设完毕。

(3)预测聚类中心。计算任一聚类区域的投影点到某一更高密度聚类区域的最大距离,不难得到 δ_u:

$$\delta_u = \min_{w: \rho_w > \rho_u}(d_{uw}) \tag{7.87}$$

对于聚类密度最高的聚类区域,取 $\delta_u = \max_w(d_{uw})$。需要指出的是,对于传统最近邻域算法而言,$\delta_u$ 的值远大于传统聚类算法中局部或全局最大密度值。因此,聚类中心可以看成是 δ_u 值异常大的点,而且需满足 $\delta - \rho$ 一致性原则,即 δ 足够大时,ρ 值也应相对较大。根据上述聚类算法,就可以很准确地划分出各聚类区域,找出聚类密度最高的聚类区域及其聚类中心,以方便下一步的判定。

(4)求得不同体制雷达各个类别所含数据的相关系数。设低分辨雷达中第 u' 个类别 $x_{u'} = \{\hat{\boldsymbol{\omega}}_{u'(1)}, \hat{\boldsymbol{\omega}}_{u'(2)}, \cdots, \hat{\boldsymbol{\omega}}_{u'(k')}\}$,高分辨雷达中第 w' 个类别 $y_{w'} = \{\hat{\boldsymbol{\omega}}_{w'(1)}, \hat{\boldsymbol{\omega}}_{w'(2)}, \cdots, \hat{\boldsymbol{\omega}}_{\omega'(k'')}\}$,其中,$k'$、$k''$ 分别表示 $x_{u'}$、$y_{w'}$ 所包含元素的个数。则定义相关系数为

$$S(x_{u'}, y_{w'}) = \frac{(\dot{x}_{u'} - \bar{x}_{u'})(\dot{y}_{w'} - \bar{y}_{w'})^T}{\| \dot{x}_{u'} - \bar{x}_{u'} \| \| \dot{y}_{w'} - \bar{y}_{w'} \|} \tag{7.88}$$

式中:$\dot{x}_{u'}$、$\dot{y}_{w'}$ 分别为 $x_{u'}$、$y_{w'}$ 中的元素;$\bar{x}_{u'}$、$\bar{y}_{w'}$ 分别为 $x_{u'}$、$y_{w'}$ 的均值。

$S(x_{u'}, y_{w'})$ 表征了低分辨雷达获得的数据与高分辨雷达获得的数据之间的相似程度,$S(x_{u'}, y_{w'})$ 越大,两者越匹配。

(5)分析各个类别之间的相关程度。首先对各个类别之间相关系数进行主成分分析,得到 $x_{u'}$ 与 $y_{w'}$ 之间存在的主成分元素,以剔除两个类之间相似度较小的元素。然后求出剩余主成分元素的均值 $\bar{S}_{u'w'}$,比较各个类别之间 $\bar{S}_{u'w'}$ 的大小,按照从大到小的顺序依次抽取对应的各组类别。若该组中的一个类别已被抽取,则忽略该组,直接进行下一组的选取,直至所有类别均被抽取。

(6)对所有抽取的类别重新进行分组处理。若相邻两个类别对应的均值之间

的相对误差 Error≤η(其中,η 为误差阈值,与观测雷达的带宽、信噪比有关)则将两个类别归为一类,该类所有元素对应的微多普勒曲线均属于同一目标;反之,就表明这两个类对应的微多普勒曲线属于不同的目标。这样,新类的均值就对应各目标的 $\hat{\boldsymbol{\omega}}$。

通过上述处理,可准确判断出目标数量,并较好地获得不同目标对应的微动信息。

7.5.3 弹头目标微动特征提取与三维重构

7.5.3.1 三维锥旋矢量提取

由于弹头的锥顶散射中心位于自旋轴上,它仅受锥旋频率的影响,满足正弦规律;而其他散射中心还受到自旋频率的影响,呈非正弦规律。根据 7.5.2.2 小节步骤(1)的判别方法,易判断出弹头锥顶散射中心的微多普勒分量。通常认为,自旋轴与锥旋轴的夹角保持相对不变,即进动角具有相对稳定性。对于锥顶散射中心而言,其幅度信息满足 $\hat{\boldsymbol{a}}_{iA} \approx \omega_c r' \sin\psi_i$,$\hat{\boldsymbol{b}}_{i'A} \approx r' \sin\psi_{i'}$,其中,$r'$ 为底面半径,$\psi = \arccos$($\boldsymbol{\omega}_c \cdot \boldsymbol{n}/\omega_c$)为雷达视线与锥旋轴的夹角,$\boldsymbol{n}$ 为雷达视角。考虑到低分辨雷达应用广泛,而高分辨雷达应用相对较少的特点,这里以低分辨雷达获取的微动信息建立方程组求解。若锥顶用 A 表示,则

$$\begin{cases} \hat{\boldsymbol{a}}_{iA} \approx \parallel \boldsymbol{\omega}_c \parallel r' \sin\psi_i \\ \omega_{cx'}^2 + \omega_{cy'}^2 + \omega_{cz'}^2 = \parallel \boldsymbol{\omega}_c \parallel^2 \end{cases} \tag{7.89}$$

分析式(7.89)可知,方程组包括 4 个未知变量,因此只需要 3 部雷达获取的幅度和相位信息联合构建方程组求解未知参量$(\hat{\boldsymbol{\omega}}_c, \hat{r}')$。然后,将 $\hat{\boldsymbol{\omega}}_c$ 值代入 $\hat{\boldsymbol{b}}_{i'A} \approx r' \sin\psi_{i'}$ 中,解得不同高分辨雷达提取的底面半径 $\hat{r}'_{i'}$。然后采用加权平均的方法,求得最终解 $\bar{r}'$,具体满足

$$\begin{cases} \bar{r}' = \sum_{i'=1}^{I'} \dfrac{f(\hat{r}'_{i'} \mid \hat{r}')}{\sum f(\hat{r}'_{i'} \mid \hat{r}')} \cdot \hat{r}'_{i'} \\ f(\hat{r}'_{i'} \mid \hat{r}') = |\hat{r}'_{i'} - \hat{r}'|/\hat{r}' \end{cases} \tag{7.90}$$

式中:$f(\cdot)$ 表征第 i' 部高分辨雷达所提底面半径参数与解算值 $\hat{r}'$ 间的偏离度。

7.5.3.2 强散射中心初始位矢解算

根据 7.5.3.1 节的分析,结合进动角的相对不变性,不难联立方程组

$$\begin{cases} \hat{\boldsymbol{b}}_{i'A} = \boldsymbol{\sigma}(\Lambda'), \hat{r}_A = (r_{Ax'}, r_{Ay'}, r_{Az'}) \\ \dfrac{\langle \hat{\boldsymbol{r}}'_A(n_1), \boldsymbol{\omega}_c \rangle}{\parallel \hat{\boldsymbol{r}}'_A(n_1) \parallel} = \dfrac{\langle \hat{\boldsymbol{r}}'_A(n_2), \boldsymbol{\omega}_c \rangle}{\parallel \hat{\boldsymbol{r}}'_A(n_2) \parallel} \end{cases} \tag{7.91}$$

式中:$\langle \cdot \rangle$ 为内积;$\hat{r}'_{iA}(n)$ 对应于第 i 部雷达在第 n 次采样时刻获得的 $o-x'y'z'$

上 A 的位矢,此时已忽略零矩阵 $\hat{\boldsymbol{e}}_s$;n_1、n_2 为同一观测时间段内不同采样时刻,且满足

$$\begin{cases} \hat{\boldsymbol{r}}'_A(n) = \boldsymbol{G}_c(n)\hat{\boldsymbol{r}}_A \\ \boldsymbol{G}_c(n) = \boldsymbol{E} + \hat{\boldsymbol{e}}_c\sin(\omega_c \cdot n\Delta t) + \hat{\boldsymbol{e}}_c^2(1 - \cos(\omega_c \cdot n\Delta t)) \end{cases} \quad (7.92)$$

其中:$\boldsymbol{G}_c(n)$ 为 $\boldsymbol{G}_c$ 的离散化表达;$\hat{\boldsymbol{r}}_A$ 初始时刻锥顶 A 在 $o - x'y'z'$ 上的位矢。

由于式(7.92)仅包含 3 个未知变量 $(r_{Ax'}, r_{Ay'}, r_{Az'})$,因此,只需要 1 部高分辨雷达获取的幅度和相位信息求解即可。

一般而言,弹道目标属于刚体目标,其形态保持相对不变。当刚体运动时,它的各散射中心之间存在一定的关系,以两翼平底锥形弹头为例来进行说明。假设初始时刻原心 o 点到底面边缘尾翼的位矢为 $\hat{\boldsymbol{r}}_{v1}$ 或 $\hat{\boldsymbol{r}}_{v2}$,其中,$v_1$、$v_2$ 分别对应不同的尾翼散射中心。由刚体的特性可知,弹头的锥顶散射中心到底面边缘尾翼散射中心的距离保持相对一致。利用弹头的这种一致性,结合式(7.75)和式(7.80),可得如下方程组:

$$\begin{cases} \hat{\boldsymbol{a}}_{iv} = \boldsymbol{\rho}(\Lambda), \hat{\boldsymbol{r}}_A = \|\hat{\boldsymbol{r}}_A\| \cdot \hat{\boldsymbol{\omega}}_s / \|\hat{\boldsymbol{\omega}}_s\| \\ \omega_{sx'}^2 + \omega_{sy'}^2 + \omega_{sz'}^2 = \|\hat{\boldsymbol{\omega}}_s\|^2 \\ \|\hat{\boldsymbol{r}}_A - \hat{\boldsymbol{r}}_{v_1}\| = \|\hat{\boldsymbol{r}}_A - \hat{\boldsymbol{r}}_{v_2}\|, v = v_1, v_2 \\ \bar{r}' = \|\hat{\boldsymbol{r}}_A - \hat{\boldsymbol{r}}_v\| \sin\left(\arccos\dfrac{\langle\hat{\boldsymbol{r}}_A, \hat{\boldsymbol{r}}_A - \hat{\boldsymbol{r}}_v\rangle}{\|\hat{\boldsymbol{r}}_A - \hat{\boldsymbol{r}}_v\| \cdot \|\hat{\boldsymbol{r}}_A\|}\right) \end{cases} \quad (7.93)$$

由于 $\hat{\boldsymbol{a}}_{iv}$、$\|\hat{\boldsymbol{\omega}}_s\|$、$\hat{\boldsymbol{r}}_A$、$\bar{r}'$ 均已获知,方程组中仅包含 $3 \times 2 + 3$ 个未知数,即初始时刻目标底面边缘尾翼散射中心的位矢以及初始时刻的三维自旋矢量 $\hat{\boldsymbol{\omega}}_{s0}$。不考虑遮蔽的影响,只需要综合 3 部雷达的信息就可以求出各强散射点在各散射中心在初始时刻的位矢。若考虑遮蔽的影响,只需要适当地增加雷达的数量即可。

7.5.3.3　进动参数及结构参数估计

根据夹角公式,结合式(7.89)和式(7.93),可以求出目标的进动角为

$$\theta = \frac{1}{N}\sum_{n=0}^{N-1}\arccos\frac{\langle\hat{\boldsymbol{\omega}}_{sn}, \hat{\boldsymbol{\omega}}_c\rangle}{\|\hat{\boldsymbol{\omega}}_{sn}\| \cdot \|\hat{\boldsymbol{\omega}}_c\|} \quad (7.94)$$

将式(7.93)求得的 $\hat{\boldsymbol{\omega}}_{s0}$、$\hat{\boldsymbol{r}}_{v1}$、$\hat{\boldsymbol{r}}_{v2}$ 代入 $\hat{\boldsymbol{b}}_{i'v} = \boldsymbol{\rho}(\Lambda')$ 中,得到不同高分辨雷达提取的目标长度 $l_{i'}$ 及半锥角 $\vartheta_{i'}$,

$$l_{i'} = \frac{1}{2}\sum_v\|\hat{\boldsymbol{r}}_A - \hat{\boldsymbol{r}}_v\|$$

$$\vartheta_{i'} = \frac{1}{2}\sum_v\arccos\frac{\langle\hat{\boldsymbol{r}}_A, \hat{\boldsymbol{r}}_A - \hat{\boldsymbol{r}}_v\rangle}{l_{i'} \cdot \|\hat{\boldsymbol{r}}_A\|} \quad (7.95)$$

最后根据式(7.90)的加权求平均方法,分别得到目标长度及半锥角的最终值。如果目标底面边缘包含多个尾翼散射中心,底面半径还需满足

$$r_{us} \geqslant \max_{v_1 \in v, v_2 \in v} \| \hat{r}_{v_1} - \hat{r}_{v_2} \|, v_1 \neq v_2 \qquad (7.96)$$

通过以上的分析可以看出,本节方法比较符合当前雷达的应用现状,充分发挥了低分辨雷达的应用数量及探测范围的优势,同时兼顾了高分辨雷达成像精度高的特点,通过数据关联处理,有效地解决了高、低分辨雷达数据精度差异较大及难以有效融合识别的问题。基本步骤如下:

(1)针对混合体制雷达网获取的微动信息,根据式(7.84),利用信号参量可分离模型求得幅度、相位信息。

(2)根据 7.5.2 节的一致性聚类分析方法分别提取出不同目标对应的锥顶散射中心、底面尾翼散射中心包含的微动信息,求出 $\hat{\omega}$。

(3)根据式(7.89)和式(7.90),采用加权平均的方法,求得三维锥旋矢量和底面半径的最终解($\hat{\omega}_c$、$\tilde{l}$)。

(4)利用已求解参数 $\hat{a}_{iv}$、$\hat{b}_{i'v}$、$\| \hat{\omega}_s \|$、$\hat{r}_A$、$\tilde{l}$,根据式(7.91)和式(7.93)求得初始时刻目标底面边缘尾翼散射中心的位矢及初始时刻的三维自旋矢量 $\hat{\omega}_{s0}$。

(5)根据式(7.89)和式(7.93)求出目标的进动角参数 θ。

(6)将 $\hat{\omega}_{s0}$、$\hat{r}_{v_1}$、$\hat{r}_{v_2}$ 代入第 i' 部高分辨雷达的表达式(对应式(7.82)),求得各目标的真实尺寸 $L_{i'}$ 及半锥角 $\vartheta_{i'}$。

(7)根据式(7.96)的判决准则,完成各弹道目标真实尺寸的三维重构。

7.5.4 仿真分析

7.5.4.1 多弹头目标的多站微动周期匹配仿真分析

设混合体制雷达网中共有 3 部高性能低分辨雷达和 1 部高分辨雷达,观测时间均为 2s。其中,低分辨雷达发射单频信号,载频分别为 6.5GHz、8.5GHz、11.5GHz,脉冲重复频率均为 600Hz,编号分别为 1、2、3,在 $O - VUW$ 中的坐标分别为(80,40,1)km、(40,80,2)km、(20,20,0)km,距离分辨率均为 15m。高分辨雷达发射 LFM 信号,载频为 10GHz,带宽为 1GHz,脉宽为 50μs,脉冲重复频率为 500Hz,编号为 4,在 $O - VUW$ 中的坐标为(0,0,6)km,距离分辨率均为 15cm。假设目标群含有 2 个目标,分别是 Target 和 Decoy,且均包含 3 个强散射中心。它们的锥旋频率分别为 0.4Hz、0.5Hz,在 $o - x'y'z'$ 上的指向分别为(20°,65°)、(85°,75°)。其中,Target 绕着 x、y 和 z 轴以初始欧拉角(75°,30°,20°)和自旋频率(0,0,1.1)Hz 做自旋运动,它的散射中心在 $o - x'y'z'$ 上的坐标分别为 $A(0,0,1.6)$、$v_1(-0.4,-0.3,-0.4)$、$v_2(0.4,0.3,-0.4)$,质心 o 在 $O - VUW$ 上的位矢为

(200,200,100)km;Decoy 绕着 x、y 和 z 轴以自旋频率(0,0,1.4)Hz 做自旋运动,初始欧拉角与 Target 相同,其散射中心坐标分别为(0.15,0.25,−0.15)、(−0.15,0.25,0.15)以及(0.35,0.25,0.35)。假设两目标之间的间距为 10m,则 3 部高性能低分辨雷达在距离上均不能有效区分目标群,而高分辨雷达在距离上能有效区分目标群。假设平动分量已完全补偿,散射系数由随机函数 randn 生成,且信噪比均为 5dB。

现有雷达网多采用 GPS 卫星链路双向授时,时间同步精度可以达到 2ns 左右,远低于本节设置的高分辨雷达发射脉宽 50μs。此时 $\omega_c t$、$\omega_s t$ 中包含的时间同步误差的量级仅为 $10^{-7} \sim 10^{-9}$,可以忽略不计。而对于地基雷达网而言,雷达网中各子雷达的位置相对固定,此时暂不考虑空间同步的影响。图 7.22(a)~(e)分别表示混合体制雷达网中不同体制雷达获得的微多普勒曲线,对图 7.22(d)的距离像信息进行时域抽取处理,可以得到目标群中不同子目标的时频信息。图 7.22(f)就表示雷达 4 在第 20 个快时间单元获取的 Target 中的时频信息。比较图 7.22(a)和图 7.22(f),Target 的幅度存在明显差异,但相位基本一致。

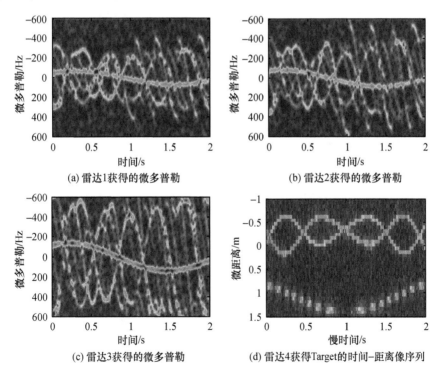

(a) 雷达1获得的微多普勒　　　　　　(b) 雷达2获得的微多普勒

(c) 雷达3获得的微多普勒　　　　　　(d) 雷达4获得Target的时间−距离像序列

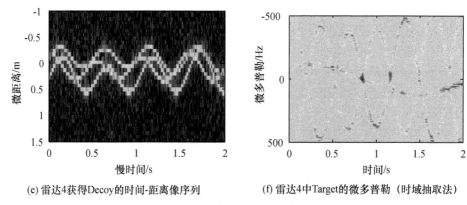

(e) 雷达4获得Decoy的时间-距离像序列   (f) 雷达4中Target的微多普勒（时域抽取法）

图7.22　混合体制雷达中各部雷达对应的微多普勒曲线

　　经微多普勒分离方法处理后,本节采用多种群遗传算法求解式(7.83)的最优化问题,可以准确地提取出不同目标的自旋频率 $\hat{\omega}_s$ 和锥旋频率 $\hat{\omega}_c$,雷达2中某一散射中心对应微多普勒曲线的5次运行结果如表7.8所列,对应的进化过程图如图7.23所示。可以看出,该算法稳定性、收敛性较好,最大遗传代数不超过30代,能够满足运算需求。然后通过多站微动周期匹配算法,得到目标的锥旋角频率 $\hat{\omega}_c = 2.7209 \mathrm{rad/s}$,自旋角频率 $\hat{\omega}_s = 6.5674 \mathrm{rad/s}$,与理论值的相对误差分别为 8.26% 、4.98%;诱饵的锥旋角频率 $\hat{\omega}_c = 3.0922 \mathrm{rad/s}$,自旋角频率 $\hat{\omega}_s = 9.0521 \mathrm{rad/s}$,与理论值的相对误差分别为 1.57% 、2.91%。不同目标对应的微动周期匹配效果图如图7.24所示。其中,方形部分代表目标的信息,圆形部分代表诱饵的信息,三角形代表各子目标对应的进动角频率平均值,即 $(\hat{\omega}_c, \hat{\omega}_s)$ 的最终解。此时各散射点的正确匹配概率为 89.44%。这样,就可以通过不同类的 $\hat{\omega}$ 值区分出不同目标的类别。

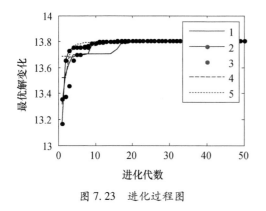

图 7.23　进化过程图

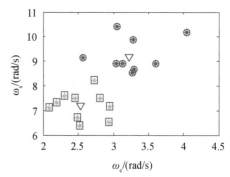

图 7.24　多站微动周期匹配效果图

表 7.8　雷达 2 获取的某一散射中心对应的微动频率

运行时间	ω_c/rad/s	ω_s/rad/s	最优解
1	2.4374	6.9553	1.294×10^3
2	2.4795	6.9308	1.294×10^3
3	2.4941	6.9218	1.294×10^3
4	2.5118	6.9127	1.294×10^3
5	2.4707	6.9368	1.294×10^3

7.5.4.2　多弹头目标的三维微动重构仿真分析

仿真条件与 7.4.4.1 节相同,经多站微动周期匹配后,根据非线性最小二乘估计法,求出不同采样时刻对应的幅度信息,其部分结果如表 7.9 所列。表中,散射中心 1、散射中心 2、散射中心 3 分别对应目标的 3 个散射中心,散射中心 4、散射中心 5、散射中心 6 分别对应诱饵的 3 个散射中心。根据 7.5.3.2 节步骤(1)的判别方法,可以看出散射中心 1、散射中心 4 分别对应于目标、诱饵的锥顶散射中心。在此基础上,可以求得目标与诱饵的三维锥旋矢量 $\hat{\omega}_c$ 分别为(1.0123, 0.2609, 2.2888)、(0.3950, 0.8744, 3.6655),相对误差分别为 4.13%、2.48%。进一步进行三维重构,分别获得诱饵、目标所含 3 个强散射中心的初始位矢的理论值与重构值如图 7.25(a)、(b)所示。

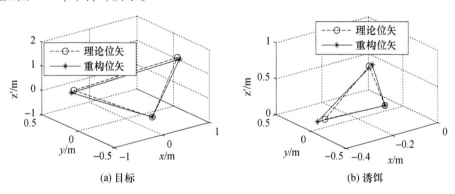

(a) 目标　　　　　　　　　　　　(b) 诱饵

图 7.25　三维位矢重构结果

最后,求得目标、诱饵的长度、底面半径以及半锥角如表 7.10 所列。此处引入相对误差的概念,且相对误差 $R_e = |\hat{P}_r - P_r| / P_r$,其中,$\hat{P}_r$ 为取得微动特征和结构参数对应的估计值,P_r 为设置的微动特征和结构参数对应的理论值。联立表 7.9 和表 7.10 的数据可以看出,由于低分辨雷达距离分辨率的限制,以及高分辨雷达带宽的限制,在提取各散射中心对应的幅值信息时会出现误差,从而导致目标与诱饵结构参数的估计值存在误差。由于采用了多站微动周期匹配处理,本节较好地克

服了混合体制雷达网的数据精度相差较大对参数估计的不利影响,当信噪比较低时,各参数的提取精度保持在92%左右,其重构参数具有很高的估计精度。

表 7.9 雷达 2 获取的各散射中心对应的幅值

参数	目标			诱饵		
	散射中心 1	散射中心 2	散射中心 3	散射中心 4	散射中心 5	散射中心 6
a_1	1.3767	-0.3472	-0.3336	-0.8040	-0.1543	-0.1464
a_2	-0.0069	-0.6237	0.6256	0.0014	0.5603	0.6994
a_3	0.0016	-5.9711	5.9706	-0.0014	-4.5462	3.4686
a_4	0.0057	-0.0368	0.0418	0.0078	-0.0412	0.0336
a_5	0.5957	-0.1334	-0.1327	-0.0010	0.0104	0.0099
a_6	-0.0031	-1.3734	1.3722	-0.0039	0.6827	-0.5279
a_7	0.0015	0.1928	-0.1939	-0.0014	3.7021	4.7348
a_8	0.0097	-0.0472	0.0538	-0.0025	-0.0251	-0.0260

表 7.10 各目标的进动参数及结构参数

类型	参数	l/m	r_{us}/m	ϑ/rad	θ/rad
目标	估计值	2.1366	0.5200	0.2461	0.2745
	相对误差/%	3.64	4.01	0.47	8.36
诱饵	估计值	0.5620	0.2176	0.3880	0.2590
	相对误差/%	4.37	2.58	4.16	9.42

通过以上分析可知,本节在进行弹道目标三维重构时,利用分布式处理和加权平均相结合的方法,有效克服了混合体制雷达网的数据精度相差较大对参数估计的不利影响。考虑到低分辨雷达距离分辨率的不足,以及高分辨雷达带宽的限制,在提取各散射中心对应的幅值和相位信息时会出现误差。而 $\boldsymbol{g}_m$ 和 $\hat{\boldsymbol{\omega}}$ 存在的误差影响式(7.89)、式(7.91)和式(7.93)的求解精度,从而导致目标的进动参数和结构参数的估计值存在误差,直接影响重构效果。为了便于计算,以目标为例,假设 $\boldsymbol{g}_m$ 和 $\hat{\boldsymbol{\omega}}$ 存在的误差均服从 $[-a,a]$ 均匀分布,与上述分析一致,采用估计结果与理论值之间的相对误差来衡量参数的估计性能(若测量值为矢量,则取该矢量中各元素相对误差的平均值),并在不同 a 值条件下进行了 50 次蒙特卡罗仿真,其他仿真条件同上。具体分两种情况:

(1)假设各散射中心对应的幅值 $\boldsymbol{g}_m$ 被准确提取,仅考虑 $\hat{\boldsymbol{\omega}}$ 存在的误差对目标三维锥旋矢量 $\hat{\boldsymbol{\omega}}_c$ 和各散射中心在 $O-x'y'z'$ 上的初始位矢 $(\hat{A},\hat{v}_1,\hat{v}_2)$ 估计的影响。当 a 在 $(0,0.1]$ 区间变化时,$\boldsymbol{g}_m$ 存在误差对应的均值对 $\hat{\boldsymbol{\omega}}_c$ 和 $(\hat{A},\hat{v}_1,\hat{v}_2)$ 估计精度

造成的影响如图 7.26(a) 所示,可见 $\hat{\boldsymbol{\omega}}_c$ 和 $(\hat{A},\hat{v}_1,\hat{v}_2)$ 存在的相对误差随 $\hat{\boldsymbol{\omega}}$ 存在误差的增大而增大。

(2)假设各散射中心对应的微动周期 $\hat{\boldsymbol{\omega}}$ 被准确提取,仅考虑 $\boldsymbol{g}_m$ 存在的误差对目标三维锥旋矢量 $\hat{\boldsymbol{\omega}}_c$ 和各散射中心在 $O-x'y'z'$ 上的初始位矢 $(\hat{A},\hat{v}_1,\hat{v}_2)$ 估计的影响。当 a 在 $(0,0.1]$ 区间内变化时,$\boldsymbol{g}_m$ 存在误差对应的均值对 $\hat{\boldsymbol{\omega}}_c$ 和 $(\hat{A},\hat{v}_1,\hat{v}_2)$ 估计精度造成的影响如图 7.26(b) 所示,可见 $\hat{\boldsymbol{\omega}}_c$ 和 $(\hat{A},\hat{v}_1,\hat{v}_2)$ 存在的相对误差随 $\boldsymbol{g}_m$ 存在误差的增大而增大。

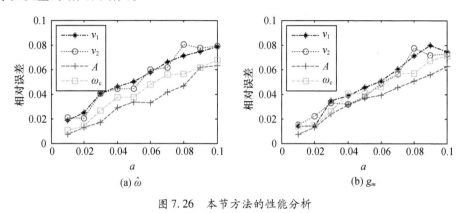

图 7.26 本节方法的性能分析

由图 7.26 可知,采用了散射中心关联处理及三维重构方法,较好地克服了混合体制雷达网的数据精度相差较大对参数估计的不利影响,当信噪比较低时,目标的三维重构精度保持在 92% 左右,其重构参数具有很高的估计精度。

第8章　总结与展望

近年来,利用目标微动信息进行目标识别的方法受到国内外研究机构和学者们的广泛关注。弹道目标的微动特征表征了目标的细微运动特性及精细结构特征,不同目标的微动特性一般都存在着差异性。目标的微运动会生成一种时变的微多普勒频移,它会对目标回波产生调制作用,从而生成微多普勒效应。微多普勒效应鲜明地反映了目标的运动特征或运动形式,可以作为目标识别的固有属性。本书结合作者几年来的研究成果,重点分析了弹道目标的微多普勒效应,从弹道目标复合运动平动补偿、弹道目标多分量瞬时多普勒提取、弹道目标微动特征提取三方面进行研究,较为全面地分析了不同目标的在单/多目标条件下以及单/多部雷达条件下的微多普勒效应,论述了不同条件下的弹道目标特征提取方法。但由于作者水平有限,微多普勒方面的研究工作不够系统,也不全面,还需进一步拓展研究。归纳而言,后续还需要进行以下五个方面的研究:

(1)复杂运动弹道目标主体平动分量的补偿。目前提出的多分量微多普勒信号分离都是基于平动已完全补偿,但平动补偿是一个复杂的过程。现有的平动补偿方法大多假设中段目标在短时间内作匀速直线或变速直线运动,并不适用于作机动变轨的弹道目标。如何有效补偿作机动变向目标的主体平动分量,还有待进一步研究。

(2)高效的弹道目标(含复杂结构)微多普勒信号分离。虽然现有的多分量多普勒信号分离方法可以将多分量多普勒信号分解成一组单分量信号,运算比较高效,但该类方法分解的单分量信号并不能反映目标结构部件(部位)的运动特征或运动形式。书中提出的多分量多普勒信号大多基于瞬时频率的变化特征,虽能反映目标结构部件(部位)的微动特征,但是计算量较大。如何根据目标结构的运动特征实现高效的多分量多普勒信号分离还需进一步深入研究。

(3)有翼弹头三维微动特征提取。由于缺乏旋转不变性,有翼弹头受到自旋、锥旋复合调制以及遮挡的影响,这会导致获取的微多普勒信号连续性不强,容易出现截断现象,从而严重影响目标微动特征的提取精度及准确性。如何有效地提取遮挡条件下有翼弹头的三维微动特征还需要做进一步分析与研究。

(4)微动特征提取面临的欠采样问题。为了获得更加精细的目标特征,现代雷达使用的频段越来越高,这会导致同一目标对应的微多普勒频率大于雷达重复频率,造成欠采样问题。而且现代雷达多工作在多任务、多体制模式,在有限时间内需多模式观测多个目标,这必然会导致欠采样问题更加突出。如何有效地实现欠采样条件下弹道目标微动特征的分离与提取,将会是下一步研究的重点。

(5)基于宽/窄带混合体制雷达网的目标识别。

组网雷达作为弹道目标微动识别的倍增器,是解决弹道群目标突防、有源无源干扰以及单部雷达搜索区域限制的有效途径。在实际应用中,高性能低分辨雷达已大量应用于反导预警雷达,其实时性较好,但分辨率略有不足,探测能力有限;而宽带高分辨雷达主要用于舰船、空天目标的精细监视与成像识别,其价格昂贵,短时间内难以大量装备,且占用信息处理资源较大,实时性不强。因此,有效发挥现有低分辨雷达的优势,可以更好地解决当前弹道目标的识别问题。这就需要综合窄带低分辨雷达和宽带高分辨雷达,联合构造混合体制雷达网,以获取弹道目标的多种微动特征,增强弹道目标识别的准确性与可靠性。如何有效综合利用窄带低分辨雷达和宽带高分辨雷达各自获得的特征量参数亟需进一步研究。

参 考 文 献

［1］Victoria S. American Missile Defense［M］. California：Praeger Security International，2010.

［2］尖端武器装备编写组. 尖端核武器［M］. 北京：航空工业出版社，2014.

［3］王鸿章，刘新德. 世界弹道导弹［M］. 沈阳：辽宁人民出版社，2014.

［4］刘庆宝，黄雷，苗刚，等. 欧洲反导系统发展对美俄战略核遏制力量平衡影响研究［J］. 飞航导弹，2013
（8）：39－43.

［5］刘剑. 当代印度军队武器装备［M］. 北京：国防大学出版社，2013.

［6］马骏声. 目标识别与GBR地基成像雷达［J］. 航天电子对抗，1996，12（4）：32－35.

［7］周万幸. 弹道导弹雷达目标识别技术［M］. 北京：电子工业出版社，2011.

［8］Andrew M S，John M C，Bob D. Countermeasures：A technical evaluation of the operational effectiveness of the
planned US National Missile Defense System［M］. Cambridge：Union of Concerned Scientist，2000.

［9］金林. 弹道导弹目标识别技术［J］. 现代雷达，2008，30（2）：1－5.

［10］张光义. 空间探测相控阵雷达［M］. 北京：科学出版社，2001.

［11］陆伟宁. 弹道导弹攻防对抗技术［M］. 北京：中国宇航出版社，2007.

［12］陈行勇. 微动目标雷达特征提取技术研究［D］. 长沙：国防科学技术大学，2006.

［13］Chen V C. Analysis of radar micro－Doppler signature with time－frequency transform［C］. Proceedings of IEEE
Workshop on Statistical Signal and Array Processing，2000：463－466.

［14］Chen V C. Micro－Doppler effect of micro－motion dynamics：a review［R］. Proceedings of SPIE on Independent
Component Analyses，Wavelets，and Neural Networks. Orlando，USA：SPIE Press，2003，5102：240－249.

［15］Rajan B，Ling H. A fast algorithm for simulating Doppler spectra of targets with rotating parts using the shooting
and bouncing ray technique［J］. IEEE Transactions on Antennas and Propagation，1998，46（9）：1389－1391.

［16］Wellman R J，Silvious J L. Doppler signature measurements of a Mi－24 Hind－D helicopter at 92 GHz.［R］，
Adelphi，USA：Air Research Laboratory，1998.

［17］孙照强，鲁耀兵，李宝柱，等. 宽带信号及其特征的微多普勒提取技术研究［J］. 系统工程与电子技术，
2008，30（11）：2040－2044.

［18］罗迎，池龙，张群，等. 用慢时间域积分法实现雷达目标微多普勒信息的提取［J］. 电子与信息学报，
2008，30（9）：2055－2059.

［19］Lovett A，Shen C N. Radiant outlaw technology for non－cooperative identification［C］. Proceedings of TECOM
Test Technology Symposium，Mar. 1997.

［20］Stove A G，Sykes S R. A Doppler－based automatic target classifier for a battlefield surveillance radar［C］. Pro-
ceedings of IEEE International Conference on Radar，Edinburgh，UK，October 2002：419－423.

［21］Nunn E C. The US army white sands missile range development of target motion resolution［C］. Record of IEEE
Electronics and Aerospace Systems Conventions，Arlington，VA，USA，Sep. 1980：346－352.

［22］Holzrichter J F. S－band radar micro－Doppler signatures for BMD discrimination. MDA－04－137［R］，Missile Defense Agency Small Business Innovation Research Program, 2004.

[23] Ballistic Missile Defense Organization. 1994 report to the congress on ballistic missile defense [R]. Washington, D. C, July, 1994.

[24] 杨发文, 顾尧. 多普勒和多普勒效应溯源[J]. 物理教师, 2004, 25(6):54 – 56.

[25] Chen V C. Advances in applications of radar micro – Doppler signatures [C]. France: Proceedings of IEE Antenna Measurements & Application, 2014: 1 – 4.

[26] Gao H W, Xie L G, Wen S L, et al. Micro – Doppler signature extraction from ballistic target with micro – motions[J]. IEEE Transactions on Aerospace and Electronic Systems, 2010, 46(4): 1969 – 1981.

[27] Guo K Y, Sheng X Q, Shen R H, et al. Influence of migratory scattering phenomenon on micro – motion characteristicscontained in radar signals[J]. IET Radar, Sonar & Navigation, 2012, 7(5): 579 – 589.

[28] Schultz K, Davidson S, Stein A, et al. Range Doppler laser radar for midcourse discrimination: The Firefly Experiments [C]. Albuquerque: The 2nd Annual AIAA SDIO Interceptor Technology Conference, 1993: 6 – 9.

[29] 黄培康, 银红成, 许小剑. 雷达目标特性[M]. 北京: 电子工业出版社, 2005.

[30] Thayaparan T, Abrol S, Riseborough E, et al. Analysis of radar micro – Doppler signatures from experimental helicopter and human data [J]. IET Radar, Sonar and Navigation, 2007, 1(4): 289 – 299.

[31] Thayaparan T, Suresh P, Qian S, et al. Micro – Doppler analysis of a rotating target in synthetic aperture radar [J]. IET Signal Processing, 2010, 4(3): 245 – 255.

[32] 徐艺萌, 管桦, 王国正, 等. 基于 Chirplet 变换和压缩感知的空中颤振目标稀疏成像[J]. 电讯技术, 2013, 53(10): 1305 – 1311.

[33] Chen V C, Li F Y, Ho S S, et al. Micro – Doppler effect in radar: phenomenon, model and simulation study [J]. IEEE Transactions on Aerospace and Electronic Systems, 2006, 42(1): 2 – 21.

[34] Cai Q W, Wei P, Xiao X C. Single channel signal component separation using Bayesian estimation[J]. Journal of Systems Engineering and Electronics, 2007, 18(1): 33 – 39.

[35] 李松, 何劲, 冯有前, 等. 基于微多普勒效应的 ISAR 成像干扰新方法[J]. 宇航学报, 2012, 33(6): 736 – 745.

[36] Huang N E. The empirical mode decomposition and the Hilbert spectrum for nonlinear and non – stationary time series analysis[C]. London: Proceedings of Roy. Soc. London, Ser. A, 1998, (454): 903 – 995.

[37] 罗迎, 柏又青, 张群, 等. 弹道目标平动补偿与微多普勒特征提取方法[J]. 电子与信息学报, 2012, 34(3): 602 – 608.

[38] 徐艺萌, 管桦, 王国正, 等. 基于复数经验模式分解的空中颤振目标成像[J]. 光子学报, 2014, 43(6): 061002. 1 – 9.

[39] Stankovic L, Djurovi I, Thayaparan T, et al. Separation of target rigid body and micro – Doppler effects in ISAR imaging[J]. IEEE Transactions on Aerospace and Electronic Systems, 2006, 42(4): 1496 – 1506.

[40] Zhang Q, Yeo T S, Tan H S, et al. Imaging of a moving target with rotating parts based on the Hough transform [J]. IEEE Transactions on Geoscience and Remote Sensing, 2008, 46(1): 291 – 299.

[41] 胡晓伟, 童宁宁, 董会旭, 等. 弹道中段群目标平动补偿与分离方法[J]. 电子与信息学报, 2015, 37(2): 291 – 296.

[42] 谢苏道, 陈亚伟, 孙俊. 导弹动态回波序列仿真及平动补偿研究[J]. 空军预警学院学报, 2013, 27(3): 169 – 172.

[43] 李星星, 姚汉英, 孙文峰, 等. 时间 – 距离像消隐情况下弹道目标平动补偿[J]. 雷达科学与技术,

2014, 12(2): 195 – 200.

[44] Stankovic L, Thayaparan T, Dakovic M, et al. Micro – Doppler removal in the radar imaging analysis[J]. IEEE Transactions on Aerospace and Electronic Systems, 2013, 49(2): 1234 – 1250.

[45] Stankovic L, Dijurovic I, Ohsumi A, et al. Instantaneous frequency estimation by using Wigner distribution and Viterbi algorithm[C]. Hong Kong: IEEE international Conference on Acoustics, Speech and Signal Processing, 2003:121 – 124.

[46] Djurovic I L. Stankovic J. An algorithm for the Wigner distribution based instantaneous frequency estimation in a high noise environment[J]. Signal Processing, 2004, 84(3): 631 – 643.

[47] 关永胜, 左群声, 刘宏伟. 高噪声环境下微动多目标分辨[J]. 电子与信息学报, 2010, 32(11): 2630 – 2635.

[48] Li P, Wang D C, Wang L. Separation of micro – Doppler signals based on time frequency filter and Viterbi algorithm[J]. Signal, Image and Video Processing, 2013, 7(3):593 – 605.

[49] Bao Z, Lu G Y, Zhou F, et al. Imaging of micromotion targets with rotating parts based on empirical – mode decomposition[J]. IEEE Transactions on Geoscience and Remote Sensing, 2008, 46(11): 3514 – 3523.

[50] 王宝帅, 杜兰, 刘宏伟. 基于经验模态分解的空中飞机目标分类[J]. 电子与信息学报, 2012, 34(9): 2116 – 2121.

[51] 王兆云, 张兴敢, 柏业超. 基于微多普勒的锥体目标进动和结构参数估计[J]. 南京大学学报(自然科学版), 2014, 50(2): 148 – 153.

[52] Li P, Wang D C, Chen J L. Parameter estimation for micro – Doppler signals based on cubic phase function[J]. Signal, Image and Video Processing, 2013, 7(6): 1239 – 1249.

[53] 向道朴. 微多普勒回波模拟与微动特征提取技术研究[D]. 长沙:国防科学技术大学, 2010.

[54] 郭琨毅, 张永丽, 盛新庆, 等. 基于欠定盲分离的多目标微多普勒特征提取[J]. 电波科学学报, 2012, 27(4): 691 – 695.

[55] Wang J, Lei P, Sun J P, et al. Spectral characteristics of mixed micro – Doppler time – frequency data sequences in micro – motion and inertial parameter estimation of radar targets[J]. IET Radar. Sonar & Navigation, 2014, 8(4): 275 – 281.

[56] Shao C Y, Du L, Han X. Multiple target tracking based separation of micro – Doppler signals from coning target [C]. Cincinnati: Proceedings of IEEE Radar Conference, 2014, 130 – 133.

[57] 邵长宇, 杜兰, 李飞, 等. 基于多目标跟踪的空间锥体目标微多普勒频率提取方法[J]. 2012, 34(12): 2972 – 2977.

[58] 李飞, 纠博, 邵长宇, 等. 目标微动参数估计的曲线跟踪算法[J]. 电波科学学报, 2013, 28(2): 278 – 284.

[59] 高昭昭, 杨向星, 张群, 等. 运动目标微多普勒特征提取方法[J]. 科学技术与工程, 2013, 13(6): 1671 – 1815.

[60] Chen V C. Micro – Doppler effect in radar [M]. Norwood, MA, USA:Artech House, 2011.

[61] 关永胜, 左群声, 刘宏伟. 基于微多普勒特征的空间锥体目标识别[J]. 电波科学学报,2011,26(4): 209 – 215.

[62] 韩勋, 杜兰, 刘宏伟, 等. 基于时频分布的空间锥体目标微动形式分类[J]. 系统工程与电子技术, 2013, 35(4):684 – 691.

[63] 刘永祥. 导弹防御系统中的雷达目标综合识别研究[D]. 长沙:国防科技大学, 2004.

[64] Liu L H, Ghogho M, McLernon D, et al. Pseudo maximum likelihood estimation of ballistic missile precession

frequency[J], Elsevier Signal Processing, 2012, 92(9), 2018 – 2028.

[65]Liu Y X, Li X, Zhuang Z W. Estimation of micro – motion parameters based on micro – Doppler[J]. IET Signal Processing, 2010, 4(3): 213 – 217.

[66]Lei P, Sun J P, Wang J, et al. Micro – motion parameter estimation of free rigid targets based on radar micro – Doppler[J]. IEEE Trans. Geosci. Remote Sens. , 2012, 50(10): 3776 – 3786.

[67]刘进. 微动目标雷达信号参数估计与物理特征提取[D]. 长沙:国防科学技术大学, 2010.

[68]姚汉英, 孙文峰, 马晓岩. 基于高分辨距离像序列的锥体目标进动和结构参数估计[J]. 电子与信息学报,2013, 35(3):537 – 543.

[69]Luo Y, Zhang Q, Qiu C W, et al. Three – dimensional micro – motion signature extraction of rotating targets in OFDM – LFM MIMO radar[J]. Progress in Electromagnetics Research, 2013, 140, 733 – 759.

[70]金光虎. 中段弹道目标 ISAR 成像及物理特性反演技术研究[D]. 长沙: 国防科学技术大学, 2009.

[71]Liu L H Du X Y, Ghogho M, et al. Precession missile feature extraction using the sparse component analysis based on radar measurement[C]. EURASIP Journal on Advances in Signal Processing, 2012: 24, 1 – 10.

[72]肖立、周剑雄, 何峻, 等. 弹道中段目标进动周期估计的改进自相关法[J]. 航空学报, 2010, 31(4): 812 – 818.

[73]艾小锋, 李永祯, 赵锋, 等. 基于多视角一维距离像序列的进动目标特征提取[J]. 电子与信息学报, 2011, 33(12): 2846 – 2851.

[74]雷腾, 刘进忙, 杨少春, 等. 基于三站一维距离像融合的弹道目标特征提取方法研究[J]. 宇航学报, 2012, 33(2): 228 – 234.

[75]Zou F, Fu Y W, Jiang W D. Micro – motion effect in inverse synthetic aperture radar imaging of ballistic mid – course targets[J]. J. Cent Sout Univ, 2012(19): 1548 – 1557.

[76]Bai X R, Zhou F, Xing M D, et al. High – resolution ISAR imaging of targets with rotating parts[J]. IEEE Transactions on Aerospace and Electronic Systems, 2011, 47(4): 2530 – 2543.

[77]吴亮, 黎湘, 魏玺章, 等. 基于 RWT 的旋转微动目标二维 ISAR 成像算法[J]. 电子学报,2011, 39 (6): 1303 – 1308.

[78]Zhang L, Li Y C, Liu Y, Xing M D, et al. Time – frequency characteristics based on motion estimation and im-aging for high speed spinning targets via narrowband waveforms [J]. Sci China Inf Sci, 2010, 53 (8): 1628 – 1640.

[79]雷腾, 刘进忙, 李松, 等. 基于 MP 稀疏分解的弹道中段目标微动 ISAR 成像新方法[J]. 系统工程于电子技术, 2011, 33(12): 2649 – 2654.

[80]张毅, 肖龙旭, 王顺宏. 弹道导弹弹道学[M]. 长沙:国防科技大学出版社, 2005.

[81]张贤达. 现代信号处理[M]. 北京:清华大学出版社, 2002.

[82]陈行勇, 姜卫东, 刘永祥, 等. 相位匹配处理微动目标 ISAR 成像[J]. 电子学报, 2007, 35(3): 435 – 440.

[83]杨有春, 童宁宁, 冯存前, 等. 弹道目标中段平动补偿与微多普勒提取[J]. 宇航学报, 2011, 32(10): 2235 – 2241.

[84]孙慧霞, 刘峥, 薛宁. 自旋进动目标的微多普勒特征分析[J]. 系统工程与电子技术, 2009, 31(2): 357 – 360.

[85]赵汉元. 大气飞行器姿态动力学[M]. 长沙:国防科学技术大学出版社, 1987.

[86]刘石泉. 弹道导弹突防技术导论[M]. 北京:中国宇航出版社, 2003.

［87］刘进，王雪松，马梁，等．空间进动目标动态散射特性的实验研究［J］．航空学报，2010，31（5）：1014－1023.

［88］Li Y, Zeng T, Long T. Range migration compensation and Doppler ambiguity resolution［C］. 2006 CIE International Conference on Radar,Shanghai,2006：1－4.

［89］丁鹭飞，耿富录．雷达原理［M］．西安：西安电子科技大学出版社，2002.

［90］Cornu C, Dijurovic I, Ioana C, et al. Time－frequency Detection Using Gabor filter bank and Viterbi based grouping algorithm［C］. IEEE International Conference on Acoustics, Speech and Signal Processing. Philadelphia,PA,2005：497－500.

［91］贺思三，赵会宁，张永顺．基于延迟共轭相乘的弹道目标平动补偿［J］．雷达学报，2014，3（5）：505－510.

［92］高红卫，谢良贵，文树梁，等．加速度对微多普勒的影响及其补偿研究［J］．宇航学报，2009，30（2）：705－711.

［93］刘维健，陈建文．弹道类目标进动周期特征提取方法研究［J］．现代雷达，2009，31（7）：62－68.

［94］马梁，刘进，王涛，等．旋转对称目标滑动散射中心的微 Doppler 特性［J］．中国科学，2011，41（5）：605－616.

［95］张群，罗迎．雷达目标微多普勒效应［M］．北京：国防工业出版社，2013.

［96］甘应爱，田丰，李维铮，等．运筹学［M］．北京：清华大学出版社，2005.

［97］张贤达，保铮．非平稳信号分析与处理［M］．北京：国防工业出版社，1998.

［98］Cammenga Z A, Baker C J, Smith G E, et al. Micro－Doppler target scattering［C］. IEEE Radar Conference, 2014：1451－1455.

［99］王胜．动态目标雷达回波实时模拟技术及应用［D］．长沙：国防科学技术大学，2011.

［100］邵惠民．数学物理方法：第2版［M］．北京：科学出版社，2010.

［101］周旭广，苏涛，黄科，等．基于 CLEAN 算法的 HFM 脉压信号研究［J］．舰船电子对抗，2014，37（2）：74－78.

［102］Zhang J, Wei Z H, Liang X. A fast adaptive reweighted residual－feedback iterative algorithm for fractional－order total variation regularized multiplicative noise removal of partly－textured images［J］. Signal Processing, 2014, 98（5）：381－395.

［103］Mrityunjay K, Sarat D. A total variation－based algorithm for pixel－level image fusion［J］. IEEE Transactions on Imaging Processing, 2009, 18（9）：2137－2143.

［104］Chen V C. Joint time－frequency analysis for radar signal and imaging［J］. Barcelona：Proceedings of IEEE International Symposium on Geoscience and Remote Sensing, 2007：5166－5169.

［105］Zhao X Z, Ye B Y. Selection of effective singular values using difference spectrum and its application to fault diagnosis of headstock［J］. Mechanical Systems and Signal Processing,2011, 25（5）：1617－1631.

［106］José S, Ferno M J, Pedro M R. Impedance frequency response measurements with multiharmonic stimulus and estimation algorithms in embedded systems［J］. Elsevier：Measurement,2014, 48（1）：173－182.

［107］Olcay T Y. On the feature extraction in discrete space［J］. Pattern Recognition, 2014, 47（5）：1988－1993.

［108］李靖卿，冯存前，贺思三，等．基于最近邻域的弹道多目标分辨及 micro－Doppler 提取［J］．中国科学信息科学，DOI：10.1360/N112014－00368.

［109］Zhang S Q, Hu Y T, Bao H Y, et al. Parameters determination method of phase－space reconstruction based on differential entropy ratio and RBF neural network［J］. Journal of Electronics（China）, 2014, 31（1）：61－67.

[110]刘永祥，黎湘，庄钊文．空间目标进动特性及在雷达识别中的应用[J]．自然科学进展，2004，14（11）：1329 – 1332.

[111]金文彬，刘永祥，任双桥，等．锥体目标空间进动特性分析及其参数提取[J]．宇航学报，2004，25（4）：408 – 422.

[112]贺思三，周剑雄，付强．利用一维距离像序列估计弹道中段目标进动参数[J]．信号处理，2009，25（6）：925 – 929.

[113]金光虎，高勋章，黎湘，等．基于 ISAR 像序列的弹道目标进动特征提取[J]．电子学报，2010，38（6）：1233 – 1238.

[114]颜维，孙文峰，钱李昌，等．基于一维像序列的弹道中段目标进动特征提取[J]．空军雷达学院学报，2011，25（2）：87 – 96.

[115]王国雄，等．弹头技术上：[M]．北京：宇航出版社，1993.

[116]雷英杰，张善文，李续武，等．MATLAB 遗传算法工具箱及应用[M]．西安：西安电子科技大学出版社，2005.

[117]邹小海，艾小锋，李永祯，等．基于微多普勒的圆锥弹头进动与结构参数估计[J]．电子与信息学报，2011，33（10）：2413 – 2419.

[118]李飞，纠博，邵长宇，等．目标微动参数估计的曲线跟踪算法[J]．电波科学学报，2013，28（2）：278 – 284.

[119]韩勋，杜兰，刘宏伟．基于窄带雷达组网的空间锥体目标特征提取方法[J]．电子与信息学报，2014，36（12）：2956 – 2962.

[120]Zwart J P, Vander H R, Gelsema S. Fast translation invariant classification of HRR range profiles in a zero phase representation[J]. IEE Proc Radar Sonar Navig, 2003, 150(6)：411 – 418.

[121]Xing M D, Bao Z, Pei B. Properties of high resolution range profiles[J]. Optical Engineering, 2002, 41(2)：403 – 405.

[122]周剑雄，石志光，付强．雷达目标散射中心参数估计的极限性能分析[J]．电子学报，2006，34（4）：726 – 730.

[123]He S S, Zhao H N, Zhang Y S. Precession feature extraction for ballistic target based on networked high resolution radar [J]. Journal of Computational Information Systems, 2014, 10(17)：7349 – 7358.

[124]罗迎，张群，封同安，等．OFD – LFM MIMO 雷达中旋转目标微多普勒效应分析及三维微动特征提取[J]．电子与信息学报，2011，33（1）：8 – 13.

[125]Dennis J, Tran H D, Li H Z. Generalized Hough transform for speech pattern classification[J]. IEEE/ACM Transactions on Audio, Speech and Language Processing, 2015, 23(11)：1963 – 1971.

[126]马梁，刘进，王涛，等．旋转对称目标滑动型散射中心的微 Doppler 特性[J]．中国科学 信息科学，2011，41（5）：605 – 616.

[127]肖立，周剑雄，何峻，等．弹道中段目标进动周期估计的改进自相关法[J]．航空学报，2010，31（4）：812 – 818.

[128]Luo Y, Zhang Q, Yuan N, et al. Three – Dimensional precession feature extraction of space targets [J]. IEEE Transactions on Aerospace and Electronic Systems, 2014, 50(2)：1313 – 1329.

内容简介

本书系统介绍弹道目标微多普勒效应与特征提取方法。主要内容包括绪论、弹道目标运动特性及微多普勒效应、弹道目标复合运动平动补偿、弹道目标多分量微多普勒分离、基于单一视角的弹道目标微动特征提取、同构组网雷达微动特征提取与空间位置重构、异构组网雷达微动特征提取、总结与展望等。本书可供高等院校相关专业高年级本科生、研究生以及相关科研院所的工程技术人员学习和参考。

Introduction

This book systematically introduces micro-Doppler effect and feature extraction of balistic targets. Main content includes introduction, motion characteristics and micro – Doppler effect of ballistic targets, translational compensation for complex motion of ballistic targets, multi – component micro – Doppler separation of ballistic targets, micro – motion feature extraction based on single view, micro – motion feature extraction and spatial reconstruction based on homogeneous netted radar, micro – motion feature extraction based on heterogeneous netted radar and summary and prospect of this book. This book will provide reference for senior undergraduates, graduate students and related enginering technologists in scientific research institutions.